"十四五"高等职业教育公共课程新形态一体化系列教材

信息技术应用项目教程
（Windows 10+Office 2016）

庄　越　唐浩祥◎主　编

唐冬梅　梁韵琪　郭泽颖　陈荣征◎副主编

中国铁道出版社有限公司
CHINA RAILWAY PUBLISHING HOUSE CO., LTD.

内 容 简 介

在《高等职业教育专科信息技术课程标准（2021年版）》的指导下，本教材落实立德树人根本任务，围绕高等职业教育对信息技术学科核心素养的培养需求，以及《高等学校课程思政建设指导纲要》对公共基础课程融入课程思政的相关要求组织编写。全书分为3篇9个单元：计算机基础篇包括个人计算机软硬件配置、Windows 10操作系统的使用、家庭网络组建与信息安全防护；信息素养篇包括信息检索、信息素养与社会责任、信息技术与生活；技能应用篇包括文字处理、电子表格处理、演示文稿处理等相关内容。全书以项目、任务为导向进行组织，在案例素材中融入民族精神、经济发展、中华优秀传统文化等相关内容，强调理实结合、启智润心，突出课程思政。

本书为新形态立体化教材，配套理实一体化学习平台（5Y学习平台），可满足线上线下混合式教学的需要，支持个性化自主学习和多种模式的学习成果评价方式，提供了一种新颖的信息技术公共基础课程的学习路径。

本书适合作为各类职业院校信息技术课程和相关社会培训教材，也可作为计算机等级考试和计算机爱好者的学习参考用书。

图书在版编目（CIP）数据

信息技术应用项目教程：Windows 10+Office 2016/庄越，唐浩祥主编.—北京：中国铁道出版社有限公司，2022.8
"十四五"高等职业教育公共课程新形态一体化系列教材
ISBN 978-7-113-29360-4

Ⅰ.①信… Ⅱ.①庄…②唐… Ⅲ.①Windows操作系统-高等职业教育-教材②办公自动化-应用软件-高等职业教育-教材 Ⅳ.①TP316.7②TP317.1

中国版本图书馆CIP数据核字（2022）第110124号

书　　名：信息技术应用项目教程（Windows 10+Office 2016）
作　　者：庄　越　唐浩祥

策　　划：王春霞　　　　　　　　　　　　　编辑部电话：(010) 63551006
责任编辑：王春霞　许　璐
封面设计：刘　颖
责任校对：孙　玫
责任印制：樊启鹏

出版发行：中国铁道出版社有限公司（100054，北京市西城区右安门西街8号）
网　　址：http://www.tdpress.com/51eds/
印　　刷：三河市国英印务有限公司
版　　次：2022年8月第1版　2022年8月第1次印刷
开　　本：889 mm×1 194 mm 1/16　印张：15.75　字数：477千
书　　号：ISBN 978-7-113-29360-4
定　　价：49.80元

版权所有　侵权必究

凡购买铁道版图书，如有印制质量问题，请与本社教材图书营销部联系调换。电话：(010) 63550836
打击盗版举报电话：(010) 63549461

前　言

《高等职业教育专科信息技术课程标准（2021年版）》中明确了高等职业教育信息技术课程要以提升学生应用信息技术解决问题的综合能力为导向，建设并完善提升学生信息素养与信息技术的基础与拓展模块相结合的课程内容体系，结合实际项目或案例，开展内容丰富和形式多样的教学。同时，教育部《高等学校课程思政建设指导纲要》提出要在公共基础课程中融入课程思政，注重在潜移默化中坚定学生的理想信念、加强品德修养、培养奋斗精神、提升综合素质，激发创新创造活力。因此可见，国家对高等职业教育非计算机类专业的信息技术基础课程的创新性要求非常明确。

从课程标准与人才培养需求发展变化中可以看出，高等职业教育非计算机类专业的信息技术课程应该结合实际项目案例，融入课程思政，贯彻以学生为中心的项目教学理念，由知识型课程转变为应用能力培养型课程，通过理论实践一体化的教学，提升学生信息技术应用能力与综合素质。

在国内高校广泛关注高等职业教育信息技术公共基础课程教学与信息素养提升的大背景下，本书编写团队反复斟酌调整，将全书设计为3篇9个单元，具体来说，计算机基础篇包括个人计算机软硬件配置、Windows 10操作系统的使用、家庭网络组建与信息安全防护；信息素养篇包括信息检索、信息素养与社会责任、信息技术与生活；技能应用篇主要介绍了Office办公软件的应用。在内容组织上，每单元以多个项目的形式展开，以"项目引入→项目分析→项目目标→任务实施→学习拓展→思考练习"的形式组织，对应各项目各任务下的学习知识点，均配备知识点讲解视频、教学课件、多层次的测试练习、试题库，同时借助广东省高等学校教学考试管理中心计算机课程平台（5Y学习平台）实现在线学习与自动化测评，提供了一条较为新颖的信息技术课程的学习路径。

从高等职业教育信息技术课程标准来看，全书内容既包括以文档处理、电子表格处理、演示文稿制作、信息检索、信息素养与社会责任为主的基础模块内容，同时涉及以人工智能、大数据、信息安全、新媒体等新一代信息技术为主的拓展模块内容。从课程思政育人角度，在项目案例中融入民族精神、国家经济发展数据、中华优秀传统文化等相关内容，引导学生在利用Office办公软件完成项目任务、学习知识的过程中，领悟民族精神与时代精神，了解世情国情，理解传承中华文脉，达到厚植爱国情怀、温润心灵的育人效果。此外，技能应用篇实操实训任务聚焦学生学业与就业设计，意在帮助学生提前熟悉毕业、就业等相关文档、表格及文稿处理。

为辅助教师组织教学、配合读者完成学习，教材采用立体化形式呈现，并提供理实一体化教学平台（5Y学习平台）供师生在线学习与练习。5Y学习平台是一个集课程学习视频、实训练习题库和自动测评系统于一体的智慧学习平台，可自动化评阅所有Office实训操作试题并及时反馈，助力师生教学。

全书由广东省高等学校教学考试管理中心统一规划设计，全面统筹协调教材的编写、统稿与出版工作。本书由庄越、唐浩祥任主编，由唐冬梅、梁韵琪、郭泽颖、陈荣征任副主编。

本书在教材结构、内容组织设计以及素材选择等方面得到广东省高等学校公共计算机课程教学指导委员会的大力支持，同时在本书编写过程中，很多学校教师也都提出了很好的建议。在此一并表示衷心的感谢！

尽管付出了很大的努力，但书中难免存在不完善之处，敬请广大读者批评指正，我们将不胜感激。

编 者

2022 年 2 月

目　录

计算机基础篇

单元1　个人计算机软硬件配置 2
项目1　走进计算机世界 3
　　任务1　认识计算机 3
　　任务2　了解计算机系统 8
　　任务3　了解计算机中的编码方式 10
项目2　配置个人计算机 15
　　任务1　熟悉计算机主要性能指标 15
　　任务2　配置个人计算机 16
思考练习 18

单元2　Windows 10操作系统的使用 19
项目1　Windows 10操作系统的安装与配置 ... 20
　　任务1　安装Windows 10操作系统 20
　　任务2　管理Windows系统文件 26
　　任务3　配置Windows系统 30
项目2　常用工具软件 32
　　任务1　熟悉常用工具软件 33
　　任务2　软件的安装与卸载 33
思考练习 36

单元3　家庭网络组建与信息安全防护 37
项目1　家庭无线网络的组建 38
　　任务1　接入互联网 38
　　任务2　组建家庭无线局域网 43
项目2　计算机系统的安全与维护 45
　　任务1　维护计算机系统 46
　　任务2　计算机网络安全的配置 53
思考练习 56

信息素养篇

单元4　信息检索 58
项目1　信息检索的基本方法 59
　　任务1　了解信息检索的基本概念与要素 59
　　任务2　了解信息资源的类型 60
　　任务3　熟悉信息检索的特征与常用方法 62
项目2　常见信息检索服务与资源平台 67
　　任务1　了解图书馆的信息检索服务 67
　　任务2　了解常用期刊、论文数据库 68
　　任务3　了解特殊资源的检索 73
思考练习 74

单元5　信息素养与社会责任 75
项目1　养成良好的信息素养 76
　　任务1　了解信息素养的内涵 76
　　任务2　评价信息素养的指标体系 77
项目2　具备信息社会的责任担当 78
　　任务1　遵守信息道德 78
　　任务2　遵守相关法律法规 79
　　任务3　遵守学术规范 82
　　任务4　遵守信息发布和利用过程中的行为规范 ... 84
思考练习 86

单元6　信息技术与生活 88

项目1　大数据 89
- 任务1　认识大数据 89
- 任务2　探索大数据的行业应用 92

项目2　云计算 95
- 任务1　认识云计算 95
- 任务2　了解云计算的产业及其应用 100

项目3　人工智能 102
- 任务1　认识人工智能 103
- 任务2　探寻人工智能的产业及其应用 106

项目4　物联网 108
- 任务1　认识物联网 108
- 任务2　探索物联网在行业领域的典型应用 110

项目5　工业互联网 113
- 任务1　认识工业互联网 113
- 任务2　了解工业互联网的应用 115

项目6　新媒体技术 117
- 任务1　认识新媒体及其技术 117
- 任务2　探索新媒体技术的应用 119

思考练习 120

技能应用篇

单元7　文字处理——"伟大精神"宣传手册的设计制作 124

项目1　"伟大精神"宣传手册文稿的建立和编辑 125
- 任务1　创建文档并设置文档格式 125
- 任务2　为文档添加标记符号 130

项目2　"伟大精神"宣传手册内容编辑 134
- 任务　插入和编辑对象 134

项目3　"伟大精神"宣传手册排版设计 149
- 任务1　设计宣传手册样式 149
- 任务2　编辑长文档 155

实操实训 162
- 实训项目一：毕业论文的排版 162
- 实训项目二：个人简历的制作 164

单元8　电子表格处理——经济数据统计分析 166

项目1　经济数据的输入与格式化 167
- 任务1　新建工作表录入数据 167
- 任务2　设置工作表格式 170

项目2　经济数据的分析与处理 177
- 任务1　验证数据 177
- 任务2　利用函数统计数据 179
- 任务3　数据筛选和排序 184

项目3　经济数据可视化 190
- 任务1　创建与编辑图表 190
- 任务2　应用数据透视表 193

实操实训 196
- 实训项目一：公司考勤表的制作 196
- 实训项目二：学生成绩统计 198

单元9　演示文稿处理——"国粹"演示文稿设计与制作 199

项目1　"国粹"演示文稿创建与美化 200
- 任务1　创建演示文稿并设置版式 200
- 任务2　录入幻灯片内容并美化 208

项目2　"国粹"演示文稿播放效果设置 227
- 任务1　设计演示文稿动画效果 227
- 任务2　设置演示文稿放映效果 233
- 任务3　发布、共享和打印文稿 237

实操实训 241
- 实训项目一：述职报告 241
- 实训项目二：毕业汇报 242

计算机基础篇

单元 1

个人计算机软硬件配置

引言

计算机是信息社会的必备工具之一。人要成功融入社会，其所必备的思维能力是由其所处时代能够获得的工具决定的。无论是计算机科学家、专业人士、甚至每个普通人，都需要运用计算机解决工作和生活中遇到的各种问题。本单元将介绍计算机中一些基本概念和常用操作，为后续课程打下基础。

内容结构图

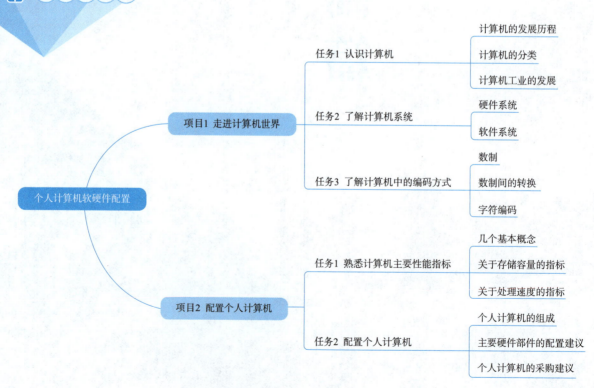

个人计算机软硬件配置　　单元 1

 **学习目标**

通过学习，达到如下学习目标：
- 了解计算机的发展历程和分类，以及我国计算机工业领域的发展情况。
- 理解计算机系统的组成和基本工作原理，数据在计算机中的编码方式。
- 熟悉计算机主要性能指标。
- 掌握配置个人计算机的方法。
- 理解计算机文化，思考计算机应用对社会发展的影响。

项目 1　走进计算机世界

项目引入	计算机是 20 世纪最先进的科学技术发明之一，它是一种能高速、精确、自动处理信息的现代化电子设备。计算机不仅能够完成各种复杂的数值计算，还能模拟人脑分析和处理各种事物，目前已广泛应用于社会的各个领域。本项目将进入计算机世界，认识、了解计算机。
项目分析	通过阅读计算机的诞生历程，归纳总结计算机发展的特点与规律；通过思考计算机的各种应用对社会发展的影响，理解技术发展对国家的重要性。
项目目标	☑ 了解计算机的产生、发展、特点、分类和应用领域； ☑ 了解我国计算机领域发展情况； ☑ 掌握计算机的组成情况与软硬件的概念。

任务 1　认识计算机

1946 年，世界上第一台电子计算机"埃尼克"（ENIAC, Electronic Numerical Integrator And Calculator，电子数字积分计算机）在美国宾夕法尼亚大学问世，如图 1-1 所示。ENIAC 是美国军方为了满足计算弹道需要而研制的，这台计算机使用了 18 000 个电子管，占地 170 m²，重达 28 t，功率为 150 kW，造价 48 万美元，每秒可执行 5 000 次加法或 400 次乘法运算。ENIAC 的问世具有划时代的意义，表明电子计算机时代的到来。

视频

计算机的定义

图 1-1　世界上第一台计算机

此后计算机技术以惊人的速度发展，计算机的系统结构不断变化，应用领域不断拓宽，给人类社会带来了巨大的变化。常见的计算机有个人计算机（Personal Computer，PC）、笔记本计算机等，如图 1-2、图 1-3 所示。

3

图 1-2 个人计算机（PC）

图 1-3 笔记本计算机

1. 计算机的发展历程

根据计算机所采用的主要物理器件划分，计算机的发展经历了电子管、晶体管、集成电路和超大规模集成电路四个阶段，见表 1-1，每一阶段的变革在技术上都是一次新的突破，在性能上都是一次质的飞跃。

表 1-1 计算机发展历程简表

发展阶段	时 间	主要逻辑原件	每秒运算速度	软件系统	主要应用领域
第一代	1946—1957 年	电子管	几千次到几万次	机器语言、汇编语言	军事研究、科学计算
第二代	1958—1964 年	晶体管	几十万次	监控程序、高级程序设计语言	数据处理、事务处理
第三代	1965—1971 年	中小规模集成电路	几十万次到几百万次	操作系统、应用程序	开始得到广泛应用
第四代	1972 年至今	大规模及超大规模集成电路	几百万次到上亿次	操作系统完善；高级程序设计语言、数据库系统、应用程序发展	渗入社会各行各业

（1）第一代计算机（1946—1957 年，电子管时代）

第一代计算机采用电子管作为主要逻辑元件，其基本特征是体积大，耗电量大、可靠性低，成本高，运算速度低（每秒仅几千次）、内存容量小（仅为几 KB）。在这个时期，没有计算机软件，人们使用机器语言与符号语言编制程序。计算机只能在少数尖端领域中得到应用，主要用于军事和科学计算。

（2）第二代计算机（1958—1964 年，晶体管时代）

第二代计算机采用晶体管作为主要逻辑元件，如图 1-4 所示。其基本特征是体积小、耗电少、成本低。主存储器采用磁心，外存储器使用磁盘和磁带，运算速度可达到每秒几十万次，可靠性和内存容量也有较大的提高。在软件方面提出了操作系统的概念，开始使用 FORTRAN、COBOL、ALGOL 等高级程序设计语言。第二代计算机不仅用于科学计算，还用于商业数据处理和事务处理，并逐渐应用于工业控制领域。

（3）第三代计算机（1965—1971 年，中小规模集成电路时代）

第三代计算机采用中、小规模集成电路作为主要逻辑元件，典型产品是 IBM360 系统，如图 1-5 所示。其基本特征是主存储器采用半导体存储器代替磁心存储器，外存储器使用磁盘。第三代计算机的运算速度可达每秒几百万次，体积越来越小，价格越来越低，可靠性和存储容量进一步提高，外围设备种类繁多，出现了键盘和显示器。计算机系统软件也有了很大发展，出现了操作系统、会话式语言以及结构化程序设计的方法。计算机向标准化、多样化和通用化发展，并开始应用于各个领域。

（4）第四代计算机（1972 年至今，大规模及超大规模集成电路时代）

第四代计算机采用大规模与超大规模集成电路作为主要逻辑元件，其基本特征是计算机体积更小、功能更强、造价更低，各种性能都得到了大幅度的提高。主存储器采用半导体存储器，外存储器采用大容量的硬盘，并开始引入光盘，运算速度从每秒几百万次到上亿次。计算机的操作系统不断完善，应用软件得到高速发展，层出不穷。同时，计算机的类型也有了很大发展，除了功能强大的巨型机，微型计算机的出现为计算机的普及奠定了基础。

图1-4　晶体管计算机

图1-5　第三代计算机的典型产品——IBM360系统

2. 计算机的分类

根据计算机的用途和使用范围，可将计算机分为专用计算机和通用计算机，如图1-6所示。通常所说的是通用计算机。

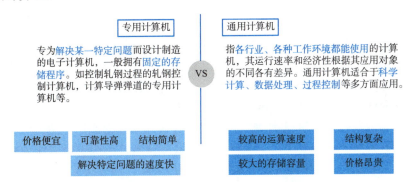

图1-6　专用计算机和通用计算机对比

在通用计算机中，按照计算机的性能可分为巨型机、大型机、小型机、微型机、工作站和服务器。此外，在嵌入式系统、移动设备中包含了微处理器、存储器等计算机的元件，是广义上的计算机设备。当然，这种按性能的分类标准只是针对某一个时期而言，随着信息技术的发展，分类标准的内涵也会发生变化。

（1）巨型机

巨型机也称超级计算机（Super Computer），是计算机中功能最强、运算速度最快、存储容量最大的一类计算机，多用于国家高科技领域和尖端技术研究。在军事上，可用于战略防御系统、大型预警系统、航天测控系统等；在民用方面，可用于大区域中长期天气预报，整理卫星照片，大面积物探信息处理系统、大型科学计算和模拟系统等。2020年，日本的"富岳"超级计算机接受特定测试时的运算速度达每秒41.55亿亿次，峰值速度更是可达每秒100亿亿次。

（2）大型机

现代大型机（Mainframe）是用来处理大容量数据的机器。它运算速度快、存储容量大、联网通信功能完善、可靠性高、安全性好，但价格比较昂贵。一般用于大型企业（如银行、商业、政府等）的大型事务处理系统。

（3）小型机

小型机（Minicomputer）是相对于大型机而言的。相比而言，小型机的软、硬件系统规模比较小，结构简单、维护方便、成本较低，常用于大学、科研机构和工业控制领域。

（4）微型机

微型机又称个人计算机。1971 年 Intel 公司的工程师马西安·霍夫在一个芯片上成功地实现了中央处理器（Central Processing Unit，CPU）的功能，制成了世界上第一片 4 位微处理器 Intel 4004（见图 1-7），组成了世界上第一台 4 位微型计算机——MCS-4，从此揭开了个人计算机大发展的帷幕。

图 1-7　Intel 4004 微处理器

20 世纪 90 年代以来，微型计算机因其体积小、使用方便、生产成本低、价格便宜等优点成为计算机的主流，可满足生产、科研、生活等各方面对数据处理和科学计算的要求，已广泛应用到社会的各个领域。常见的微型计算机主要有台式计算机、笔记本式计算机和平板式计算机等。

（5）工作站

工作站（Workstation）是一种介于微型计算机与小型计算机之间的高档微机系统，是以个人计算机和分布式网络计算为基础，主要面向专业应用领域，为满足工程设计、动画制作、科学研究、软件开发、金融管理、信息服务、模拟仿真等专业领域设计开发的高性能计算机。工作站通常配有大容量的内存和外存储器以及大屏幕显示器，具有较强的数据处理能力和图形处理能力。

（6）服务器

服务器（Server）是指在网络环境下同时为网络上许多用户提供共享信息资源和各种服务的一种高性能计算机，如高速的运算能力、长时间的可靠运行、强大的外部数据吞吐能力等。在服务器上安装有网络操作系统、网络协议和各种服务软件。根据提供的服务，服务器可以分为文件服务器、数据库服务器、FTP 服务器和 Web 服务器等。

服务器的硬件构成与台式计算机类似，但是服务器在处理能力、稳定性、可靠性、安全性、可扩展性、可管理性等方面的性能更优。一般普通的高性能微型计算机也可以作为服务器，但是专用于重要工作的服务器应选用一些性能较好的专用设计的服务器。

服务器一旦开机，一般要求连续不间断地工作，其中硬盘和电源等设备都要求有备份。如果出现问题，系统自动切换掉故障设备，其余设备仍然保持正常工作状态，即整台服务器依然处于工作状态。

（7）嵌入式计算机

嵌入式计算机（Embedded System）即嵌入式系统，是一种以应用为中心、以微处理器为基础，软硬件可裁剪的，适应应用系统的功能、对可靠性、成本、体积、功耗等综合性能都有严格要求的专用计算机系统，如微波炉、自动售货机、空调等电器上的控制板，如图 1-8 所示。

图 1-8　嵌入式计算机

（8）移动设备

移动设备也是非常常见的一种计算机设备，如智能手机、平板计算机、可穿戴设备（智能手表、智能手环）等，如图 1-9 所示。

图 1-9 常见移动设备

3. 计算机工业的发展

（1）我国计算机的发展

我国计算机研究始于 1956 年。1958 年 8 月，我国成功研制出第一台电子管数字计算机 103 机，填补了我国在计算技术领域的空白，为促进我国尖端技术的发展做出了贡献。20 世纪 60 年代，我国研制生产了 DJS-5 等小型晶体管计算机，并投入小批量生产。这标志着我国研制的计算机产品进入了第二代。20 世纪 70 年代研制生产了中小型集成电路计算机，如 DJS-130、140，TQ-16 等。20 世纪 80 年代以来，我国计算机工业在引进国外先进技术的基础上，有了突飞猛进的发展，拥有了长城 0520、紫金 II、联想、方正等品牌计算机。

近年来，我国巨型计算机的研发也取得了很大的成就。1983 年研制出第一台超级计算机"银河一号"，使中国成为继美国、日本之后第三个能独立设计和研制超级计算机的国家，后续推出了"银河""天河""曙光""神威""深腾"等系列的超级计算机。

2016 年我国研制的"神威•太湖之光"的最高运算速度可达 12.5 亿亿次 / 秒，持续的运行速度可稳定在 9.3 亿亿次 / 秒，是当时世界上第一台速度超过每秒 10 亿次的超级计算机。目前，"神威•太湖之光"已在多个行业领域得到广泛使用，包括航空航天、石油勘探、车辆和船舶设计制作、新药研发、生物信息学、气候模拟等。根据 2020 年"TOP500"组织发布的世界超级计算机 500 强榜单，中国有 226 台超算上榜，上榜数量连续 6 年蝉联第一，"神威•太湖之光"和"天河二号"超级计算机分列榜单第 4、5 位，如图 1-10 所示。

（a）"神威•太湖之光"超级计算机　　（b）"天河二号"超级计算机

图 1-10 我国的超级计算机

（2）未来的计算——量子计算机

量子计算是一种依照量子力学理论进行的新型计算。量子计算机是第二次量子技术革命的产物，一台足够强大的量子计算机甚至能超越全球经典计算机的算力总和。量子计算机有望成为下一代计算机，目前在人工智能、纳米机器人等方面有广泛应用。未来，量子计算机会在卫星航天器、核能控制等大型设备、中微子通信技术、量子通信技术、虚空间通信技术等信息传播领域，以及先进军事高科技武器、新医疗技术等高精尖科研领域发挥巨大的作用。

2019 年，IBM 推出全球首个独立商业通用量子计算机，如图 1-11 所示，此服务能直接通过互联网访问，在药品开发以及各项科学研究上有着变革性的推动作用。截至 2021 年 2 月，全球范围内可供使用的量子计算机约为 50 台。

图 1-11　IBM 公司的量子计算机

我国在量子计算机领域也一直在进行深入的研究。2017 年 5 月 3 日，中国科学院潘建伟院士带领中国科学技术大学团队构建了光量子计算机实验样机，将量子计算机带入中国的计算时代。团队完成了 10 个超导量子比特的操纵，打破了世界上保持了很久的最大位数的超导量子比特的纠缠和完整的测量的记录。2020 年 12 月，成功构建了 76 个光子的量子计算原型机"九章"，求解数学算法高斯玻色取样只需 200 s，而目前世界最快的超级计算机要用 6 亿年，这一突破使中国成为全球第二个实现"量子优越性"的国家。2021 年 2 月，合肥本源量子科技公司发布了具有自主知识产权的量子计算机操作系统"本源司南"，标志着国产量子软件研发能力已达国际先进水平。

任务2　了解计算机系统

一个完整的现代计算机系统包括硬件系统和软件系统两部分，如图 1-12 所示。硬件（Hardware）是指计算机系统中由电子线路和各种机电设备组成的设备实体。计算机硬件系统分为主机和外围设备两大部分，包含 CPU、内/外存储器、输入和输出设备等。软件（Software）是指为运行、维护、管理、应用计算机所编制的所有程序，以及与这些程序相关的文档，包括系统软件和应用软件两大类。

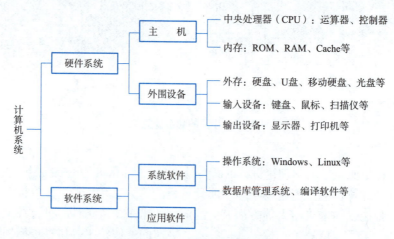

图 1-12　计算机系统的组成

硬件是软件赖以运行的物质基础，软件是计算机的灵魂，是发挥计算机功能的关键。软件可以提高机器的效率、扩展硬件的功能，从而方便用户的使用。

1. 硬件系统

计算机硬件系统是由一些看得见、摸得着的物理设备组成，它们是计算机的物质基础。从冯·诺依曼体系结构的角度看，计算机硬件系统由运算器、控制器、存储器、输入设备、输出设备五大部件构成，其中控制器和运算器组成中央处理器，如图1-13所示。

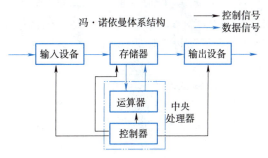

图1-13 计算机硬件系统（冯·诺依曼结构）

（1）中央处理器

中央处理器（CPU，Central Processing Unit）是一块超大规模的集成电路，集成了运算器、控制器两个核心部件，负责解释执行计算机指令以及处理数据运算。CPU的性能决定着计算机的性能。

对于专业图像处理或特别看重游戏性能和体验的计算机，可配置图形处理器（Graphics Processing Unit，GPU），又称视觉处理器，是一种专门在个人计算机、工作站、游戏机和一些移动设备（如平板计算机、智能手机等）上做图像和图形相关运算工作的微处理器。GPU目前尚不能完全取代CPU。

（2）存储器

存储器的主要功能是存放程序和数据。对存储器的"读"操作指从存储器中取出信息；对存储器的"写"操作指把信息写入存储器、修改原有信息、删除原有信息。存储器分为内存储器（CPU能直接进行读写操作）和外存储器（CPU不能直接进行读写操作）。

① 内存储器，也称内存、主存，是CPU可以直接访问的存储器，需要执行的程序与需要处理的数据都是存放在内存中的。因此，内存越大，可同时运行的任务越多。内存储器主要有以下三种：

- 随机存储器RAM。由CPU直接写入或读出信息，具有"断电即失"的特点，即存储的信息将因断电或机器重新启动而丢失。例如通常说的内存条。
- 只读存储器ROM。只能读出而不能写入的存储器；存储的信息不会由于断电而丢失，例如计算机主板上的BIOS（基本输入/输出系统），它控制计算机的基本输入/输出系统在每次重启后，都能保证正常工作，其指令集合不会随着计算机重启而丢失。
- 高速缓冲存储器Cache。它是位于CPU与内存间的一种容量较小但速度很高的存储器。由于CPU的运行速度远高于内存存取速度，当CPU直接从内存中存取数据时要等待一定时间，而Cache可以保存CPU刚用过或循环使用的一部分数据，如果CPU需要再次使用该部分数据时可从Cache中直接调用，这样就避免了重复存取数据，减少了CPU的等待时间，因此提高了系统的效率。Cache又分为一级缓存（主要集成在CPU内部）和二级缓存（可集成在主板上或CPU上）。

② 外存储器，也称外存、辅存，是指除计算机内存及CPU缓存以外的存储器，具体包括硬盘、U盘、光盘、移动硬盘等。外存在断电后仍然能保存数据，通常容量较大，用户可用于存储大量数据资料。

（3）输入设备

输入设备用于向计算机输入数据和信息，是计算机与用户或其他设备通信的桥梁。常见的输入设备包括鼠标、键盘、摄像头、扫描仪、绘图板、手写笔等。

（4）输出设备

输出设备是计算机硬件系统的终端设备，把各种计算结果数据或信息以数字、字符、图像、声音等形式表现出来。常见的输出设备包括显示器、音箱、打印机、耳机、绘图仪等。

知识链接 冯·诺依曼结构的计算机

约翰·冯·诺依曼（John von Neumann），美籍匈牙利数学家、计算机科学家、物理学家，是20世纪最重要的数学家之一，被后人称为现代计算机之父、博弈论之父。

世界第一台电子计算机ENIAC证明了电子真空技术可以大大地提高计算技术，不过，ENIAC机本身存在两大缺点，一是没有存储器，二是采用布线接板进行控制，甚至要搭接几天，计算速度也就被这一工作抵消了。

冯·诺依曼参加ENIAC机研制小组后，改进了第一台计算机ENIAC的不足，发表了一个全新的"存储程序通用电子计算机方案"——EDVAC，提出了制造电子计算机和程序设计的新思想。冯·诺依曼提出采用二进制代替十进制，明确计算机由五个部分组成，包括运算器、控制器、存储器、输入和输出设备，并描述了这五部分的职能和相互关系，形成冯·诺依曼结构，为计算机的设计树立了一座里程碑。

1950年第一台冯·诺依曼结构的计算机诞生。后来，在硬件实现时，将运算器和控制器集成在CPU上，存储器分为内存和外存。当前最先进的计算机仍然采用该体系结构，所以冯·诺依曼是当之无愧的现代计算机之父。

2. 软件系统

软件是能够指挥计算机工作的程序，程序运行时所需要的数据，以及有关这些程序和数据的开发、使用和维护所需要的所有文档。

在计算机系统中，硬件是软件运行的物质基础，软件是硬件功能的扩充与完善。不装备任何软件的计算机称为硬件计算机或裸机。没有软件的支持，硬件无法运行，软件是使用者与计算机之间的桥梁。通常将计算机软件分为系统软件和应用软件两大类。

（1）系统软件

系统软件是控制和协调计算机及外围设备、支持应用软件开发和运行的各种程序的集合。系统软件使得计算机使用者和其他软件将计算机当作一个整体而不需要顾及底层每个硬件是如何工作的。一般来讲，系统软件包括操作系统（如Windows、Linux等）和一系列基本工具（如编译器、数据库管理、驱动管理、网络连接等方面的工具），是支持计算机系统正常运行并实现用户操作的相关软件。

（2）应用软件

应用软件是专门为某一应用目的而编制的软件。常见的有办公软件（Microsoft Office、WPS等）、即时通信软件（QQ、微信等）、信息管理软件（财务管理系统、人事管理软件等）、辅助设计软件（AutoCAD、Photoshop等）、音视频处理软件等。

任务3　了解计算机中的编码方式

视频
计算机中的数制

在计算机科学中，所有能输入计算机并被计算机存储、处理的内容（如声音、图像、视频、符号、文字、表格等）对计算机而言都是数据。在冯·诺依曼体系结构的计算机系统中，提出采用二进制代替十进制，数据以二进制信息单元0、1的形式表示，实现数据的存储和操作。

1. 数制

（1）数制的概念

数制又称计数法，是人们用一组统一规定的符号和规则来表示数的方法。数制通常按进位的规则进行计数，例如，常用的十进制数是按"逢十进一"的规则进行计数的，"一周有七天"采用的是"逢七进一"，"一天有24小时"采用的是"逢二十四进一"。

"基数"和"位权"是进位计数制中的两个要素，如图1-14所示。

① 基数（Radix）。基数是进位计数制中所用的数字符号的个数。例如，十进制的基数为10，采用的数字符号是"0""1"…"9"十个数码，进位规则是"逢十进一"；二进制的基数为2，采用的

数字符号是"0""1"两个数码,进位规则是"逢二进一"。见表1-2。

表1-2 常用进位计数制

数 制	基 数	数 码	进位规则
十进制(Decimal)	10	0,1,2,3,4,5,6,7,8,9	逢十进一
二进制(Binary)	2	0,1	逢二进一
八进制(Octal)	8	0,1,2,3,4,5,6,7	逢八进一
十六进制(Hexadecimal)	16	0,1,2,3,4,5,6,7,8,9,A,B,C,D,E,F	逢十六进一

备注:
1. 在十六进制中,分别用字母 A 到 F 表示十进制中的数字 11 到 15。
2. 在表示上,用括号加下标的方式标注数据的进制,如:$(123)_{10}$、$(101)_2$、$(123)_8$、$(1D3)_{16}$。

② 位权(Power)。在进位计数制中,把基数的若干次幂称为位权,幂的方次随该位数字所在的位置而变化,整数部分从最低位开始依次为 0,1,2,3,4,…;小数部分从最高位开始依次为 –1,–2,–3,–4,…,如图1-14所示。

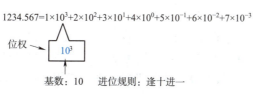

$$1234.567 = 1\times 10^3 + 2\times 10^2 + 3\times 10^1 + 4\times 10^0 + 5\times 10^{-1} + 6\times 10^{-2} + 7\times 10^{-3}$$

图1-14 十进制数中的"基数"和"位权"

(2)二进制、八进制、十六进制

类似十进制数的表示方法,二进制数的位权是以2为底的幂。对于有 n 位整数,m 位小数的二进制数据用加权系数展开式可表示为:

$$(a_{n-1}a_{n-2}\cdots a_1 a_0 \cdot a_{-1}\cdots a_{-m})_2$$
$$= a_{n-1}\times 2^{n-1} + a_{n-2}\times 2^{n-2} + \cdots + a_1\times 2^1 \times a_0\times 2^0 + a_{-1}\times 2^{-1} + a_{-2}\times 2^{-2} + \cdots + a_{-m}\times 2^{-m}$$

例如,二进制数据 $(101.01)_2$,其各位数字的位权依次为:2^2、2^1、2^0、2^{-1}、2^{-2},如图1-15(a)所示。依此类推,八进制、十六进制的数据表示如图1-15(b)、(c)所示。

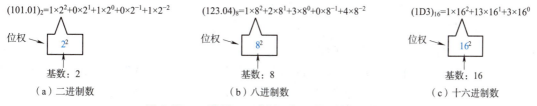

图1-15 二进制、八进制、十六进制的数据表示

由于二进制数非常简单,只有0、1两个数码,对应着自然界截然相反的两种状态:真或假,黑或白,正或负,高或低,通或断,……,二进制运算系统在电子器件(如数字电路、触发器、运算器等)中容易实现。数字电子电路中,逻辑门直接应用了二进制,因此冯·诺依曼提出采用二进制代替十进制,计算机和依赖计算机的设备里都使用二进制表示数据。

但是,用二进制表示的数据比较长,比如十进制的数据102,用二进制数表达将是1100110。所以人们在计算和表达的时候,会使用八进制或十六进制来代替二进制数据。八进制中的1位数可以表示3位二进制数,16进制的1位数可以表示4位二进制数。各数制间数据的对应关系如图1-16所示。

十进制	0	1	2	3	4	5	6	7	8
二进制	000	001	010	011	100	101	110	111	1000
八进制	0	1	2	3	4	5	6	7	10

十进制	0	1	2	3	4	5	6	7	8	9	10	11	12	13	14	15	16
二进制	0000	0001	0010	0011	0100	0101	0110	0111	1000	1001	1010	1011	1100	1101	1110	1111	10000
十六进制	0	1	2	3	4	5	6	7	8	9	A	B	C	D	E	F	10

图 1-16 各种数制间数据的对应关系

（3）二进制数的运算

① 二进制数的算术运算包括加、减、乘、除四则运算。

加：00+00 = 00，00+01 = 01，01+00 = 01，01+01 = 10

减：0 − 0 = 0，1 − 0 = 1，1 − 1 = 0，10 − 1 = 01

乘：0×0 = 0，0×1 = 0，1×0 = 0，1×1 = 1

除：0÷1 = 0，1÷1 = 1

② 二进制数的逻辑运算。

二进制数中的 0 和 1 在逻辑运算逻辑上可以表示"真（True）"与"假（False）"。一般约定，1 表示"真（True）"，0 表示"假（False）"，例如电路 1 为"开"，0 为"关"。二进制数的逻辑运算包括：与（AND）、或（OR）、非（NOT）、异或（XOR）等。计算机能够进行逻辑判断的基础正是基于二进制数的逻辑运算功能。

与运算（AND）：0∧0=0；0∧1=0；1∧0=0；1∧1=1；

或运算（OR）：0∨0=0；0∨1=1；1∨0=1；1∨1=1；

非运算（NOT）：1=0；0=1；

异或运算（XOR）：0⊕0=0；0⊕1=1；1⊕0=0；1⊕1=0。

视频
数制间的转换

2. 数制间的转换

（1）十进制和二进制的转换

① 十进制转换为二进制的方法：

- 整数的转换采用"除 2 取余，逆序排列"法，将待转换的十进制数连续除以 2，直到商为 0，每次得到的余数按相反的次序（即第一次除以 2 得到的余数排在最低位，最后一次除以 2 得到的余数排在最高位）排列起来就是相应的二进制数。
- 小数的转换采用"乘 2 取整，正序排列"法，将被转换的十进制纯小数反复乘以 2，每次相乘得到乘积的整数部分若为 1，则二进制数的相应位为 1；若整数部分为 0，则相应位为 0，由高位向低位逐次进行，直到剩下的纯小数部分为 0 或达到所要求的精度为止。
- 对具有整数和小数两部分的十进制数，要用上述方法将其整数部分和小数部分分别进行转换，然后用小数点连接起来。

例：将 $(19.8125)_{10}$ 转换为二进制数

解：如图 1-17 所示，用"除 2 取余，逆序排列"转换整数部分 19，即 $(19)_{10} = (10011)_2$

"乘 2 取整，正序排列"转换小数部分 0.8125，$(0.8125)_{10} = (0.1101)_2$

合并结果可得：$(19.8125)_{10} = (10011.1101)_2$

② 二进制转换为十进制的方法：将一个二进制数按位权展开成一个多项式，然后按十进制的运算规则求和，即可得到二进制数值的十进制数。

例：将 $(10010.011)_2$ 转换为十进制数

$$(10010.011)_2 = 1×2^4+1×2^1+1×2^{-2}+1×2^{-3} = (18.375)_{10}$$

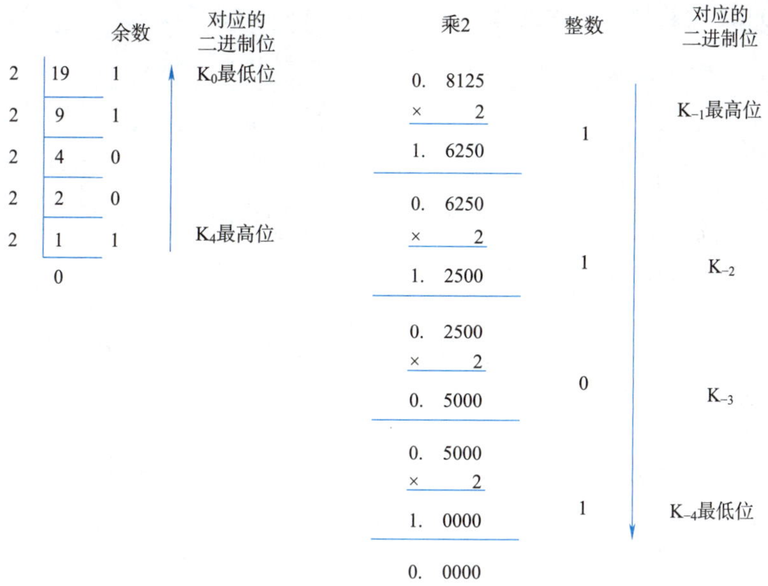

（a）整数部分转换为二进制数　　（b）小数部分转换成二进制数

图 1-17　$(19.8125)_{10}$ 转换为二进制数的计算示意

知识链接 八进制、十六进制转换为十进制

类似二进制转换为十进制，也可以采用按权展开的方法将八进制、十六进制转换为十进制。

例：将 $(22.3)_8$ 转换为十进制数。

$(22.3)_8 = 2 \times 8^1 + 2 \times 8^0 + 3 \times 8^{-1} = (18.375)_{10}$

例：将 $(32CF.4B)_{16}$ 转换为十进制数。

$(32CF.4B)_{16} = 3 \times 16^3 + 2 \times 16^2 + C \times 16^1 + F \times 16^0 + 4 \times 16^{-1} + B \times 16^{-2}$

$= 3 \times 16^3 + 2 \times 16^2 + 12 \times 16^1 + 15 \times 16^0 + 4 \times 16^{-1} + 11 \times 16^{-2}$

$= (13007.292969)_{10}$

（2）八进制、十六进制与二进制的转换

① 八进制、十六进制转换为二进制的方法：按照顺序，每 1 位八进制（或十六进制）数改写成等值的 3 位（或 4 位）二进制数，次序不变。转换结果中舍弃整串数字最前面的 0 和最后面的 0。

例：将 $(22.34)_8$ 转换为二进制数，$(22.34)_8 = (10010.0111)_2$

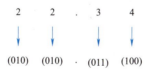

例：将 $(12.7)_{16}$ 转换为二进制数，$(12.7)_{16} = (10010.0111)_2$

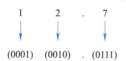

② 二进制转换为八进制、十六进制的方法：从小数点向两边的方向，每三个数分为一组，不够三个的一组就往前补 0，把每组转换成一个八进制数（0-7）即可。

例：将 $(10010.0111)_2$ 转换为八进制数，$(10010.0111)_2 = (22.34)_8$

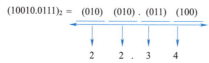

类似的，将二进制转换十六进制，从小数点向两边的方向，将每四个分为一组，不够四个的一组就往前补 0，把每组转换成一个十六进制数即可。

例：将 $(10010.0111)_2$ 转换为十六进制数，$(10010.0111)_2 = (12.7)_{16}$

$$(10010.0111)_2 = (01)\ (0010).(0111)$$
$$\qquad\qquad\qquad\quad 1\quad\ \ 2\ \ .\ \ 7$$

（3）十六进制和八进制的转换

方法：用前面的方法先将十六进制转换为二进制，再将二进制转换为八进制。

例：$(12.7)_{16} = (10010.0111)_2 = (22.34)_8$

3. 字符编码

字符编码就是规定用怎样的二进制码来表示字母、数字以及一些专用符号。字符编码包括英文编码、中文编码、Unicode 编码等。

（1）英文编码

字符编码的方式有很多，现今国际上最通用的单字节编码系统是美国信息交换标准代码（American Standard Code for Information Interchange，ASCII）。ASCII 码已被国际化标准组织（ISO）认定为国际标准，并在世界范围内通用。它定义了 128 个字符，其中通用控制符 34 个，阿拉伯数字 10 个，大、小写英文字母 52 个，各种标点符号和运算符号 32 个，具体可在网上查阅 ASCII 码表。

一些常用字符的 ASCII 码值如下：

- 空格 (space)，ASCII 值为 32；
- 数字 0 ~ 9，ASCII 值依次为 48 到 57；
- 大写 A ~ Z，ASCII 值依次为 65 到 90；
- 小写 a ~ z，ASCII 值依次为 97 到 122。

ASCII 码用 7 位二进制数表示一个字符。由于 $2^7=128$，所以共有 128 种不同的组合，可以表示 128 个不同的字符。通过查 ASCII 码表可得到每一个字符的 ASCII 码值，例如，大写字母 A 的 ASCII 码值为 10000001，转换成十进制为 65。在计算机内，每个字符的 ASCII 码用 1 个字节（8 位）来存放，字节的最高位为校验位，通常用 "0" 填充，后 7 位为编码值。例如，大写字母 A 在计算机内存储时的代码（机内码）为 01000001。

（2）中文编码

ASCII 码仅对英文字母、数字和标点符号进了编码。为了在计算机内表示和处理汉字，也需要对汉字进行编码。

① 汉字信息交换码。汉字信息交换码是用于汉字信息处理系统之间或汉字信息处理系统与通信系统之间进行信息交换的汉字代码，简称交换码，也称国标码。它是为了使系统、设备之间信息交换时能够采用统一的形式而制定的。

我国 1981 年颁布了国家标准——信息交换用汉字编码字符集（基本集），标准号为 GB 2312—1980，即国标码。国标码规定了进行一般汉字信息处理时所用的 7 445 个字符编码，其中 682 个非汉字图形符号（如序号、数字、罗马数字、英文字母、日文假名、俄文字母、汉语注音等）和 6 763 个汉字的代码。汉字代码中又有一级常用字 3 755 个，二级次常用字 3 008 个。一级常用汉字按汉语拼音字母顺序排列，二级次常用字按偏旁部首排列，部首依笔画多少排序。

由于一个字节只能表示 2^8（256）种编码，显然用一个字节不可能表示汉字的国标码，所以一个国标码必须用两个字节来表示。

② 汉字输入码。汉字输入码主要包括音码、形码，以及手写、语音录入等方法。目前常用的汉字输入方法有通过键盘的拼音输入法、五笔输入法，也可以通过智能屏幕手写输入，百度、讯飞等也提供了较好的语音输入法。

（3）Unicode 编码

扩展的 ASCII 所提供的 256 个字符，用来表示世界各地的文字编码还显得不够，还需要表示更多的字符和意义，因此又出现了 Unicode 编码。

Unicode 是一种 16 位的编码，能够表示 65 000 多个字符或符号。目前，世界上的各种语言一般所使用的字母或符号都在 3 400 个左右，所以 Unicode 编码可以用于任何一种语言。Unicode 编码与现在流行的 ASCII 完全兼容，二者的前 256 个符号是一样的。

项目 2　配置个人计算机

项目引入	大学新生张小明入学后希望购置一台笔记本式计算机，满足学习需求的同时，还能用于平时闲暇时间的娱乐。在选购个人计算机时，应该认识和了解计算机各部件的功能，学会一些简单的识别方法，这些技能对今后的工作和学习都具有十分重要的作用。
项目分析	通过掌握计算机的组成情况，了解并熟悉各组件的功能与性能指标。根据个人需求、使用习惯和预算等要求配置合适的个人计算机，学会配置、选购、组装计算机的主要硬件。
项目目标	☑ 熟悉计算机主要性能指标； ☑ 了解计算机硬件主要部件的功能和主要性能指标； ☑ 了解计算机重要组件的选购要点。

任务 1　熟悉计算机主要性能指标

一台计算机功能的强弱或性能的好坏，不是由某项指标来决定的，而是由它的系统结构、指令系统、硬件组成、软件配置等多方面的因素综合决定的。对于大多数普通用户来说，可以了解一些主要指标以更好地了解和评价一台计算机的性能。

1. 几个基本概念

（1）信息存储单位

位（bit）：计算机中将每个二进制数字称为一个"位"或比特（bit）。

字节（Byte）：计算机存储的基本单位是字节（Byte，用 B 表示），每个字节是 8 个二进制位。

一个 ASCII 码符号（包含：英文字母、英文标点、符号、控制字符等）占一个字节的计算机存储空间，一个中文汉字、中文标点占两个字节的存储空间。

常见的存储容量单位 KB(千字节)、MB(兆字节)、GB(吉字节) 等，它们之间的换算关系为千进制（2^{10}=1 024），见表 1-3。

表 1-3　计算机中常见存储容量含义一览表

单　位	含　义	容　量
1 B	Byte，字节	8 bit
1 KB	Kilobyte，千字节	1 024 B
1 MB	Mega byte，兆字节，简称"兆"	1 024 KB
1 GB	Giga byte，吉字节，"千兆"	1 024 MB
1 TB	Tera byte，万亿字节	1 024 GB
1 PB	Peta byte，千万亿字节	1 024 TB

（2）计算机处理的基本单位

字（Word）是计算机进行数据处理和运算的单位，"字"由若干个字节构成，字的位数称为字长，不同类型的计算机有不同的字长。在其他指标相同时，字长越大计算机处理数据的速度就越快。

例如，对于一台 16 位计算机，它的 1 个字是 2 个字节，字长为 16 位；对于一台目前主流的 64 位计算机，它的 1 个字由 8 个字节构成，字长为 64 位。

2. 关于存储容量的指标

（1）内存储器的容量

内存储器容量的大小反映了计算机即时存储信息的能力。随着操作系统的升级，应用软件的不断丰富及其功能的不断扩展，人们对计算机内存容量的需求也不断提高。常见内存容量为 4 GB、8 GB 或 16 GB 等。内存容量越大，系统功能就越强大，能处理的数据量就越庞大。

（2）外存储器的容量

外存储器包括计算机中的内置机械硬盘、固态硬盘，以及移动硬盘、U 盘等。常见的外存容量以 GB、TB 作为存储单位。例如，某个 U 盘容量为 32 GB，某台笔记本式计算机的硬盘容量为 1 TB 等。

（3）显存

显卡中，显存的性能由存储容量和带宽决定，是衡量显存性能的关键因素。存储容量的大小决定了能缓存多少数据。带宽可理解为显存与核心交换数据的通道。带宽越大，数据交换越快。对于专业制图、视频的非线性编辑或对计算机游戏画面要求较高的应用场景，建议选择独立显卡以及更高的显存参数，如 2 GB、3 GB、4 GB、6 GB 等。

3. 关于处理速度的指标

（1）运算速度（主频）

通常所说的计算机运算速度（平均运算速度），是指每秒钟所能执行的指令条数。一般采用 CPU 时钟频率（主频）来描述运算速度，常用单位有 MHz、GHz（1 GHz= 10^3 MHz）。一般主频越高，运算速度就越快。

例如，早期 Pentium Ⅲ 的主频为 800 MHz，Pentium Ⅳ 的主频为 1.5 MHz；作为现今主流 CPU，Intel Core i7 的主频为 4.0 GHz（1 GHz=10^9 Hz）。

（2）I/O（输入 / 输出）速度

主机的 I/O 速度，取决于 I/O 总线的设计。这对于慢速设备（如键盘、打印机）关系不大，但对于高速设备则影响较大。当前微机硬盘的外部传输率已可达 100 Mbit/s 以上。

（3）硬盘转速

硬盘转速（Rotational Speed）是机械硬盘内电机主轴的旋转速度，也就是硬盘盘片在一分钟内所能完成的最大转数。转速的快慢是标示机械硬盘档次的重要参数之一，它是决定机械硬盘内部传输速率的关键因素之一，在很大程度上直接影响到机械硬盘的存取速度，同样存储容量的情况下，转速越快越好。

任务2　配置个人计算机

1. 个人计算机的组成

个人计算机（Personal Computer，PC），从 1981 年美国 IBM 公司推出第一代微型计算机 IBM-PC 以来，PC 迅速进入社会各个领域。如今的 PC 无论从运算速度、多媒体功能、软硬件支持还是易用性等方面都比早期产品有了极大飞跃。笔记本式计算机更是以无线联网、使用便捷等优势，成为个人配置计算机的主流产品。

一台个人计算机由硬件系统、软件系统两大部分组成。

（1）硬件系统

硬件系统包括主机板、CPU、内存储器、显卡、声卡以及硬盘等主要部件以及显示器、键盘、鼠标、摄像头等外围设备。台式计算机将主要部件全部安装在一个机箱中，称为主机，连接外围设备即可使用，而笔记本式计算机则将所有部件集成在一起。

（2）软件系统

软件系统包括操作系统（如微软公司的 Windows 操作系统，华为公司的麒麟操作系统）、语言处理系统、应用软件（如办公软件 Office、杀毒软件 360 安全卫士、图像处理软件 Photoshop、即时通信软件 QQ 等）。

2. 主要硬件部件的配置建议

（1）CPU

CPU 是计算机硬件中最主要的部件之一，主要实现运算和控制功能，它的工作速度直接影响到计算机的整体运行性能。表 1-4 为 Intel i7 980X Extreme Edition 的主要参数。

表 1-4　Intel i7 980X Extreme Edition 的主要参数

型　号	Core i7 980X Extreme Edition
适用类型	台式机
接口类型	LGA 1366（点触式）
核心类型	Gulftown（六核心）
生产工艺	32 nm
主频	3.33 GHz（最高睿频加速 3.6 GHz）
外频	133 MHz
倍频	25X
一级缓存	L1=6×64 kB
二级缓存	L2=6×256 kB
三级缓存	L3=12 MB
QPI 总线	6.4 GT/s
超线程技术	支持超线程技术
64 位处理器	是
工作功率	130 W
指令集	MMX、SSE、SSE2、SSE3、SSSE3、SSE4.1、SSE4.2、EM64T

装配一台计算机，建议按以下思路选购 CPU：

① 根据实用性确定选用什么价位、具备哪些基本性能的 CPU。如要配置一台家用多媒体处理、性能较佳的主流游戏计算机，需要选用中端的 CPU。

② 同一时期内的中端 CPU 可能有多种核心和不同版本，需要我们依据实用性、性价比选定核心版本，并了解该核心的性能及参数，以便为该 CPU 选配合适的主板。

（2）内存

目前市面上常见的内存条为 DDR4，分为台式机内存和笔记本式计算机内存两种，单根内存容量有 4 GB、8 GB、16 GB 等，如图 1-18 所示。对一般用户而言，8 GB 容量已基本够用，16 GB 的内存对需要进行一些专业工作（如软件开发、数字媒体处理）的用户来说更好一些。主流的笔记本式计算机一般配 8 GB 内存，并留有一条备用插槽，当内存不足时，用户可以自行升级。

图 1-18　内存条 DDR4

（3）硬盘

硬盘有机械硬盘（HDD）和固态硬盘（SSD）两种。机械硬盘具有造价低、寿命长、容量大等优点，但读写速度慢、噪声大的缺点较为明显；而固态硬盘则拥有读写速度快、低功耗、零噪声的优点，但成本较高、存储容量较低。

机械硬盘常见的容量有 1 TB、2 TB、4 TB 等，固态硬盘一般为 128 GB、256 GB 或 512 GB 等。推荐个人计算机采用"小容量固态硬盘（如 128 GB）+大容量机械硬盘（如 1TB）"的组合，可以将操作系统和应用软件安装在速度较快的固态硬盘上，以提升计算机的运行速度，而大容量机械硬盘则用于存储个人数据，以实现较高的性价比。

（4）显示器

显示器作为显示输出的主要途径，其种类较多。目前市场上显示器的主流产品一般采用 LED 光源，LCD 光源的显示器已逐步退出市场。目前，主流的显示器大小一般为 23~27 英寸，16:9 和 21:9 的显示比例适合大部分的应用，如游戏、电影等，而 3:2 的显示比例是近年推出的类型，主要面向商务办公。

3. 个人计算机的采购建议

目前微机可分为台式机、一体机、便携计算机（笔记本计算机）和二合一计算机（平板+键盘）

四种常见类型，如图 1-19 所示。

图 1-19 微机常见类型

选购个人计算机时，主要考虑品牌机和兼容机两种类型。

品牌机厂商往往具有雄厚的经济实力，品牌机是在对各种配件进行组合测试的基础上，优选、精选配件，在工厂流水线上组装而成的，因此稳定性非常好，并且其在售后服务上也有优势。如联想、华为、惠普、戴尔、华硕等。

兼容机是用户根据个人喜好和经验，购买各种硬件自行组装。由于硬件未经过组合测试，可能存在不兼容等问题，但其具有较好的扩展性，对于追求个性化的用户来说是不错的选择。

（1）选购个人计算机及配件时应遵循的原则

① 按需配置，明确计算机的用途；

② 衡量装机预算；

③ 衡量整机运行速度。

（2）选购个人计算机时应注意的事项

① 尽量选择品牌主流产品；

② 配置兼容机时应考虑其换修、升级的需要，大配件尽量选择大品牌，市场好评率较高的新产品；

③ 可结合自己的购机需要，多参考大型电商平台的配机方案建议。

（3）选购建议

① 尽量购买 6 个月以内出品的 PC；

② 主板和 CPU 保修期较长，通常为 1～3 年；

③ 电源、键盘和鼠标等保修期较短，一般为 3～6 个月；

④ 具备一定的外设扩展能力；

⑤ 学习识别真伪，选择信誉好、规模大、出货量大的商家购买。

思考练习

1. 主频是反映计算机_____的性能指标。
   A. 运算速度   B. 存取速度   C. 总线速度   D. 运算精度
2. 计算机在同一时间内能够处理的一组二进制数的位数称为_____。
   A. 字节   B. 字   C. 字长   D. 字数
3. 计算机软件系统一般包括_____。
   A. 操作系统和应用软件   B. 系统软件和管理软件
   C. 系统软件和应用软件   D. 操作系统、管理软件和各种工具软件
4. 按照应用范围分类，可将计算机分为_____。
   A. 专用计算机、通用计算机   B. 数字计算机、模拟计算机
   C. 大型计算机、小型计算机   D. 微型计算机、嵌入式计算机
5. 在选购计算机时，应该_____。
   A. 按需配置，明确计算机用途   B. 衡量装机预算
   C. 衡量整机运行速度   D. 其他选项都是

单元 2

Windows 10 操作系统的使用

引言

本单元重点介绍 Windows 10 操作系统的安装与使用、文件管理、系统个性化配置的方法，以及常用工具软件的分类、安装与卸载方法，使用户熟悉计算机的基本操作，为以后在工作、学习中使用计算机打下良好基础。

内容结构图

学习目标

通过学习，达到如下学习目标：
- 了解计算机操作系统的安装方法。
- 掌握 Windows 操作系统的文件管理方法。

- 掌握 Windows 操作系统的配置方法。
- 掌握常用工具软件的安装和卸载方法。
- 了解常用的工具软件。

项目1　Windows 10 操作系统的安装与配置

项目引入	小明新买了台式计算机，需要为其安装 Windows10 操作系统，并进行基本的配置，使计算机能正常运行。
项目分析	Window10 操作系统可以通过全新安装或旧系统升级来部署，在安装完成后，还可以进行定义个人账号、桌面主题等个性化配置。
项目目标	☑ 了解计算机操作系统的安装方法； ☑ 掌握 Windows 操作系统的文件管理方法； ☑ 掌握 Windows 操作系统的配置方法。

任务1　安装Windows 10操作系统

　　Windows 10 是由微软公司（Microsoft）开发的操作系统，应用于计算机和平板式计算机等设备，共有家庭版、专业版、企业版、教育版、专业工作站版、物联网核心版等六个版本，个人计算机常用家庭版和专业版。Windows 10 操作系统可以通过系统升级安装、全新安装等方式安装到计算机上。升级安装是指在现有的操作系统（如 Windows 7）上进行升级，原系统的数据可以保留，操作简单；全新安装则会覆盖硬盘分区中的所有文件，会移除当前使用的操作系统和用户资料。

1. 准备安装介质

　　要进行 Windows 10 的全新安装，需要提前准备好安装盘，可以通过购买或官网下载获得，从官网下载的安装盘可以制作为光盘或 U 盘，这里介绍 U 盘的制作方法。

　　① 首先，打开微软官方网页，单击"立即下载工具"按钮，下载"MediaCreationTool.exe"程序，如图 2-1 所示。

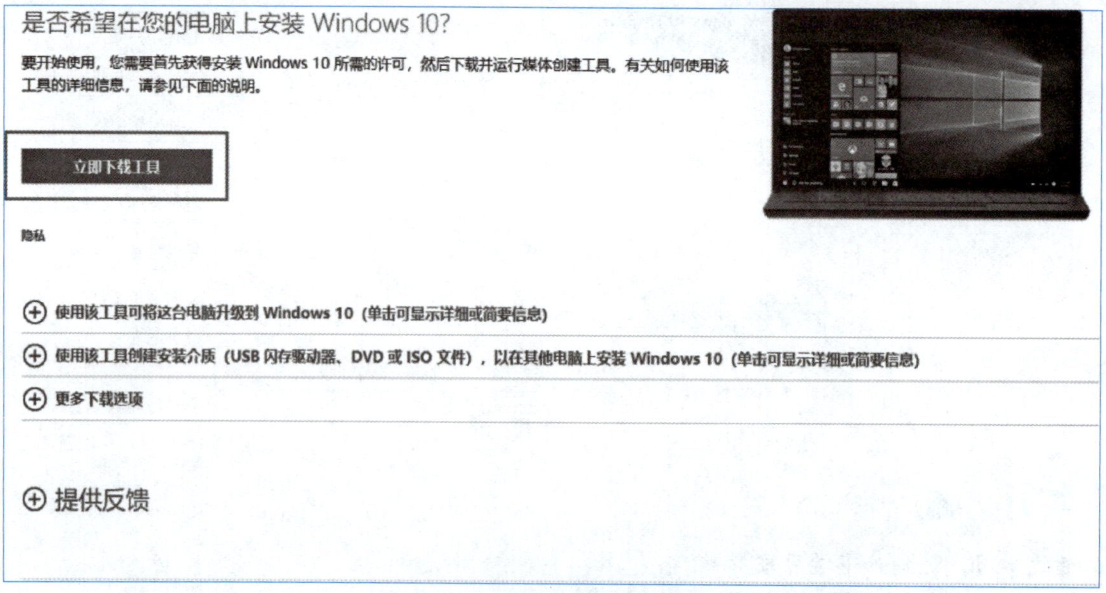

图 2-1　微软官网的下载页面

② 双击打开 MediaCreationTool.exe 应用程序，程序将进行准备工作，单击"下一步"按钮继续，如图 2-2 所示。

③ 进入适用的声明和许可条款页面，单击"接受"按钮，如图 2-3 所示。

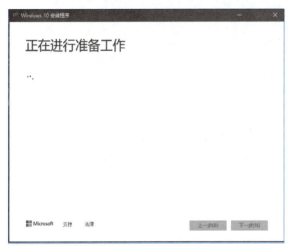 

图 2-2　安装程序界面　　　　　　　　　　图 2-3　软件许可条款

④ 在打开的页面中选择安装方式，这里选择"为另一台电脑创建安装介质（U 盘、DVD 或 ISO 文件）"单选按钮，单击"下一步"按钮，如图 2-4 所示。

⑤ 选择系统安装的语言、版本等选项，可根据需要选择相应的版本、语言、体系结构，也可以选中"为这台电脑使用推荐的选项"复选框，由系统推荐最优选项，单击"下一步"按钮，如图 2-5 所示。

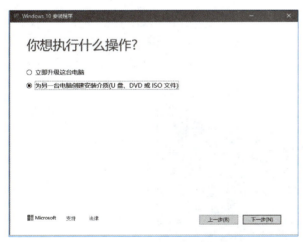 

图 2-4　安装方式的选择　　　　　　　　　图 2-5　系统语言、版本等选择界面

⑥ 安装盘介质的选择，可以根据所使用的安装盘进行选择，当使用 U 盘进行安装时，大小必须大于 8 GB，单击"下一步"按钮，如图 2-6 所示。

⑦ 安装盘的选择，当计算机上有多个 U 盘时，选择相应的 U 盘，并确认 U 盘上的文件已备份，制作安装盘时将删除 U 盘上所有的文件，单击"下一步"按钮，如图 2-7 所示。

⑧ 制作安装盘，应用程序将自动下载并制作安装盘，当制作完成后，单击"完成"按钮即可完成安装盘的制作，如图 2-8、图 2-9 所示。

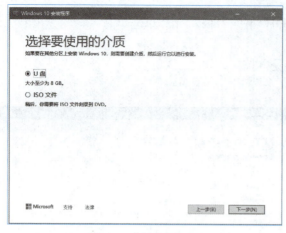

图 2-6 选择安装介质　　　　　　　　　图 2-7 选择 U 盘

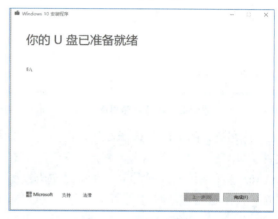

图 2-8 安装进度　　　　　　　　　图 2-9 完成安装盘的制作

2. 安装 Windows 10

① 插入安装盘。在准备好安装盘以后，就可以为计算机安装 Windows10 操作系统了。这时，需要把制作好的安装盘插入计算机，然后开机，计算机启动后会出现"Press any key to boot from CD or DVD……"的提示，这时按键盘上的任意键，系统会自动加载安装程序，如图 2-10 所示。

视频

Windows 系统安装

图 2-10 安装程序启动界面

② 选择语言。安装程序加载完成后，会出现语言、时间格式、输入法等选择界面，按照个人需要选择后，单击"下一步"按钮，在弹出的界面中单击"现在安装"按钮进入安装流程，如图 2-11 所示。

③ 选择版本。安装程序自动加载程序，并提示输入产品密钥以便于后续的系统激活，这里可以选择"我没有产品密钥"直接进入下一步，在安装版本选择界面选择需要安装的系统版本，这里选择专业版，单击"下一步"按钮，如图 2-12 所示。

图 2-11 启动安装流程的界面

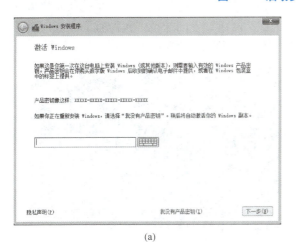
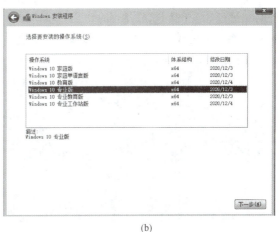

图 2-12 选择安装版本

④ 选择安装类型。安装程序弹出许可条款，选中"我接受许可条款"复选框并单击"下一步"按钮。程序弹出安装类型选择，对于已装安装系统的计算机，可以升级安装；需要重新安装操作系统的则选择"自定义：仅安装 Windows（高级）"选项，如图 2-13 所示。

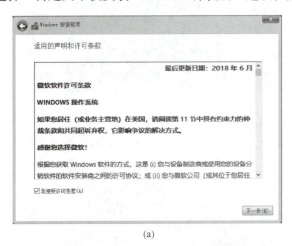
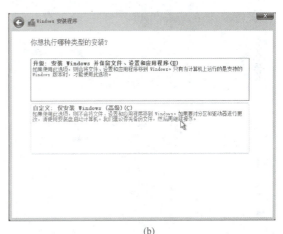

图 2-13 选择安装类型

⑤ 选择安装位置。安装程序自动扫描当前计算机已有的硬盘空间，在列表中选择用于安装系统的硬盘或分区，选择时要认真核对信息，防止重要数据丢失，单击"下一步"按钮后，安装程序将对分区进行清空并格式化，并自动进入复制文件、安装功能等流程，如图 2-14 所示。

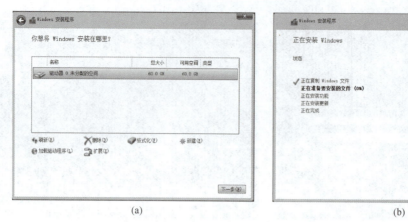

图 2-14 选择安装位置

⑥ 网络连接。安装程序在完成安装流程后会重新启动计算机,重启后进入操作系统初始化流程,根据提示选择相应的国家或地区、语言、输入法即可,在"网络"界面选择"我没有 internet 连接",在弹出的界面中选择"继续执行有限设置"跳过联网设置,如图 2-15 所示。

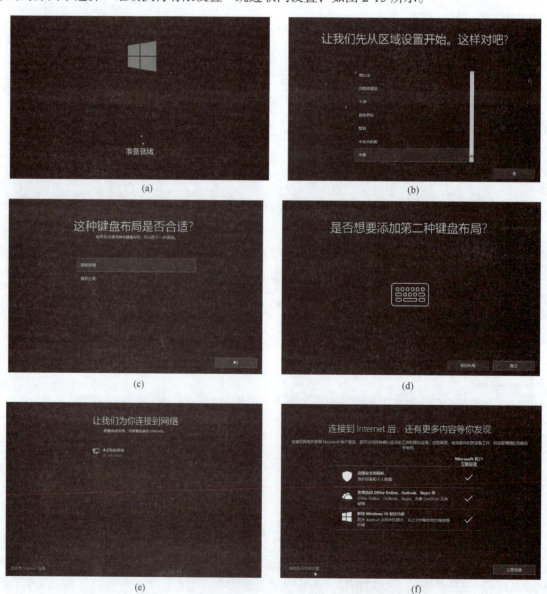

图 2-15 网络连接

⑦ 创建账户。程序弹出创建账户的界面，这里输入用户和密码，并"接受"隐私设置即可完成系统的初始化，如图 2-16 所示。

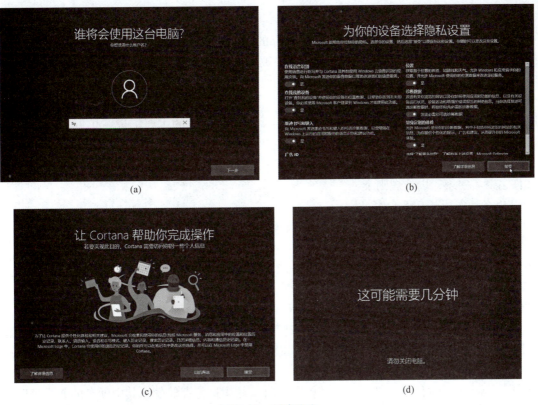

图 2-16　创建账户

⑧ 完成安装。程序自动完成配置后，Windows 10 的安装全部完成，可以开始使用了，如图 2-17 所示。

图 2-17　安装成功

任务2　管理Windows系统文件

1. 文件和文件夹

计算机中的所有资源都是以文件的形式保存的，用户利用计算机所做的工作也大都是围绕文件进行的，根据系统和用户管理的需要，这些文件被分门别类地存储在磁盘的不同文件夹中，因此，文件和文件夹的管理对用户来说是非常重要的一项工作。

文件是指存储在磁盘上的一组相关信息的集合，这些信息可以是数据、图像、声音、文本、应用程序等。文件名由主文件名和扩展名组成，主文件名是文件的主要标记，扩展名用于表示文件的类型。其中文件扩展名，也称文件后缀名，它表示文件的具体类型；确定了文件的类型，操作系统就能判断用什么程序可以处理这个文件。

文件名命名要遵守以下规则：

① 文件名最多可达 255 个字符。
② 文件名中不能包含的字符：?、*、"、<、>、|、:、\、/。
③ 可以使用多分隔符（小数点 .），最后一个分隔符后才是文件的扩展名。
④ 系统保留用户指定文件名的大、小写格式，但在文件的使用上大小写没有区别。
⑤ 文件名中可以使用汉字，但扩展名则不建议使用汉字。

文件夹是用来存放文件的，它是系统组织和管理文件的一种形式。文件夹也有名字，但是没有扩展名，在文件夹中还可以创建其他文件夹。默认情况下文件夹的外观是一个黄色的图标。如图 2-18 所示，左边是空文件夹图标，右边是包含文件的文件夹图标。

图 2-18　文件夹图标

在 Windows 中，文件和文件夹是以"树"形目录结构进行存储的，其中硬盘的各个分区可以看作树的根，也称根目录，如图 2-19 所示。

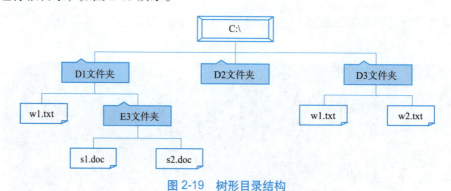

图 2-19　树形目录结构

2. 文件管理

文件和文件夹的管理是 Windows 10 操作系统中的基本操作，也是进行其他应用程序操作的基础。计算机（或文件资源管理器）是对文件和文件夹进行管理的工具，主要包括以下操作：新建或打开、重命名、复制或移动、删除或还原、压缩和解压、修改属性设置等。计算机可在桌面双击打开，文件资源管理器可右击"开始菜单"打开，或按【Win + E】组合键打开，如图 2-20 所示。

（1）新建文件和文件夹

在计算机的磁盘或文件夹中找到要创建文件或文件夹的位置，在窗口空白处右击，如图 2-21 所示，在弹出的快捷菜单中选择"新建"命令，在子菜单中选择"文件夹"或相应类型的文件，即可出现一个新文件或文件夹，在名称框中输入文件夹的名称，然后用单击其他位置或按【Enter】键完成。

图 2-20　打开"文件资源管理器"的方式　　　　　图 2-21　新建文件夹

（2）复制和移动

复制和移动文件（或文件夹）是文件管理的基本操作。复制和移动的最大区别是复制会在新的位置生成文件或文件夹，原位置上的文件或文件夹保持不变；而移动则是将目标文件或文件夹从当前位置转移到新的位置，移动前后都只有一个文件或文件夹。

复制的操作是先复制后粘贴，文件或文件夹复制后，可以在不同的位置上进行粘贴，以达到重复复制的目的，使用【Ctrl+C】、【Ctrl+V】组合键可以快速完成复制操作。具体操作是：

① 右击需要复制的文件或文件夹，在弹出的快捷菜单中选择"复制"命令，然后在目标文件夹空白处右击，在打开的快捷菜单中选择"粘贴"命令，如图 2-22 所示。

图 2-22　复制文件

② 选中需要复制的文件或文件夹，使用【Ctrl+C】组合键进行复制，然后在目标文件夹使用【Ctrl+V】组合键进行粘贴。

移动操作是先剪切后粘贴，剪切的文件或文件夹只能粘贴一次，粘贴后原位置上的文件或文件夹会被删除，按【Ctrl+X】、【Ctrl+V】组合键可以快速完成移动操作。具体操作是：

① 右击需要移动的文件或文件夹，在弹出的快捷菜单中选择"剪切"命令，然后在目标文件夹空白处右击，在打开的快捷菜单中选择"粘贴"命令，如图 2-23 所示。

② 选中需要移动的文件或文件夹，按【Ctrl+X】组合键进行剪切，然后在目标文件夹按【Ctrl+V】组合键进行粘贴。

视频
删除和还原

（3）文件的删除和还原

在 Windows 系统中，文件或文件夹的删除只是将文件移动到"回收站"中，实际在磁盘中并没有删除，还会占用磁盘空间，可以在"回收站"中进行还原操作，将文件或文件夹还原使用。当需要永久删除文件或文件夹并清理占用空间时，可以通过清空回收站或按【Shift+Del】组合键进行永久删除，永久删除的文件或文件夹将不可恢复。永久删除的具体操作如下：选中需要删除的文件或文件夹，按【Shift+Del】组合键，在弹出的对话框中单击"是"按钮，如图 2-24 所示。

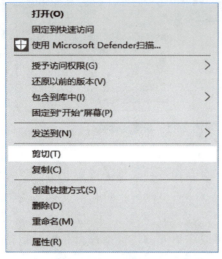

图 2-23　移动文件

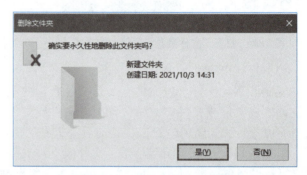

图 2-24　"删除文件夹"对话框

（4）文件属性

文件属性指将文件分为不同类型的文件，以便存放和传输，它定义了文件的某种独特性质。常见的文件属性有隐藏属性、只读属性和归档属性。

① 隐藏属性：具有隐藏属性的文件，一般情况下是看不到的。

② 只读属性：具有只读属性的文件，内容是不能被随意修改的，有效地保护了文件内容的安全。

③ 档案属性：此属性只是标记，并没有很大的含义和应用。

当需要修改文件的属性时，可以右击文件或文件夹，在弹出的快捷菜单中选择属性，打开文件属性对话框。文件属性对话框中显示了一些关于文件或文件夹的基本信息，主要有文件类型、存储位置、大小、占用空间、创建时间和修改时间、系统属性等。通过选中文件属性中的"只读"或"隐藏"复选框可以将文件属性设置为只读或隐藏，如图 2-25 所示。

图 2-25　文件属性对话框

（5）搜索文件

在日常使用过程中，经常会出现找不到文件的状况，这时可以使用文件系统的搜索功能配合通配符"*"和"？"进行快速定位。搜索功能在文件资源管理器的右上角，如图 2-26 所示，只要在搜索栏中输入文件名就可以快速定位。当不确定准确的文件名时，可以使用通配符进行查找，其中"*"代表任意长度的任意字符，"？"则代表一个任意字符。如当查找以"0"开头的所有 txt 文件时，可以用"0*.txt"，如图 2-27 所示；当查找以"0"开头，文件名只有 4 个字符的 txt 文件时，可以用"0???.txt"，如图 2-28 所示。

视频
文件管理（搜索）

图 2-26　搜索功能

图 2-27　利用 * 号查找文件

图 2-28　利用"？"号查找文件

（6）压缩文件

压缩文件简单地说，就是经过压缩软件将文件的大小进行压缩，压缩的原理是把文件的二进制代码压缩来减少该文件的大小。

压缩文件的基本原理是查找文件内的重复字节，建立一个相同字节的"词典"文件，并用一个代码表示，例如在文件里有几处有一个相同的词"中华人民共和国"，用一个代码表示该词并写入"词典"文件，这样就可以达到缩小文件大小的目的。常见的压缩软件有 WinZIP、WinRAR、ZIP、360 压缩等，如图 2-29 所示；常见的压缩文件格式有 ZIP、RAR、7Z、ARJ、CAB、LZH、ACE、TAR、GZ、UUE、BZ2、JAR、ISO 等。

图 2-29　常用压缩软件

视频

压缩软件

任务3 配置Windows系统

1. 管理用户账户

Windows 10 支持多用户操作环境，当多人使用一台计算机时，可以为每个人分别创建一个用户账户。不同的用户可以用自己的账号和密码登录系统，可以有不同的管理权限，桌面、收藏夹等可实现个性化设置管理，互不影响。

（1）查看管理员账户信息

单击"开始"菜单→"设置"（齿轮状图标，旧称为控制面板），如图 2-30 所示；单击打开"账户"如图 2-31 所示，此处激活 Windows 10 系统的管理员账户信息，如图 2-32 所示。

图 2-30　开始→设置

图 2-31　账户

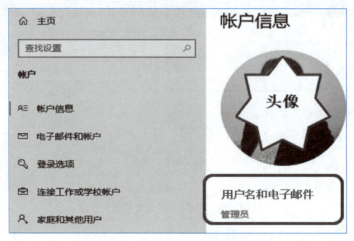

图 2-32　账户信息（管理员）

（2）添加新用户账户

以 Windows 10 家庭版为例，添加新账户的操作步骤如下：

① 打开"运行"：在 Cortana 里搜索"运行"或按【Win + R】组合键。

② 在"运行"中输入"control userpasswords2"，单击"确定"按钮，在打开的"用户账户"对话框中会显示已存在的用户。

③ 单击"添加"按钮，在打开的界面中单击"不使用 Microsoft 账户登录"在弹出的界面中单击"本地账户"按钮，打开"添加用户"对话框，设置账号信息、密码和提示后单击"下一步"按钮，即可成功添加用户。

④ 重启计算机，用新账户登录 Windows 10。

（3）设置账户属性

可以设置本地账户的属性,其中标准用户（User 组）和管理员（Administrator 组）访问权限不同,如图 2-33 所示。

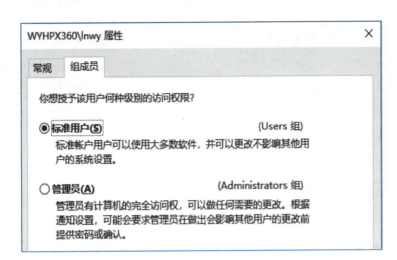

图 2-33　账户属性

2. 配置个性化桌面

设置个性化桌面,可以右击桌面空白处,选择"个性化"命令,在打开的"设置"窗口中选择"背景"标签单击"背景"下拉按钮,下拉列表中包括 3 个选项：图片、纯色、幻灯片放映。选择"图片"或"纯色"作为桌面,都是静态背景；而"幻灯片放映"是动态背景,需要额外设置幻灯片图片切换频率、是否无序播放等信息。"选择契合度"可选：填充、适应、拉伸、平铺、居中、跨区,如图 2-34 所示。

视频

设置个性化桌面

图 2-34　个性化、背景、选择契合度

3. 添加系统字体

为了得到更丰富的文档排版效果,若想在计算机当中安装一些特殊的字体,如草书、毛体、广告字体、艺术字体等,需要用户自行安装,具体操作步骤如下：

① 从网络上下载字体库,文件格式为 *.ttf（建议下载免费可商用的字体）,如图 2-35 所示。

② 双击需要安装的字体,或右击,在弹出的快捷菜单中选择"安装/为所有用户安装"命令,如图 2-36 所示。

视频

系统字体的安装与卸载

图 2-35　TTF 字体

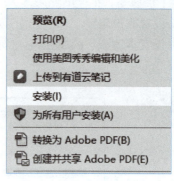

图 2-36　安装 / 为所有用户安装

③ 弹出 "正在安装字体" 对话框，等待安装完成。

项目 2　常用工具软件

项目 引入	Windows10 操作系统安装完成后，还需安装各类工具软件来实现不同的功能，如处理文档、上网等。
项目 分析	Windows10 操作系统只能提供基本的系统功能，其他功能则需要安装第三方软件来实现，包括办公应用、浏览网页、网上聊天等。
项目 目标	☑ 掌握常用工具软件的安装和卸载方法； ☑ 了解常用的工具软件。

任务 1　熟悉常用工具软件

视频

浏览器

1. 浏览器

浏览器是网页浏览器（Web Browser）的简称，用来检索、展示以及传递 Web 信息资源的应用程序，如图 2-37 所示。Web 信息资源由统一资源标识符（Uniform Resource Identifier，URI）标记，它是一张网页、一张图片、一段视频或者任何在 Web 上所呈现的内容，借助超链接（Hyperlinks），通过浏览器浏览互相关联的信息。

图 2-37　浏览器的界面

目前常用的浏览器较多，有 Windows 内置的 Internet Explorer 和 Edge、Google 的 Chrome 浏览器等，还有国产的 QQ 浏览器、360 安全浏览器、搜狗浏览器等，如图 2-38 所示。

图 2-38 常用的浏览器

2. 办公软件

办公软件是指可以进行文字处理、表格制作、幻灯片制作、图形图像处理、简单数据库的处理等方面工作的软件。办公软件朝着操作简单化，功能细化等方向发展。

Microsoft Office 是由 Microsoft（微软）公司开发的一套基于 Windows 操作系统的办公软件套装。常用组件有 Word、Excel、PowerPoint 等，如图 2-39 所示。

WPS Office 是由北京金山办公软件股份有限公司自主研发的一款办公软件套装，可以实现办公软件最常用的文字、表格、演示，PDF 阅读等多种功能，如图 2-40 所示。WPS Office 具有内存占用低、运行速度快、云功能多、强大插件平台支持、免费提供海量在线存储空间及文档模板的优点，支持阅读和输出 PDF（.pdf）文件、具有全面兼容微软 Office 9、2010 格式（doc/docx/xls/xlsx/ppt/pptx 等）等独特优势。目前，WPS Office 已覆盖 Windows、Linux、Android、iOS 等多个平台，支持桌面和移动办公，同时 WPS 移动版通过 Google Play 平台，已覆盖超 50 多个国家和地区。

图 2-39 微软的 Office 办公套件

图 2-40 WPS Office

3. 即时通信工具

即时通信工具是通过即时通信技术来实现在线聊天、交流的软件。近年来，即时通信功能日益丰富，逐渐集成了电子邮件、博客、音乐、电视、游戏和搜索等多种功能，不再是一个单纯的聊天工具，它已经发展成集交流、资讯、娱乐、搜索、电子商务、办公协作和企业客户服务等为一体的综合化信息平台。微软、腾讯、AOL、网易云信等重要即时通信提供商都提供通过手机接入互联网即时通信的业务，用户可以通过手机与其他已经安装了相应客户端软件的手机或计算机收发消息，如图 2-41 所示。

图 2-41 即时通信工具

按照 IM 即时通信产品的主要使用人群的不同，IM 即时通信产品大致上可分为两大类型，分别是个人级即时通信产品和企业级即时通信产品。个人级即时通信产品可称为个人 IM，其典型代表产品有微信和 QQ，主要是以个人用户使用为主的，用户在使用时通常也都是免费的。企业级即时通信产品，可称为企业 IM，主要是以企业用户使用为主的，其典型代表有钉钉、企业微信等。

任务2　软件的安装与卸载

1. 软件的安装

为了拓展计算机的应用功能，操作系统安装之后可以安装相应的应用软件。应用软件的安装主要有几种途径：应用商店、软件安装包、绿色软件。应用商店是操作系统自带的，如微软的 Microsoft Store，可以直接选择需要的软件进行安装，应用商店中的软件都经过了检测，兼容性良好，如图 2-42 所示。

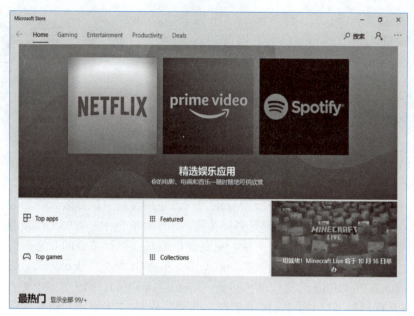

图 2-42 微软的应用商店

一般情况下，软件的安装都需要使用安装包，可以从软件开发商的网站下载，解压后打开 setup.exe 程序即可进入安装向导，根据提示操作即可完成软件的安装，如图 2-43 所示。绿色软件是指一些由个人开发的小工具，这类软件一般是免费开放下载的，下载后直接运行即可使用，无须安装。

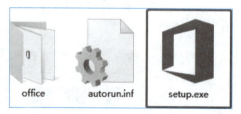

图 2-43 安装程序

2. 软件的卸载

软件的卸载是指删除不再使用的软件，以节省磁盘空间。卸载软件时，通过选择"开始"菜单→"设置"→"应用"命令打开"应用和功能"页面，在列表中选中需要卸载的软件，单击"卸载"按钮即可，如图 2-44 所示。对于 Windows 自带的软件，可以单击"可选功能"按钮，在列表中选中需要卸载的软件，单击"卸载"按钮进行卸载，如图 2-45 所示。

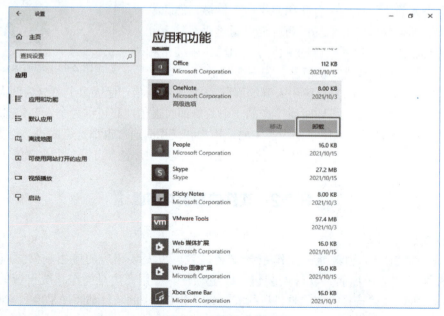

图 2-44 应用和功能界面

Windows 10 操作系统的使用　　单元 2

图 2-45　可选功能的界面

学习拓展

1. 显示扩展名

一般情况下，Windows 是自动隐藏已知的扩展名，当需要显示所有文件名时，可以在文件资源管理器菜单"查看"→"显示/隐藏"组中选中"文件扩展名"复选框，如图 2-46 所示。

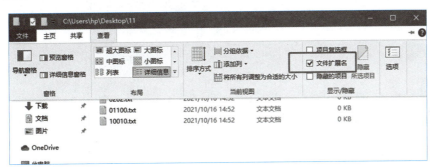

图 2-46　显示文件扩展名

2. 显示和隐藏文件

对于已被设置文件属性为"隐藏"的文件或文件夹，一般情况是无法显示出来的，可以在文件资源管理器菜单"查看"→"显示/隐藏"组中选中"隐藏的项目"复选框，使隐藏的文件或文件夹可以正常显示出来，如图 2-47 所示。

图 2-47　显示隐藏的文件

3. 快捷键组合

Win+D：显示桌面。
Win+E：打开文件资源管理器。
Win+M：最小化所有窗口。
Win+L：锁屏。
Alt+Tab：切换正在运行的程序。
Win+S：搜索应用。
Win+Shift+S：快速截图。
Win+H：语音录入。
Win+G：打开录屏。
Win+P：切换投影模式。
Win+"+/–"：打开放大镜功能，放大或缩小显示。

思考练习

为笔记本计算机重新安装 Windows 10 操作系统，并安装 Office 2016、Photoshop、微信、QQ 等必要的应用软件。

单元 3
家庭网络组建与信息安全防护

引言

本单元通过组建家庭无线网络的项目案例,学习计算机网络的相关概念,掌握互联网接入的基本方法,利用无线路由器组建家庭无线网络的方法,了解计算机系统维护与网络安全的主要内容、防护措施。

内容结构图

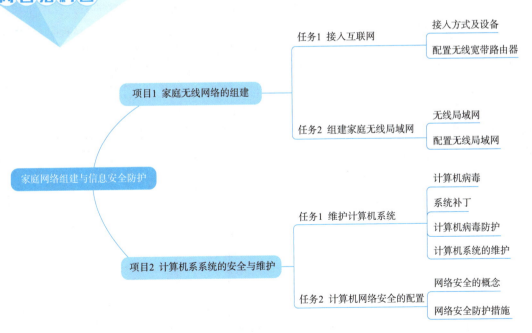

学习目标

通过学习，达到如下学习目标：
- 掌握计算机网络的相关概念。
- 掌握互联网接入的方法。
- 掌握家庭无线局域网的组建方法。
- 掌握计算机病毒的基本知识及防护措施。
- 掌握计算机系统的维护方法。
- 了解网络安全的主要内容及防护措施。

项目1　家庭无线网络的组建

项目引入	为方便访问互联网，小明家申请了光纤宽带，同时家里有多台计算机和手机都需要通过宽带访问互联网。为方便组网，现需要组建家庭无线网络，并通过路由器连接到互联网。
项目分析	家庭无线网络的组建分为两个部分，一是通过宽带连接互联网，主要是通过宽带路由器来实现；二是内部无线网络的组建，是利用宽带路由器的无线网络功能来实现。
项目目标	☑ 掌握计算机网络的相关概念； ☑ 掌握互联网接入的方法； ☑ 掌握家庭无线局域网的组建方法。

任务1　接入互联网

1. 接入方式及设备

目前，人们接入到互联网的方式多种多样，如手机移动网络、电信宽带等，其中手机移动网络存在信号不稳定、流量较贵等问题，而对于应用场所相对固定的用户来说，高速、稳定的电信宽带是理想的接入方式之一。电信宽带接入有 ADSL 拨号、小区共享网络和光纤入户等多种方式。其中，光纤入户是利用光猫将"光电"信号进行转换，专享宽带，具有容量大、频带宽、更稳定的特点，是目前主要的宽带接入方式。通过电信宽带的接入，可以使台式计算机、笔记本式计算机、智能手机等联网设备更快速、更稳定地接入到互联网中。

在电信宽带接入时，用户需使用光猫、宽带路由器、交换机等设备来连接计算机和互联网，具体的连接拓扑图如图 3-1 所示。

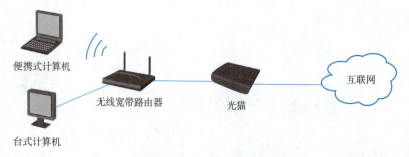

图 3-1　接入互联网拓扑图

（1）光猫

光猫，泛指将光以太信号转换成其他协议信号的收发设备。光猫是光 Modem 的俗称，有着调制解调的作用，负责将入户光纤中的光信号转换为计算机能识别的电信号。一般情况下，光猫由电信运营商的技术人员在报装时完成配置，用户无法对其参数进行修改。

（2）无线宽带路由器

路由器是用于不同网络进行互联的设备，负责路由选择、流量管理等。宽带路由器是路由器其中的一种，主要应用于电信宽带接入时的网络互联，为局域网中的计算机提供路由功能，是互联网接入的核心设备。当前，大部分宽带路由器都集成了多种多样的功能，如 Wi-Fi、网络共享等，所以也称为无线宽带路由器。宽带路由器一般有 1 个 WAN 网口、4 个 LAN 网口，WAN 网口用于连接光猫，LAN 网口用于连接计算机。宽带路由器一般采用网页的方式进行管理，只需将计算机连接到路由器的 LAN 即可对其进行配置。

（3）交换机

交换机又称交换式集线器，是局域网组建的常用设备，其作用是将线缆汇聚在一起，为接入的任意两个网络节点提供独享的通道，以实现计算机之间的通信。交换机的接口数量有 8 口、16 口、24 口、48 口等，适用于不同规模的局域网组建；按传输速度又有百兆、千兆之分；按连接的介质不同分为电缆交换机和光纤交换机。

2. 配置无线宽带路由器

在报装电信宽带业务时，电信运营商会派技术人员上门安装调试设备，一般情况下只连接一台计算机进行测试。在完成测试后，用户即可接入无线宽带路由器，使局域网的计算机能通过无线宽带路由器连接到互联网。此时，就需要对无线宽带路由器进行相应的配置，如 IP 地址和网关、DNS、DHCP 服务等，使其能正常工作。

（1）基本概念

① IP 地址。IP 地址是指互联网协议地址，是 IP Address 的缩写。IP 地址是 IP 协议提供的一种统一的地址格式，它为互联网上的每一个网络和每一台主机分配一个逻辑地址，以此来屏蔽物理地址的差异。

在互联网上，所有的计算机资源都通过 IP 地址来定位。IP 地址的格式是由 IP 协议规定的。目前全球广泛应用的 IP 协议是 4.0 版本，通常记为 IPv4。IP 地址是一个 32 位的二进制数，通常被分割为 4 个 "8 位二进制数"（也就是 4 个字节）。IP 地址通常用 "点分十进制" 表示成 (a.b.c.d) 的形式，其中，a、b、c、d 都是 0~255 之间的十进制整数。例如：点分十进制 IP 地址（180.12.13.14）。根据不同的用途，IP 地址分为 A、B、C、D、E 共 5 类，其中 A、B、C 类用于网络通信，具体用途见表 3-1。

视频

IP 地址

表 3-1 各类 IP 地址的用途及取值范围

类　型	十进制取值范围	主要用途
A 类	0.0.0.0~127.255.255.255	适用于主机数达 1 600 多万台的大型网络
B 类	128.0.0.0~191.255.255.255	适用于中等规模的网络，每个网络所能容纳的计算机数为 6 万多台
C 类	192.0.0.0~223.255.255.255	适用于小型局域网，每个网络只能容纳 254 台计算机
D 类	224.0.0.0~239.255.255.255	组播地址
E 类	240.0.0.0~255.255.255.255	保留实验使用

IP 地址通常与子网掩码配合使用，用于标识 IP 地址中的网络号和主机号，不同类别 IP 地址的网络号长度不同，具体见表 3-2。A 类地址的前 8 位（第 1 个数字）表示网络号，后 24 位（后 3 个数字）表示主机号；B 类地址的前 16 位（前 2 个数字）表示网络号，后 16 位（后 2 个数字）表示主机号；C 类地址的前 24 位（前 3 个数字）表示网络号，后 8 位（最后 1 个数字）表示主机号。子网掩码中二进制数 "1" 的位置对应 IP 地址中的网络号，所以子网掩码为 255.0.0.0（前 8 位为 1）、

视频

子网掩码

255.255.0.0（前 16 位为 1）、255.255.255.0（前 24 位为 1）。如果两台计算机的 IP 地址中网络号部分相同，属于同一个局域网，可以直接通信；网络号部分不同的，属于不同的局域网，需经路由器转发才能通信。

表 3-2　各类 IP 地址的组成

类别	A 类				B 类				C 类			
	网络号	主机号			网络号		主机号		网络号			主机号
子网掩码	255	0	0	0	255	255	0	0	255	255	255	0

同时，在 A、B、C 类地址中又定义了私有地址，用于个人组建局域网，但不能在互联网上使用，具体见表 3-3。

表 3-3　私有地址取值范围

类　别	地址范围	子网掩码
A 类	10.0.0.0~10.255.255.255	255.0.0.0
B 类	172.16.0.0~172.31.255.255	255.255.0.0
C 类	192.168.0.0~192.168.255.25	255.255.255.0

② 默认网关（Default Gateway）。是内部网络与外网连接的设备，通常是一个路由器。当一台计算机发送信息时，根据发送信息的目标 IP 地址和子网掩码来判定目标主机是否在同一网络中，如果目标主机在同一网络，则直接发送即可。如果目标不在本地网络中则将该信息送到默认网关 / 路由器，由路由器将其转发到其他网络中，进一步寻找目标主机。

视频

DNS 服务

③ DNS。在计算机网络中，唯一能进行网络定位的是 IP 地址，但 IP 地址不容易被人们记住，所以使用一套域名系统来标识。域名是 Internet 上某一台计算机或计算机组的名称，用于在数据传输时标识计算机的电子方位（有时也指地理位置）。域名采用层次型的树状结构，域名系统不区分树内节点和叶子节点，而统称为节点，不同节点可以使用相同的标记。一个节点的域名是由从该节点到根的所有节点的标记连接组成的，中间以点分隔。最上层节点的域名称为顶级域名，第二层节点的域名称为二级域名，依此类推，如图 3-2 所示。顶级域名用于指明机构的类型或该域所在的国家或地区，如表 3-4 所示。

图 3-2　域名的组成

表 3-4　顶级域名信息

顶级域名	机　构　类　型
com	商业组织
edu	教育机构
gov	政府部门
mil	军事部门
net	主要网络支持中心
org	上述以外的组织
cn、us 等	各个国家或地区代码

DNS 是 Domain Name System（域名系统）的缩写，域名虽然便于人们记忆，但计算机只能通过 IP 地址来通信，它们之间的转换工作称为域名解析，域名解析需要由专门的域名解析服务器来完成，DNS 服务器就是进行域名解析的服务器。常见的公共 DNS 服务器有 114.114.114.114、

202.96.128.68、202.96.128.86、202.96.128.88 等，在不确定的情况下可以使用公共 DNS 服务器进行域名解释。

④ DHCP 服务。DHCP（Dynamic Host Configuration Protocol，动态主机配置协议）是一个局域网的网络协议，指的是由服务器管理一段 IP 地址范围，客户机连接到网络时，服务器自动将 IP 地址、子网掩码、默认网关、DNS 服务器等信息分配给客户机，无须手动配置。DHCP 既能使计算机更便捷地使用网络，也能更好地管理 IP 地址的分配。

DHCP 服务

⑤ URL。统一资源定位系统（Uniform Resource Locator，URL）是因特网的万维网服务程序上用于指定信息位置的表示方法。URL 是计算机 Web 网络相关的术语，就是网页地址的意思，每一个网页都有只属于自己的 URL 地址（俗称网址），它具有全球唯一性。

URL 由传输协议、主机地址、端口号、文件路径、文件名组成，具体为"协议 :// 主机地址 : 端口号 / 路径 / 文件名"。例如 http://www.163.com/index.asp，这里的 http 是指 HTTP 协议，即超文本传输协议，用于网页的传输，常见的协议还有 FTP、RTSP 等。主机地址可以使用域名，也用可以用具体的 IP 地址。端口号一般使用协议的默认端口，各种传输协议都有默认的端口号，如 http 的默认端口为 80，输入时可省略。有时出于安全或其他考虑，可以在服务器上对端口进行重定义，即采用非标准端口号，此时，URL 中就不能省略端口号这一项。路径及文件名就是网页在主机上所处的位置，如不清楚具体的内容可以省略不填，系统会自动转到网站的首页，如输入 http://www.baidu.com 即可进入百度的首页。

（2）操作步骤

① 连接设备。按图 3-3 的方式利用网线将计算机、宽带路由器、光猫等设备连接起来。这里以华为的荣耀路由 Pro2 为例进行说明。

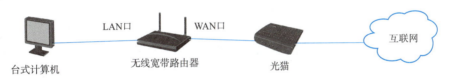

图 3-3　配置宽带路由器接线图

② 查看计算机的 IP 地址情况。默认情况下宽带路由器会自动为计算机分配 IP 地址，单击桌面左下角"在这里输入你要搜索的内容"，在弹出的搜索框中输入"cmd"，选择"命令提示符"应用，打开"命令提示符"对话框，在对话框中输入"ipconfig"按【Enter】键，即查看当前计算机的 IP 地址，如图 3-4、3-5 所示。

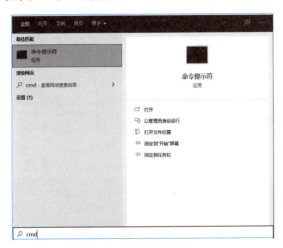

图 3-4　打开命令提示符

图 3-5　利用 ipconfig 命令查看 IP 地址信息

③ 登录到宽带路由器。宽带路由器一般采用 Web 方式进行管理，在 Web 管理页面可配置连接

方式等参数。打开浏览器，在"地址栏"输入路由器的 IP 地址，路由器的初始信息位于设备的背面，同时默认网关地址即为路由器的地址，这里是 http://192.168.3.1，在打开的页面输入默认的用户名和密码，进入路由器配置界面，如图 3-6、图 3-7 所示。

图 3-6　打开路由器的配置页面

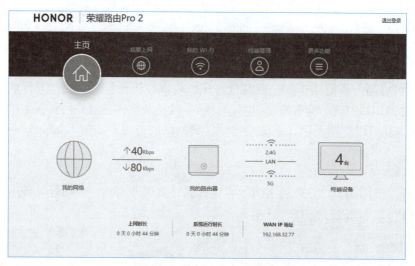

图 3-7　宽带路由器的配置主页

④ 配置接入方式。在主页单击"我要上网"，打开接入方式的配置页面，由于宽带接入的方式为光纤入户，"上网方式"选择为"自动获取 IP（DHCP）"，如图 3-8 所示。如果采用 ADSL 接入方式，"上网方式"应选择"宽带账号上网（PPPoE）"，并输入相应的宽带账号和密码，如图 3-9 所示。

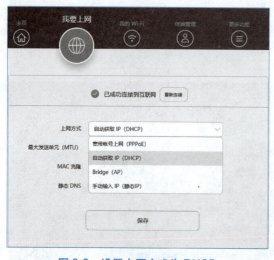

图 3-8　设置上网方式为 DHCP

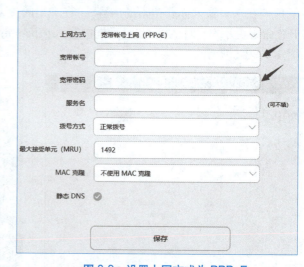

图 3-9　设置上网方式为 PPPoE

⑤ 配置 DHCP 服务。在主页单击"更多功能"→"网络设置"→"局域网"，打开局域网配置页面，设置 DHCP 分配的 IP 地址范围，可分配数量大于局域网中计算机的总数即可，确保"DHCP 服务器"为打开状态，单击"保存"按钮，如图 3-10 所示。

家庭网络组建与信息安全防护 单元 3

图 3-10　配置 DHCP 服务

⑥ 测试。把连接计算机的网线断开后重新连接，通过 ipconfig/all 命令查看所获得的 IP 地址是否正确，打开浏览器测试网络是否连通，如图 3-11 所示。

图 3-11　IP 地址获取情况

任务2　组建家庭无线局域网

1. 无线局域网

无线局域网是有线网络的延伸。无线局域网使用的是 Wi-Fi 技术，基于 IEEE802.11 标准，目前已应用于个人计算机、游戏机、MP3 播放器、智能手机、平板式计算机、打印机、笔记本式计算机以及其他可以无线上网的周边设备。

（1）Wi-Fi 的标准

基于 IEEE802.11 标准的 Wi-Fi 技术，有 IEEE802.11a、IEEE802.11b、IEEE802.11g、IEEE802.11n、IEEE802.11ac、IEEE802.11ax 等多个不同的标准，主要区别在于传输速度的不同，如 IEEE802.11n 理论

视频……

组建家庭无线局域网

速度可达 300 Mbit/s；IEEE802.11ac 理论传输速度可达 1 Gbit/s。IEEE802.11ax 标准则是第六代 Wi-Fi 技术，简称 WiFi6，理论速度较 IEEE802.11ax 提升了近 3 倍，支持 2.4 GHz 和 5 GHz 频段，向下兼容 11a/b/g/n/ac。

（2）SSID

SSID（Service Set Identifier，服务集标识符）也可以写为 ESSID，用来区分不同的网络，最多可以有 32 个字符，计算机连接到不同的 SSID 就可以进入不同网络。SSID 通常由 AP 或无线路由器广播出来，通过 Windows 自带的扫描功能可以查看当前区域内的 SSID。

（3）Wi-Fi 的加密方式

Wi-Fi 技术通过无线电传输信号，计算机只需知道 SSID 就可接入网络，网络安全显得异常重要，常见的加密方式有 WEP、WPA/WPA2。有线等效保密（WEP）是最古老的加密方法，安全性最低，采用 6 位密码进行加密，不建议使用。Wi-Fi 保护接入（WPA）是改进 WEP 所使用密钥的安全性的协议和算法。它改变了密钥生成方式，更频繁地变换密钥来获得安全，还增加了消息完整性检查功能来防止数据包伪造。由于加强了生成加密密钥的算法，因此即便收集到分组信息并对其进行解析，也几乎无法计算出通用密钥。WPA 可使用 PSK 和 AES 两种加密算法，使用至少 8 位的密码。

2. 配置无线局域网

（1）开启 Wi-Fi

在路由器主页中选择"我的 Wi-Fi"，进入无线网络的配置界面，如图 3-12 所示。

图 3-12　Wi-Fi 配置界面

（2）选择工作模式

打开"双频优选"功能，使无线网络同时工作在 2.4G 和 5G 模式下，自动选择最优的接入方式，可有效提高无线网络的传输性能，如图 3-13 所示。

（3）设置 SSID 和安全

在"Wi-Fi 名称"栏中填入 SSID 的名称，这里使用"test"作为 SSID 名称；在"安全"选项中选择"WPA2 PSK 模式"，并在"Wi-Fi 密码"栏中输入不少于 8 位的密码，单击"保存"按钮，如图 3-14 所示。

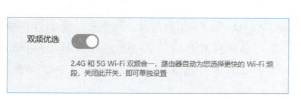
图 3-13 选择工作模式

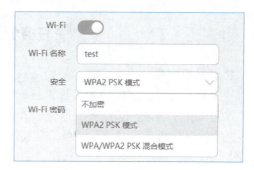
图 3-14 设置 SSID 和安全

（4）连接测试

单击任务栏中"网络"按钮，扫描当前可用的无线网络，在列表中列出的 SSID 均为附近可用的无线网络，选择其中的"test"进行连接，在弹出的对话框中输入 Wi-Fi 密码，计算机会自动连接到无线网络。在计算机的命令行中使用 ipconfig/all 命令，即可查看当前获得的 IP 地址情况，如图 3-15 所示。

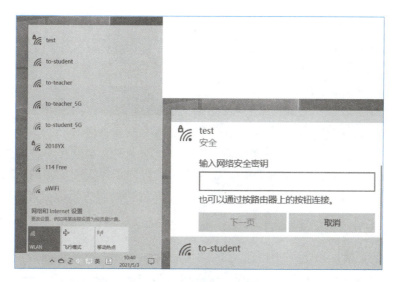

图 3-15 连接无线网络

项目 2　计算机系统的安全与维护

项目引入	在日常使用过程中，计算机系统的安全尤为重要，特别是连接到互联网以后，来自网络上的攻击和病毒都对计算机系统的安全提出了新的挑战。如何维护计算机系统、提高网络安全防护能力，规范网络行为是计算机系统日常维护的主要内容。
项目分析	计算机系统的日常维护主要是查杀计算机病毒、安装系统补丁、垃圾文件清理、碎片整理等，通过系统补丁提高计算机系统的安全性，清理垃圾文件和碎片整理可有效提高系统的运行流畅度。同时，通过防火墙等手段可有效抵挡来自网络的攻击，保护个人信息安全。
项目目标	☑ 掌握计算机病毒的基本知识及防护措施； ☑ 掌握计算机系统的维护方法； ☑ 了解网络安全的主要内容及防护措施。

任务1　维护计算机系统

1. 计算机病毒

计算机病毒是指编制或者在计算机程序中插入的破坏计算机功能或者毁坏数据，影响计算机使用，并能自我复制的一组计算机指令或者程序代码。它不是独立存在的，而是隐蔽在其他可执行的程序之中。计算机病毒具有传播性强、隐蔽性高、感染能力强、潜伏周期长、可激发、破坏力较大的特点。计算机病毒分为附带型病毒、蠕虫病毒、可变病毒几种。

（1）附带型病毒：通常附带于一个 EXE 文件上，其名称与 EXE 文件名相同，但扩展是不同的，一般不会破坏、更改文件本身，但在 DOS 读取时首先激活的就是这类病毒。

（2）蠕虫病毒：蠕虫是一种独立的恶意软件计算机程序，它复制自身以便传播到其他计算机。通常，它使用计算机网络来传播自己，依靠目标计算机上的安全故障来访问它。与计算机病毒不同，它不需要附加到现有的程序。蠕虫会对网络造成一些伤害，有时消耗带宽，有时会损坏或修改目标计算机上的文件。

（3）可变病毒：可以自行应用复杂的算法，很难发现，因为在另一个地方表现的内容和长度是不同的。

防治计算机病毒的主要手段有安装最新的系统补丁、杀毒软件，不执行未知程序，同时还需要提高网络安全意识，规范上网行为。

2. 系统补丁

（1）系统补丁

计算机系统在发布时都会存在一定的系统漏洞，有些漏洞会被黑客利用，成为传播病毒和攻击计算机系统的渠道。开发系统的程序员在发现系统存在的漏洞时，会制作修补漏洞的程序，这些程序称为系统补丁。通过定期更新安装最新的系统补丁，可以修正系统中的漏洞，杜绝同类型病毒的入侵以及黑客的入侵。安装系统补丁可以打开 Windows 的自动更新功能，系统会定期查看厂商发布的最新补丁。

（2）安装系统补丁

① 单击"开始"菜单→"设置"按钮，如图 3-16 所示，打开"Windows 设置"窗口。

图 3-16　打开 Windows 设置

② 单击"更新和安全"图标,打开"Windows 更新"窗口,系统会自动查询当前可用的补丁,单击"立即安装"按钮,系统将自动下载并安装补丁,如图 3-17、图 3-18 所示。

图 3-17　打开更新和安全

图 3-18　安装更新补丁

③ 系统安装完成后,会提示重新启动计算机,单击"立即重新启动"按钮即可,如图 3-19 所示。

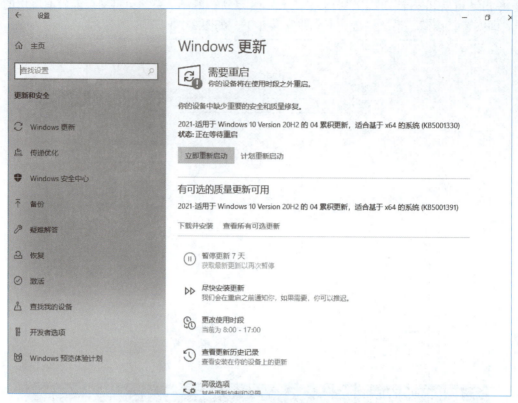

图 3-19　更新启动计算机

④ 计算机重新启动并完成相应的配置更新，如图 3-20 所示。

图 3-20　系统重启并完成配置

⑤ 部分系统补丁不作为必需的更新补丁，如厂商定期汇总的累积更新包、驱动程序更新包等，可以"可选更新"中选中需要更新的部分，单击"下载并安装"按钮进行更新，如图 3-21 所示。

单元 3　家庭网络组建与信息安全防护

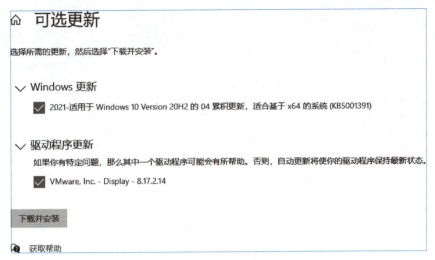

图 3-21　安装可选补丁

⑥ 计算机重新启动后，系统将显示当前版本为最新版，至此所有补丁更新工作完成，如图 3-22 所示。

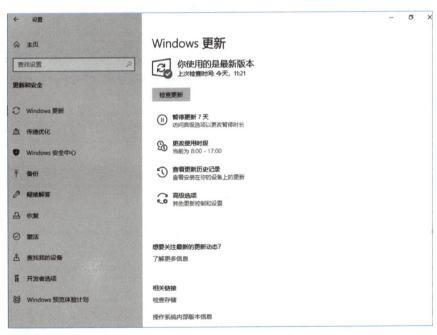

图 3-22　所有补丁安装完成

3. 计算机病毒防护

（1）杀毒软件

杀毒软件也称反病毒软件或防毒软件，是用于消除计算机病毒、特洛伊木马和恶意软件等计算机威胁的一类软件。杀毒软件通常集成监控识别、病毒扫描和清除、自动升级、主动防御等功能，有的杀毒软件还带有数据恢复、防范黑客入侵、网络流量控制等功能，是计算机防御系统（包含杀毒软件，防火墙，特洛伊木马和恶意软件的查杀程序，入侵预防系统等）的重要组成部分。Windows 系统自带的 Microsoft defender，除了能扫描系统，还可以对系统进行实时监控，移除已安装的 Active X 插件，清除大多数微软的程序和其他常用程序的历史记录。在最新发布的 Windows 10 中，Microsoft Defender 已加入了右键扫描和离线杀毒，根据最新的每日样本测试，查杀率已经有了大的提升，达到国际一流水准。Microsoft Defender 可以通过单击"开始"菜单→"Windows 安全中心"→"病毒和威胁防护"打开，如图 3-23 所示。

视频

杀毒软件

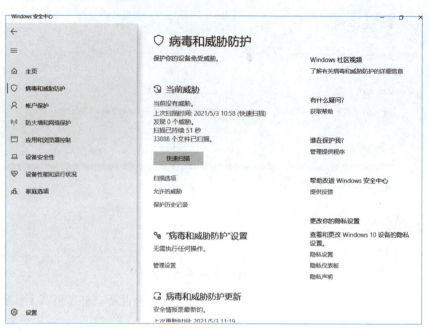

图 3-23 Microsoft Defender 主页面

杀毒软件的核心部分为病毒特征库，库中记录了当前已知的所有计算机病毒特征码，病毒是否能被查杀取决于库中是否有特征码，所以杀毒软件需要经常更新特征库，以保证能第一时间发现病毒。Microsoft Defender 会定期自动更新，用户也可以通过单击"检查更新"按钮来手动更新，如图 3-24 所示。

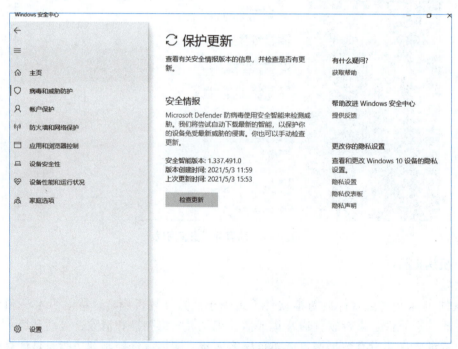

图 3-24 更新 Microsoft Defender

（2）查杀病毒

① 查杀病毒的方式。杀毒软件通常有快速扫描、完全扫描、自定义扫描等多种方式，如图 3-25 所示。快速扫描一般只扫描 C 盘、内存、缓存等关键的部位，扫描速度较快，当杀毒软件出现警告时，可采用快速扫描，第一时间对病毒进行查杀。完全扫描会对计算机中所有的目录和文件进行扫描，可作为计算机系统定期维护任务执行。自定义扫描则仅扫描指定的文件目录，对于容易感染病毒的

区域可以定点扫描，如 U 盘、移动硬盘等外接设备。

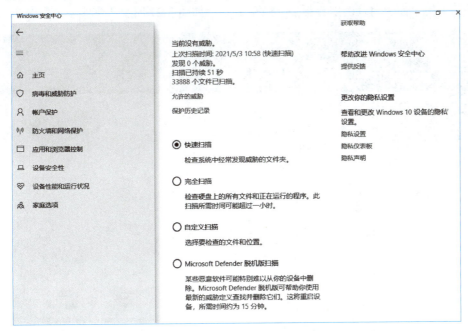

图 3-25　Microsoft Defender 扫描方式

② 查杀病毒的流程。在进行病毒查杀时，首先应更新杀毒软件的特征库，确保能扫描出当前已知的所有病毒；其次，应关闭所有的应用程序，防止病毒驻留在程序当中；最后是断开网络连接，特别是出现网络蠕虫病毒时，病毒会驻留在网络设备的缓存当中，此时应将设备断电清空设备缓存。

4. 计算机系统的维护

（1）垃圾文件清理

在 Windows 的运行过程中，操作系统会产生大量的垃圾文件，如系统更新、浏览器的临时文件、系统日志等。过多的垃圾文件会使操作系统运行速度变慢，同时占用大量的磁盘空间，所以需要定期清理。清理垃圾文件可以通过系统自带的磁盘清理工具。右击 C 盘，在弹出的快捷菜单中选择"属性"命令，在打开的对话框中单击"磁盘清理"按钮，打开 Window 10 的磁盘清理工具。清理工具会自动扫描当前可删除的垃圾文件，选中需要删除的文件，单击"确定"按钮并"删除文件"按钮即可，如图 3-26 所示。

图 3-26　Windows 磁盘清理

同时，可以使用第三方软件进行垃圾清理，如 360 安全卫士、Windows 优化大师、电脑管家等，该类软件的清理更全面，清理的内容更多，效果更好，如图 3-27 所示。

图 3-27　360 安全卫士的垃圾清理

（2）磁盘碎片整理

磁盘碎片出现，是因为文件写入磁盘时被分散保存到磁盘的不同位置，而不是在连续的存储空间上。磁盘碎片一般不会在系统中引起问题，但碎片过多会使系统在读取文件时来回寻找，引起系统性能下降。磁盘碎片整理，就是通过系统软件或者专业的工具对碎片进行整理，使文件尽可能存储在比较连续的空间上，可有效提高计算机的整体性能和运行速度。磁盘碎片整理，可以使用系统自带的"优化驱动器"工具来实现，右击 C 盘，在弹出的快捷菜单中选择"属性"命令，在打开的对话框中选择"工具"选项卡，单击"优化"按钮即可打开，如图 3-28 所示。打开"优化驱动器"对话框后，选择需要优化的磁盘，单击"优化"按钮即可，如图 3-29 所示。同时，可以将碎片整理定义为定期计划，通过单击"更改设置"按钮即可将整理定义为每天、每周或每月进行计划，系统会定期执行相关的操作，无须人为干预，如图 3-30 所示。

图 3-28　"工具"选项卡

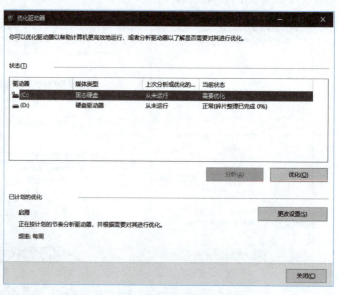

图 3-29　优化驱动器操作界面

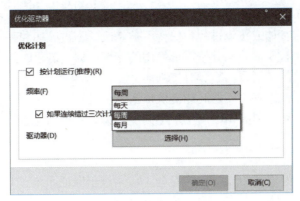

图 3-30　添加定期计划

（3）重要数据备份

个人数据是计算机系统中最重要的内容，如照片、视频、文档等，对数据进行备份是计算机维护工作的重中之重。数据备份的方法有很多，如上传至网盘、刻录光盘、复制至移动存储设备等。同时，利用智能备份的软件工具，可以大大提高备份的效率，如微软的 SyncToy、百度网盘等。SyncToy 是用于本地备份的工具，可以将计算机中的数据快速备份至移动硬盘，还具有自定义备份目录、自动更新备份等功能，只要将参数设置好，软件将自动完成备份工作，如图 3-31 所示。

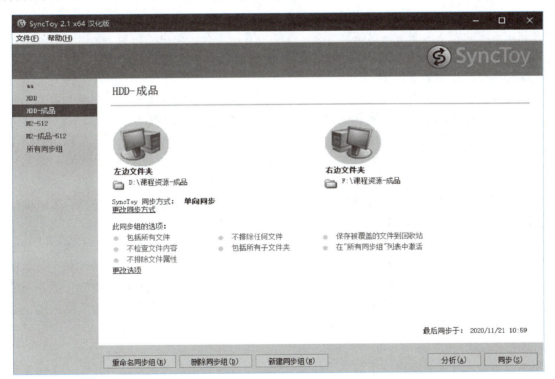

图 3-31　SyncToy 的操作界面

任务2　计算机网络安全的配置

1. 网络安全的概念

网络安全（Cyber Security）是指网络系统的硬件、软件及其系统中的数据受到保护，不因偶然或者恶意原因而到破坏、更改、泄露，系统连续可靠正常地运行，网络服务不中断。网络安全需要具备以下特性：

视频

网络安全概述

① 机密性：指信息不泄露给非授权用户、实体或过程，或供其利用的特性。
② 完整性：指信息在存储或传输过程中保持不被修改、不被破坏和丢失的特性。
③ 可用性：指可被授权实体访问并按需求使用的特性，即当需要时能存取所需的信息。
④ 可控性：指对信息的传播及内容具有控制能力。
⑤ 可审查性：指出现网络安全问题时能提供依据和手段。

网络安全由于不同的环境和应用而产生了不同的类型，主要有系统安全、网络安全、信息传播安全、信息内容安全等。

（1）系统安全

系统安全即保证信息处理和传输系统的安全。它侧重于保证系统正常运行，避免因为系统的崩溃和损坏而对系统存储、处理和传输的信息造成破坏和损失，产生信息泄露，干扰他人或受他人干扰。

（2）网络安全

网络安全即网络上系统信息的安全。包括用户口令鉴别，用户存取权限控制、数据存储权限、方式控制、安全审计、安全问题跟踪、计算机病毒防治，数据加密等。

（3）信息传播安全

信息传播安全即网络上信息传播安全及信息传播后果的安全。它侧重于防止和控制由非法、有害的信息进行传播所产生的后果，避免公用网络上大众自由传播的信息失控。

（4）信息内容安全

信息内容安全即网络上信息内容的安全。它侧重于保护信息的保密性、真实性和完整性；避免攻击者利用系统的安全漏洞进行窃听、冒充、诈骗等有损于合法用户的行为，其本质是保护用户的利益和隐私。

2. 网络安全防护措施

网络安全防护是一种网络安全技术，指致力于解决诸如如何有效进行介入控制，以及如何保证数据传输的安全性的技术手段，主要包括物理安全分析技术，网络结构安全分析技术，系统安全分析技术，管理安全分析技术，及其他的安全服务和安全机制策略。常见的安全防护措施有防火墙、数据加密、身份认证、入侵检测等。

（1）防火墙

防火墙技术是通过有机结合各种用于安全管理与筛选的软件和硬件设备，帮助计算机网络于其内、外网之间构建一道相对隔绝的保护屏障，以保护用户资料与信息安全性的一种技术。

防火墙技术的功能主要在于及时发现并处理计算机网络运行时可能存在的安全风险、数据传输等问题，其中处理措施包括隔离与保护，同时可对计算机网络安全当中的各项操作实施记录与检测，以确保计算机网络运行的安全性，保障用户资料与信息的完整性，为用户提供更好、更安全的计算机网络使用体验。Window10自带防火墙功能，通过"Windows安全中心"可以查看防火墙是否处于开启状态，如图3-32所示。

（2）数据加密

所谓数据加密技术是指将一个信息（或称明文）经过加密钥匙及加密函数转换，变成无意义的密文，而接收方则将此密文经过解密函数、解密钥匙还原成明文。从明文变成密文的过程称为加密；由密文恢复出原明文的过程，称为解密。数据加密技术主要用于信息在传输过程的安全保护，即使数据被窃听或盗取，在没有解密钥匙的情况下也无法还原数据的内容。目前，大部分网站都将传输协议从明文传输的HTTP协议转为采用密文传输的HTTPS协议，主要是解决信息在传输过程中的安全问题。

（3）身份认证

身份认证（即"身份验证"或"身份鉴别"）是证实用户的真实身份与其对外的身份是否相符的过程，从而确定用户信息是否可靠，防止非法用户假冒其他合法用户获得一系列相关权限，保证用户信息的安全、合法利益。目前，主要的身份认证方式如下：

① 口令认证。口令认证一般分为两种，静态口令和动态口令。口令的运用方式通常都需要先注册一个用户账号，且认证者在数据库中必须是唯一的。认证的口令就是根据用户设置的字符串组合或者计算机自动生成不可预测的随机数字组合。口令认证相对于其他的认证方式要方便很多，只需要一个名称和口令，就可以从任何地方进行连接，而不需要附加的硬件、软件知识，如果连接需要使用其他的程序则会给用户带来不便。

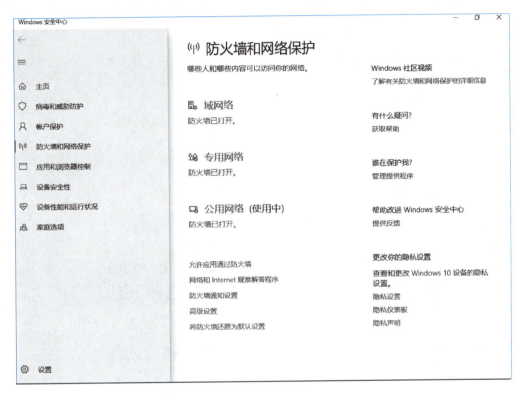

图 3-32　Windows 10 的防火墙

② 指纹认证。指纹是指手指末端指腹上产生的凸凹不平的纹路，具有唯一性和永久性。而指纹认证就是比较指纹特征（如皮肤纹路的图案、断点和交点）和预先保存的指纹特征的差异，以此作为认证依据，验证用户的真实身份。

③ 语音认证。语音认证就是运用声音录入设备将用户语音中的词汇内容转换为计算机可读的数据，并对声音波形变化反复进行测量、记录，然后再转化制作成声音模板保存。

④ 虹膜认证。虹膜是指眼睛瞳孔和虹膜之间的圆环状部分，具有唯一性和不可复制性。该技术是通过相关算法获取较为理想的认证准确度，将所有人的视网膜都以数据的形式收集起来。也因为视网膜的唯一性和不可复制性，所以几乎不会被改变、伪造，具有高度机密的特征。

（4）入侵检测

入侵检测是指通过对行为、安全日志、审计数据或其他网络上可以获得的信息进行分析，检测是否存在对系统的闯入或闯入的企图。入侵检测系统（IDS）是对计算机和网络资源的恶意使用行为进行识别和相应处理的系统。入侵行为包括系统外部的入侵和内部用户的非授权行为。

学习拓展

隐藏SSID：隐藏的SSID无法从终端上直接扫描出来，可以保障无线网络不被蹭网，同时也提高了无线网络的安全性。可以在无线宽带路由器设置SSID的管理界面中进行设置，如图3-33所示。

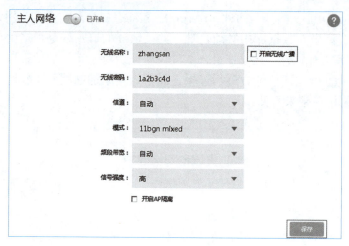

图 3-33　隐藏 SSID 的界面

思考练习

1. IP 地址 201.100.200.1 的主机网络编号和主机编号分别是（　　）。
   A. 201.0.0.0 和 100.200.1　　　　　　B. 201.100.0.0 和 200.1
   C. 201.100.200.0 和 1　　　　　　　　D. 201.100.200.1 和 0
2. C 类地址的缺省子网掩码是（　　）。
   A. 255.255.255.128　　　　　　　　　B. 255.255.255.0
   C. 255.255.0.0　　　　　　　　　　　D. 255.0.0.0
3. 家庭通过宽带接入互联网首选使用（　　）连接。
   A. 交换机　　　　　　　　　　　　　B. 宽带路由器
   C. 网关　　　　　　　　　　　　　　D. 无线 AP
4. 计算机病毒是一个人为编写的可执行程序。
   A. 对　　　　　　　　　　　　　　　B. 错
5. 防火墙主要用于查杀计算机病毒。
   A. 对　　　　　　　　　　　　　　　B. 错

信息素养篇

单元 4

信息检索

引言

信息检索是人们进行信息查询和获取的主要方式,是查找信息的方法和手段。掌握网络信息的高效检索方法,是现代信息社会对高素质技术技能人才的基本要求。本单元包含信息检索基础知识、主要信息资源的特征、信息检索的基本方法和技术、常见信息检索服务与资源平台等内容。

内容结构图

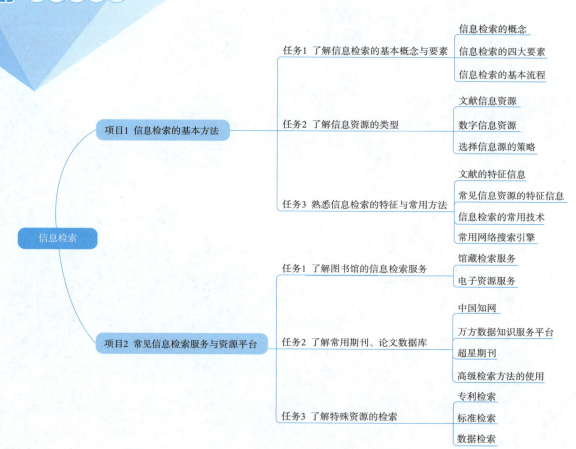

学习目标

通过学习，达到如下学习目标：
- 理解信息检索的基本概念，了解信息检索的基本流程。
- 了解常见信息资源的特征信息，能选择合适的工具和方法开展信息检索。
- 掌握信息检索的基本方法，掌握布尔逻辑检索、截词检索、位置检索、短语检索等检索方法。
- 掌握通过常见信息检索服务与资源平台进行信息检索的方法。

项目1 信息检索的基本方法

项目引入	在信息社会中，为了全面、有效地利用现有知识和信息，在学习、科学研究和生活过程中，信息检索的时间比例逐渐增高，当代大学生应掌握信息检索的基本知识和方法。
项目分析	通过学习信息检索的工作流程、主要信息资源的特点，了解信息检索的常用技术。
项目目标	☑ 了解信息检索的基本概念和工作流程； ☑ 了解主要信息资源的特点，能根据问题选择合适的信息资源和检索途径。

任务1 了解信息检索的基本概念与要素

1. 信息检索的概念

信息检索起源于图书馆的参考咨询和文摘索引工作，从19世纪下半叶起，索引和检索已成为图书馆独立的工具和用户服务项目。随着计算机及网络技术的快速发展，新一代信息技术与信息检索理论、技术和服务紧密结合起来，构成了一个相对独立的知识领域，是信息学的一个重要分支，并与计算机应用技术相互交叉。

广义的信息检索是信息按一定的方式进行加工、整理、组织并存储起来，再根据信息用户特定的需要将相关信息准确地查找出来的过程。信息检索是科学研究的向导，是获取知识的一种有效途径，可以避免许多重复研究和劳动。例如，美国的阿波罗登月计划中，对阿波罗飞船的燃料箱进行压力实验时，发现甲醇会引起钛应力腐蚀，为此付出了数百万美元来研究、解决这一问题。可事后查明，有人早在十多年前就研究出来了解决该问题的方法，而检索这篇文献需要的时间可能不超过30 min。

视频

信息检索

2. 信息检索的四大要素

（1）信息检索的前提：信息意识

信息意识是人们利用信息系统获取所需信息的内在动因，具体表现为对信息的敏感性、选择能力和消化吸收能力，从而判断该信息是否能为自己或某一团体所利用，是否能解决现实生活实践中某一特定问题等一系列的思维过程。1974年，美国信息产业协会主席提出"信息素养"的概念，认为"信息素养是人们在工作中运用信息、学习信息技术、利用信息解决问题的能力"。

（2）信息检索的基础：信息源

信息源即为满足某种信息需要而获得信息的来源。依据不同的方式，信息源有以下分类：

① 按照数字化记录形式可划分为：书目信息源、普通图书信息源、工具书信息源、报纸、期刊信息源、特种文献信息源、数字图书馆信息源、搜索引擎信息源。

② 按文献载体可划分为：印刷型、缩微型、机读型、声像型等。

③按出版形式可划分为：图书、报刊、研究报告、会议信息、专利信息、统计数据、政府出版物、档案、学位论文、标准信息（它们被认为是十大信息源，其中后8种被称为特种文献。教育信息资源主要分布在教育类图书、专业期刊、学位论文等不同类型的出版物中）。

④按文献内容和加工程度可划分为：一次信息、二次信息、三次信息。

（3）信息检索的核心：信息获取能力

信息获取能力包括了解各种信息来源、掌握检索语言、熟练使用检索工具、能对检索效果进行判断和评价等。

（4）信息检索的关键：信息利用

获取学术信息的最终目的是通过对所得信息的整理、分析、归纳和总结，根据自己学习、研究过程中的思考和思路，将各种信息进行重组，创造出新的知识和信息，从而达到信息激活和增值的目的。

3. 信息检索的基本流程

传统的信息检索主要是通过手工检索印刷型信息资源。目前利用计算机、网络等信息技术进行信息检索是获得信息资源的主要手段。虽然不同检索方式所采用的检索方法、检索技术各有不同，但信息检索的基本流程是一致的，具体如下：

①信息获取的需求分析。针对待研究的问题，分析检索目标，明确检索要求，包括明确课题的主题内容、研究要点、学科范围、语种范围、时间范围和需要检索的文献类型等。

②选择信息检索系统，确定检索途径。例如，确定是通过图书馆检索，还是利用百度等网络搜索引擎检索，等等。

③制定检索策略，使用工具进行检索，获取信息。制定检索策略的前提条件是要了解信息检索系统的基本性能，基础是要明确检索课题的内容要求和检索目的，关键是要正确选择检索词和合理使用逻辑组配。

④分析和整理检索结果。对检索结果，评估检索质量，筛选出符合课题要求的相关文献信息。必要时可调整检索策略，或选择其他信息检索系统再次检索。

任务2 了解信息资源的类型

视频

信息资源的类型与特征

1. 文献信息资源

（1）文献的定义

国际标准化组织给"文献"的定义是"为了把人类知识传播开来和继承下去，人们用文字、图形、符号、音频、视频等手段将其记录下来，或写在纸上，或晒在蓝图上，或摄制在感光片上，或录在唱片上，或存储在磁盘上。即附着在各种载体上的知识记录统称为文献"。我国的国家标准《文献著录总则》所下的文献定义为"文献：记录有知识的一切载体"。文献记录着无数有用的事实、数据、理论、方法、假说、经验和教训，是人类进行跨时空交流，认识和改造世界的基本工具。

文献型信息资源是指以文献为载体的信息资源。这类信息经过加工、整理，较为系统、准确、可靠，便于保存与利用，但也存在信息相对滞后、部分信息尚待证实的情况。从整体上说，这类信息是当前数量最大、利用率最高的信息资源。

（2）文献的各种类型

根据文献的载体形式、文献编辑出版的特征与范围、文献信息资源的产生秩序与整理加工的深度，可以将文献型信息资源划分为不同的类型。例如，按载体形式可分为书写文献、印刷文献、缩微文献、音像文献、机读文献等；依据文献编辑出版的特征和范围可划分为正规文献（如图书、期刊、报纸等）和非正规文献（如会议文献、学位论文、档案文献、专利文献、标准文献、政府出版物等）。按信息资源的产生秩序与整理加工深度，可划分为一次文献、二次文献和三次文献。其中，

①一次文献信息资源指以科学研究、工作实践中的新成果、新知识和经验总结为依据，经加工创作进入社会公用的专著、学术论文、专利说明书、科技报告等，它是最基本的文献信息资源。

② 二次文献信息资源是检索一次文献的工具性信息资源，它是根据某种实际需要，按照一定的科学方法，将特定范围的分散无序的一次文献按照一定的方法进行加工、整理、提炼、组织，使其成为便于存储和检索的系统，是专供查考一次文献、情报资料线索和核心知识的工具，如书目、索引、文摘、图书馆目录等。

③ 三次文献信息资源指通过二次文献提供的线索，选用大量一次文献，将其按某学科、某类问题、某专题、某事物等内容收集起来，进行综合分析、概括评述、系统研究，撰写成学科性的著作。常见的两类是综述研究和参考工具，如专题述评、研究综述、进展报告、百科全书、年鉴、手册等。这类资源的综合性高、针对性强、系统性好、知识信息面广。

2. 数字信息资源

（1）数字信息资源的特点

数字信息资源是文献信息的表现形式之一，是指所有以数字形式把文字、图像、声音、动画等多种形式的信息存储在光、磁等非纸介质的载体中，利用计算机技术、网络通信技术及多媒体技术进行发布、存取、利用的信息资源。

相比印刷型信息资源，数字信息资源主要有以下优点：

① 数字信息资源以磁性材料或光学材料为存储介质，存储信息密度高、容量大，且可以无损耗地被重复利用。

② 数字信息资源以现代信息技术为记录手段，可在计算机内高速处理，可借助通信网络进行远距离传播，信息传递快、时效性强。

③ 数字信息资源的表达更加直观生动，可以是文字、图表等静态信息，也可以是各种动态多媒体信息，各种类型的数据可借助计算机实现组合编辑。

④ 数字信息资源具有通用性、开放性和标准化的数据结构。尤其是 21 世纪以来，随着云存储与云计算技术的成熟应用，网络型信息资源数量持续快速增长，采用全球性的分布式结构存储，资源共享性高，免费资源丰富，检索方便快捷，服务成本较低。

⑤ 数字信息资源具有高度的整合性。它不受时间、空间限制，可以实现跨时空、跨行业的传播。

数字化信息资源的不足之处在于：

① 使用时用户必须依赖于计算机、智能终端（如手机、平板）、网络等设备条件。

② 资源组织具有局部有序性与整体无序性的特征，资源的稳定性差，变化频繁。

③ 数字化信息资源没有统一的质量标准，每个细节都由每个机构自己完成和把关，资源的质量参差不齐，价值不一。

④ 资源的保管、存放条件要求较高，尤其是对信息安全管理的要求较高。

⑤ 若长时间利用屏幕进行阅读，对人的视力健康也是不利的。

（2）数字信息资源的常见类型

数字信息资源按数据传播的范围可分为单机信息资源和网络信息资源；从资源提供者来看，可分为商业化的数字资源和非商业化的数字资源。从数据的组织形式上看，电子图书、数字期刊、数字报纸、在线数据库、网络视频、数字音乐、新闻组和电子公告板、在线教育网站等是常见的数字资源，已成为人们重要的信息资源和学习资源。

3. 选择信息源的策略

检索策略是指在分析研究信息检索内容和明确信息检索要求的基础上，选择信息源，确定检索途径、检索方法和检索步骤等。

在选择信息源时，推荐遵循以下原则和策略。

① 适用原则。信息源种类繁多，各有侧重，我们应根据信息需求的特点选择合适的检索策略：
- 如果是检索普通新闻或资讯，可以使用百度等搜索引擎和一些综合性门户网站；而检索专业领域的信息则优先使用相应的专业性检索工具，如使用中国知识产权局网站检索专利文献，使用电子期刊数据库检索期刊论文等。

- 在常用的网络搜索引擎（如谷歌、百度、搜狗等）中检索同一内容时，检索结果的数量和排序也存在明显的差异。我们应针对具体的需求，了解哪些信息源更为合适，优先选用。

② 高效原则。每个人都希望自己可以在最短的时间内检索到自己需要的信息，这就需要了解检索系统和相关工具的特点，利用它们高效地进行检索：

- 搜索引擎一般有简单检索与高级检索两种检索方式。简单检索就是直接在检索框中输入关键词后进行检索，简单方便。高级检索则可以进行多种条件限定及较为复杂的关键词组合，检索的针对性更强，可以帮助使用者快速、准确地获取信息，如图 4-1 所示。

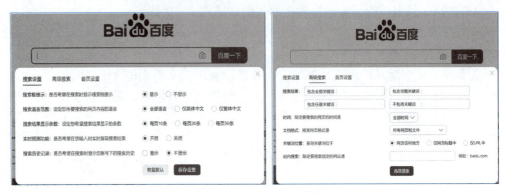

图 4-1 百度的"搜索"与"高级搜索"设置

- 有的信息检索系统允许用户以免费或付费的方式下载信息原文，而有的仅提供在线阅读。

③ 相关性原则。检索到的信息首先应该是准确的，在获取准确的信息资源的前提下，也可以同时获取相关的信息资源，让用户可以"举一反三""触类旁通"。而这种相关的信息资源，也会促进和影响信息检索结果，使信息资源向着更为准确和深化的方向发展。

例如：中国知识资源总库（CNKI）也称中国知网，提供了"知网节"信息，每一篇文献都有自己的知识节点和知识网络，如图 4-2 所示，在文献"知网节"页面，可以一键直达作者知网节、机构知网节、基金知网节、关键词知网节以及刊物知网节。"知网节"是中国知网独有的、知网检索的一个重要工具，它揭示了不同文献或知识之间的关联，以某篇文献或某个知识点为中心形成了相应的知识网络，集聚更多相关主题的高质量文献和相关信息资源。

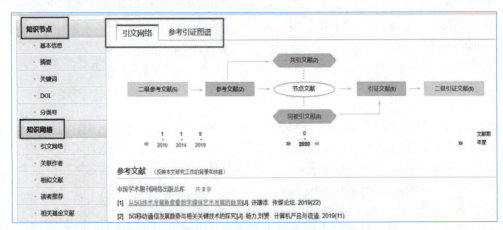

图 4-2 中国知网（CNKI）的"知网节"信息示例

任务3 熟悉信息检索的特征与常用方法

1. 文献的特征信息

文献检索是通过将表示检索要求特征的信息与存储（记录）在文献数据库中的文献特征信息做

相符性比较来实现的。文献特征信息可分为文献内容特征的信息（如分类号、主题词、代码等）和文献外表特征信息（如题名、著者、文献类型、文种、发表时间等），一些主要特征信息的含义见表 4-1。

表 4-1　常用的文献特征信息一览表

序号	名称	含义或其他名称
1	文献题名	如：书名、刊名、篇名、特种文献名等
2	著者姓名	如：作者、编者、译者等
3	版本	用来表明文献版本的重要变更次数
4	文献代码	如：图书的书号（ISBN）、期刊的刊号（ISSN、CN）、专利号、标准号、合同号等
5	分类号	文献分类是依据知识属性来描述和表达信息内容，从文献分类号可以了解文献的学科属性，也是组织、管理、检索文献资源的重要依据之一。我国目前使用最广泛的是《中国图书馆图书分类法》《国际专利分类表》等。
6	主题词	主题词是在标引和检索中用以揭示和描述文献主题内容的规范词语，是对文献内容的高度概括。
7	关键词	关键词也是一种主题词，它是出现在文献标题、文摘、正文中，对体现文献主题内容具有实质意义、对揭示和描述文献主题内容具有重要性和关键性的词语。关键词主要用于计算机信息加工抽词编制索引，因此称这种索引为关键词索引。

2. 常见信息资源的特征信息

结合实用性，一般认为十大文献信息资源包括：图书、连续出版物（期刊、报纸）、专利文献、标准文献、学位论文、会议文献、科技报告、产品资料、档案文献和政府出版物。在对这些资源进行检索时，一些标识文献资源的关键特征信息如下：

（1）图书

图书是由正规出版社正式出版，是对某一领域的知识进行系统阐述，或对已有的研究成果或经验做概括论述，是最常见、最传统的一种文献。

图书按其内容和用途可划分为阅读型（如专著、教科书、文集等）和工具型（如词典、百科全书、手册、年鉴等）。

识别图书的主要依据有书名、著者、出版社、出版时间、版本号、国际标准书号（ISBN）等。其中，ISBN 号具有唯一性，类似于图书的"身份证号"，ISBN 号由 13 位数字分成 5 段组成，各段含义如图 4-3 所示。

（2）期刊

又称杂志，是具有稳定名称、固定版式、一定卷期号或年月标志，定期或不定期编辑发行的连续出版物。按期刊的内容性质，可将期刊划分为学术性期刊、通俗性期刊、检索性期刊、资料性期刊、报道性期刊等。据统计，科研人员从期刊中获取的信息约占整个科技信息来源的 60%~70%，它与专利文献、科技图书三者被视为科技文献的三大支柱，也是科技查新工作利用率最高的文献源。

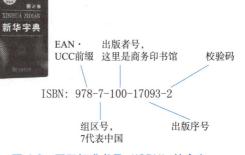

图 4-3　国际标准书号（ISBN）的含义

对期刊而言，识别期刊的主要依据有：期刊名称，期刊出版的年、卷、期，刊号等。正式出版的期刊有国际标准刊号 ISSN，我国公开出版的期刊还有国内统一刊号 CN。这两个编号也具有唯一性，类似于期刊的"身份证号"。

在学术期刊中，一些期刊被学术界称为核心期刊，这是学术界认为其代表着该学科或该专业领域较高学术水平和学术价值，反映了学科发展最新动向和最新研究成果，是受专业读者广泛重视的期刊。核心期刊是人们了解某领域学术动态最权威的信息资源之一。国内有 7 大核心期刊遴选体系，其中：

①《中文核心期刊要目总览》由北京大学图书馆等多家单位共同主持完成，1992年出版第一版，现行为2012年发行的第6版，共收入73个学科的1 980余种期刊。

②《中国人文社会科学核心期刊要览》是中国社会科学院研究出版的社会科学类核心期刊目录，现行为2008版，共收入24个学科的386种期刊。

（3）专利与专利文献

专利制度是为推动科技进步和生产力发展，由政府审查和公布发明内容并运用法律和经济手段保护发明创造所有权的制度。专利分为发明专利、实用新型专利、外观设计专利等，每一项专利都有唯一的专利号。我国自1985年4月实施专利法，也形成了自己的专利文献体系。

专利文献是记录有关发明创造信息的文献，其广义含义包括专利申请书、专利说明书、专利公报、专利检索工具以及与专利有关的一切资料；狭义含义仅指各国（地区）专利局出版的专利说明书或发明说明书。专利文献具有统一的格式，涉及领域广泛，内容新颖详尽，实用性强，可靠性强，质量高，文字严谨，具有法律效力。

专利文献是了解和掌握世界发明创造和最新技术发展趋势的信息资源。据统计，世界上的新技术、新发明90%以上记载在专利文献中，在应用技术研究中经常查阅专利文献，可以缩短研究时间60%，节省研究费用40%。因此，在研究开发工作过程中注意运用专利文献，不仅能提高研究开发的起点，而且能避免重复研究，节约开发经费和时间。

专利说明书是专利文献的主体和核心，我国也将专利说明书称为"专利单行本"。专利说明书是个人或组织为了获得某项发明的专利权，在申请专利时必须向专利局呈交的有关该发明的详细技术说明，一般由3部分组成：

① 著录项目。包括专利号、专利申请号、申请日期、公布日期、专利分类号、发明题目、专利摘要或专利权范围、法律上有关联的文件、专利申请人、专利发明人、专利权所有者等。专利说明书的著录项目较多并且整齐划一，每个著录事项前还须标有国际通用的数据识别代号（INID）。

② 发明说明书。是申请人对发明技术背景、发明内容以及发明实施方式的说明，通常还附有插图，旨在让同一技术领域的技术人员能依据说明重现该发明。

③ 专利权项（简称权项，又称权利要求书），是专利申请人要求专利局对其发明给予法律保护的项目，当专利批准后，权项具有直接的法律作用。

（4）标准与标准文献

"标准"一词在我国国家标准《标准化工作指南 第1部分：标准化和相关活动的通用术语》（GB/T-20000.1—2014）中的定义描述为：通过标准化活动，按照规定的程序经协商一致制定，为各种活动或其结果提供规则、指南或特性，供共同使用和重复使用的一种文件。

标准按内容划分为基础标准、产品标准、原材料标准等；按成熟度划分为法定标准、推荐标准、试行标准等。按适用范围划分为国际标准、国家标准、专业标准等。我国的标准分为四级：国家标准（强制性国家标准的代号为GB，推荐性国家标准的代号为GB/T）、行业标准（代号由行业汉语拼音首字母组成，例如金融行业标准代号为JR）、地方标准（DB）和企业标准（Q/企业代号）。

标准一般有如下特点：

① 每个国家对于标准的制订和审批程序都有专门的规定，并有固定的代号，标准格式整齐划一。

② 它是从事生产、设计、管理、产品检验、商品流通、科学研究的共同依据，在一定条件下具有某种法律效力，有一定的约束力。

③ 时效性强，它只以某时间阶段的科技发展水平为基础，具有一定的陈旧性。随着经济发展和科学技术水平的提高，标准不断地进行修订、补充、替代或废止。

④ 一个标准一般只解决一个问题，文字准确简练。

⑤ 不同种类和级别的标准在不同范围内贯彻执行。

⑥ 标准文献具有其自身的检索系统。

标准文献指依照法律规定的程序，经公认的权威机构批准的，记录技术标准、管理标准和其他具有标准性质的文件。它为人们了解各国技术政策、经济政策、生产水平和标准化水平提供依据，是人们了解世界各国工业发展情况的重要信息资源。广义的"标准文献"包含与标准化工作有关的一切文献，如标准形成过程中的各种档案、宣传推广标准的手册及其他出版物、揭示报道标准文献信息的目录、索引等。狭义的"标准文献"仅指"标准"本身，即经公认权威机构（主管机关）批准的规格、规则、技术要求等规范性文献。

（5）学位论文

学位论文是高等院校和科研院所的本科生、研究生为获得学位资格（博士、硕士和学士）而撰写的学术性较强的研究论文，是在学习和研究中参考大量文献、进行科学研究的基础上而完成的。学位论文的理论性、系统性较强，内容专一，阐述详细，具有一定的独创性，是一种重要的文献信息源。

（6）会议文献

会议文献是指各种科学技术会议上所发表的论文、报告稿、讲演稿等与会议有关的文献。它是各种新观点、新思想产生的最初地，具有较高的学术水平，往往代表某一学科或专业领域内最新学术研究成果，反映了该学科或专业的学术水平、研究动态和发展趋势。

会议文献具有传播信息及时、论题集中、内容新颖、专业性强、质量较高等特点，是科技查新中重要的信息源之一。很多大型数据库［如万方数据库、中国知网（CNKI）等］都把会议资料视为一种重要的信息资源进行收录。

（7）科技报告

科技报告也称技术报告、研究报告，它是科学研究工作和开发调查工作取得的成果的正式报告，或对某个课题研究过程中各阶段进展情况的实际记录，有时也以"白皮书"的形式发布。从内容看，科技报告大多都涉及高、精、尖科学研究和技术设计及其阶段进展情况，客观地反映科研过程中的经验和教训。

科技报告所报道成果一般必须经过主管部门组织有关单位审定鉴定，其内容新颖、专业性强、可靠、详尽，出版及时，传递信息快。有些报告因涉及尖端技术等问题，发行范围控制严格，可能不容易获取原文。

3. 信息检索的常用技术

（1）布尔逻辑检索

布尔逻辑检索指利用布尔逻辑运算符连接各检索词，然后由计算机进行相应逻辑运算，以找出所需信息的方法。它是使用面最广、使用频率最高的检索方法。

布尔逻辑检索采用的逻辑运算符有"与""或""非"，其作用是把检索词连接起来，构成一个逻辑检索式。

视频

信息检索的常用技术

① 逻辑"与"。用"AND"表示，可用来表示其所连接的两个检索项的交叉部分，即交集部分。例如，查找"胰岛素治疗糖尿病"的检索式可为"胰岛素 AND 糖尿病"。

② 逻辑"或"。用"OR"表示，用 OR 连接检索词 A 和检索词 B，则表示让系统查找含有检索词 A、B 之一的信息。例如，查找"英语或法语资料"的检索式可为"英语 OR 法语"。

③ 逻辑"非"。用"NOT"表示，用于连接排除关系的检索词，即排除不需要的和影响检索结果的概念。用 NOT 连接检索词 A 和检索词 B，检索式为"A NOT B"，表示检索含有检索词 A 而不含检索词 B 的信息，即将包含检索词 B 的信息集合排除掉。例如，查找"检索外文视频但不涉及英语方面的文献"的检索式可为："外文视频 NOT 英语"。

（2）字段限制检索

即把搜索词限定在某个字段进行搜索，字段检索结合逻辑检索可以提高结果的精准度。

（3）位置算符检索

位置算符检索也称邻近检索。文献记录中词语的相对次序或位置不同，所表达的意思可能不同，而同样一个检索表达式中词语的相对次序不同，其表达的检索意图也不一样。布尔逻辑运算符有时难以表达某些检索课题确切的提问要求。字段限制检索虽能使检索结果在一定程度上进一步满足提问要求,但无法对检索词之间的相对位置进行限制。

位置算符检索是用一些特定的算符(位置算符)来表达检索词与检索词之间的临近关系,并且可以不依赖主题词表而直接使用自由词进行检索的技术方法。其主要运算符的含义见表4-2。

表4-2 位置算符检索主要运算符的含义

序号	运算符	作用	检索式及含义	示例
1	With	用于表示同时出现在同一文献的一个字段的两个词	A with B,表示检索词A和检索词B不仅要同时出现在一条记录中,还要同时出现在一个字段里的文献才是命中文献	检索式:药物 with 滥用 检索结果:检索出的是同一个字段中同时出现这两个词的记录
2	Near	用于表示不仅要同时出现在一条记录的同一字段里,还必须在同一个子字段(一句话)里的两个词	A Near B,表示检索词A和检索词B不仅要同时出现在一条记录中的同一个字段里,还要同时出现在同一个子字段(一句话)里的文献才是命中文献	检索式:药物 Near 滥用 检索结果:检索出的是同一句话中同时出现这两个词的记录
3	Near#	near后加一个数字("#"代表一个常数),指定了两个词的邻近程度,且不论语序。	A near# B,表示检索词A和检索词B之间有0~#个单词的文献(A和B在同一记录、同一字段里)	检索式:information(信息)near5 data(数据) 检索结果:表示检索词information和data同时出现在一个句子中,且这两个检索词之间的单词数不超过5个的那些文献为命中文献

(4)截词检索(通配符检索)

截词检索是用截断的词的一个局部进行的检索,并认为凡满足这个词局部中的所有字符(串)的文献,都为命中的文献。截词检索是提高查全率的一种常用技术,大多数系统都提供截词检索的功能。

截词检索在检索标识中保留相同的部分,用截词符代替可变化的部分。常用的通配符有"*"和"?","*"代表零个或多个字符,"?"代表任意一个字符。截词检索就按截断的位置来分,可有后截断、前截断、中截断三种。

① 前截断是将截词符放在一串字符的左侧,是后方一致检索。例如,"*formation"中"*"代表"formation"前的零个或多个字符,所以可检索出conformation、information等词汇。

② 后截断是最常用的截词检索技术,它是将截词符放在一串字符的右侧。例如,"sour*"中"*"代表"sour"后的零个或多个字符,所以可检索出sours、sourball、source等词汇。

③ 中间截断又称中间屏蔽,是一种用截词符屏蔽词中不同字符的方法,例如,"stu? ?_class5"中的两个"?"分别代表了一个任意的字符,所以可检索出stu01_class5、stu27_class5、stu32_class5等词汇。

(5)短语检索(精确检索)

短语检索是使用某个词组或短语作为一个检索单元,进行严格匹配,以提高检索的精度和准确度。例如,用检索词"信息技术"查找相关资料。短语检索是一种精确检索的方法,也是一般数据库检索中常用的方法。如果使用专有名称作为检索短语可获得比较精确的检索结果。

4. 常用网络搜索引擎

搜索引擎是指根据一定的策略、运用特定的计算机程序从互联网上搜集信息,并对信息进行组织和处理后,为用户提供检索服务,将相关的信息展示给用户。

搜索引擎有综合和专类两种。

① 综合(通用)搜索引擎,是将所有网站上的大量信息进行整合。如谷歌(Google)、百度(Baidu)等。

② 专类(垂直)搜索引擎更专注于特定的搜索领域和搜索需求,如价格搜索、旅游搜索、小说搜索、视频搜索等。相比通用搜索引擎,垂直搜索引擎更加"专、精、深",且具有行业色彩。

项目 2 常见信息检索服务与资源平台

项目引入	面对海量的信息资源，为了能够高效准确地检索到自己需要的信息，我们需要了解检索系统和相关工具的特点。
项目分析	通过了解常见信息检索服务与资源平台的特点和相关检索方法，有效提高信息检索的能力和检索结果的质量。
项目目标	☑ 了解图书馆的信息检索服务的基本使用； ☑ 了解常用期刊、论文数据库的基本使用； ☑ 了解专利、标准、数据等特殊资源的检索途径。

视频

信息检索服务与平台

任务1 了解图书馆的信息检索服务

图书馆丰富、系统、全面的图书信息资料，是人类长期积累的一种智力资源。随着新一代信息技术与图书馆服务的深度融合，现代图书馆均建设了图书数据库、图书馆查询平台、文献自动分拣系统、自助服务设备等，为读者提供文献借阅、电子资源查询下载、电子阅览、参考咨询、科技查新等形式多样的文献信息服务。同时，虚拟图书馆、移动图书馆也逐渐成为传统图书馆的一种补充，被大众广泛地接受。

1. 馆藏检索服务

联机公共目录系统（Online Public Access Catalog，OPAC），是读者查找馆藏的检索工具，多数图书馆都建有自己的馆藏联机公共目录查询系统，提供给读者进行图书信息查询、读者信息查询、流通处理等操作，如图4-4所示。

图 4-4 广州图书馆的图书检索页面

2. 电子资源服务

随着信息技术、计算机技术、存储技术等现代化新技术的出现和发展，图书馆的收藏模式和读者获取知识信息的渠道有了很大改变，电子资源在图书馆逐步占据一定的地位。一般图书馆的电子资源涵盖电子期刊、电子图书、学位论文、检索数据库、会议文献、专利文献以及多媒体资源等。各类型的图书馆会根据自身的服务定位选购电子资源，例如，广州图书馆根据读者需求购买了数十个数据库，包括电子图书、电子报刊、多媒体等，并根据本地文化特色建设了多个专题数据库，如图4-5所示。

图4-5　广州图书馆的数字资源检索页面

任务2　了解常用期刊、论文数据库

1. 中国知网（CNKI）

中国知网，是国家知识基础设施的概念，由世界银行于1998年提出。CNKI工程是以实现全社会知识资源传播共享与增值利用为目标的信息化建设项目，由清华大学、清华同方发起，始建于1999年6月。经过多年与期刊界、出版界及各内容提供商达成合作，中国知网已经发展成为一个综合类的学术数据库，收录的文献涵盖期刊、博士论文、硕士论文、会议论文、报纸、工具书、年鉴、专利、标准、国学、海外文献资源等。中国知网是完全开放的，可以通过互联网访问官方网站（https://www.cnki.net）进行信息检索，如图4-6所示。

图4-6　CNKI的网站首页

中国知网可以使用简单易用的一框式检索，也可以使用知识元检索、引文检索、高级检索、专业检索、作者发文检索、句子检索等多种功能强大的检索方式进行更专业的信息检索，如图 4-7 所示。中国知网的期刊论文和会议论文既可以在线阅读也支持全文下载，有 PDF 和 CAJ 两种格式，学位论文只有 CAJ 格式，需要通过 CAJ 阅读器打开。

图 4-7　知识元检索界面

2. 万方数据知识服务平台

万方数据知识服务平台是由万方数据公司开发的，是一个涵盖期刊、会议纪要、论文、学术成果、学术会议论文等多种文献类型的大型网络数据库，收录的文献以中文文献为主。万方数据知识服务平台提供一框式检索、高级检索、专业检索、作者发文检索等多种检索手段，检索功能完全免费开放，但全文下载需要购买相关的服务，通过访问平台的官方网站（https://www.wanfangdata.com.cn/）获得相关服务，如图 4-8 所示。

图 4-8　万方数据知识服务平台

3. 超星期刊

超星期刊是由超星集团开发的期刊检索平台，收录了国内外出版（专题出版）、预出版（即时出版）、云出版（全媒体、全网络）等各类期刊，内容涵盖理学、工学、农学、社科、文化等各学科领域。超星期刊提供原版阅读，数据库文献检索阅读、富媒体专题汇编阅读及碎片化知识数据阅读等。超星期刊通过官方网站（https://qikan.chaoxing.com/）或手机 App 向用户提供服务，利用流媒体阅读，实现多终端自适应阅读。

4. 高级检索方法的使用

高级检索也称命令检索，是相对于基本检索（一框式检索）而言，高级检索可以用多于基本检索的标准来精炼检索，使检索信息更加详细，搜索出的结果更具可用性。例如，在中国知网中利用高级检索查找 2021 年有关云计算技术在电力系统相关应用的硕士学位论文。

（1）进入高级检索界面

打开中国知网的官方网站，在首页单击"高级检索"按钮，进入高级检索界面，如图 4-9、图 4-10 所示。

图 4-9　中国知网首页

图 4-10　高级检索界面

（2）添加多个主题词

在高级检索界面中将第 1 个条件的检索类型设为"主题"，并输入第 1 个检索词"云计算"，如图 4-11、图 4-12 所示。

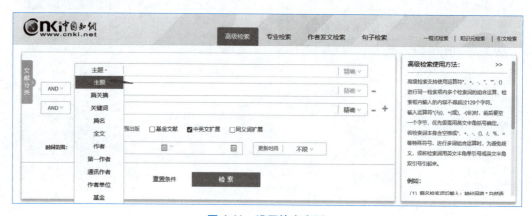

图 4-11　设置检索类型

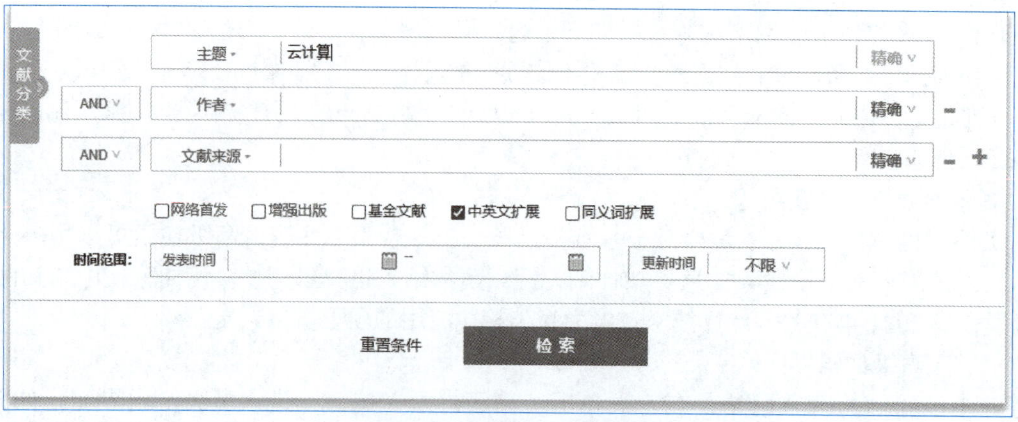

图 4-12　输入第 1 个检索词

将第 2 个检索词的类型也设置为"主题",并输入第 2 个检索词"电力系统",如图 4-13、图 4-14 所示。

图 4-13　设置检索类型

图 4-14　输入第 2 个检索词

在使用多个条件进行检索时,检索条件之间的关系有 3 个类型,即"AND""OR""NOT",其中"AND"用来表示其所连接的两个检索项的交叉部分,也即交集部分;"OR"是用于连接并列关系的检索词,表示让系统查找含有检索词之一,或同时包括多个检索词的信息;"NOT"是用于连接排除关系的检索词,即排除不需要的和影响检索结果的概念。这里需要将检索词的关系设为"AND"关系,如图 4-15 所示。

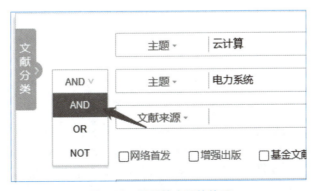

图 4-15　设置检索词的关系

(3)设定时间范围

将文献的检索时间范围设置为从 2021 年 1 月 1 日至 2021 年 12 月 31 日,即 2021 年内所有发布的内容,如图 4-16 所示。

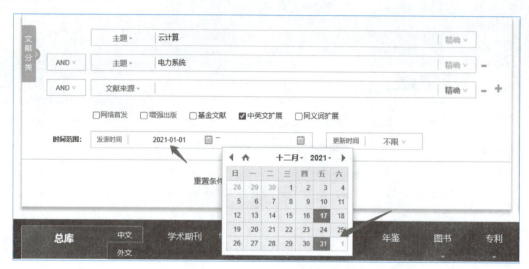

图 4-16　设置检索时间范围

(4)选择文献类型

单击"检索"按钮,系统将显示检索结果,在结果列表中选择"学位论文""硕士"即可在检索结果中筛选出属于硕士学位论文的结果,如图 4-17、图 4-18 所示。

图 4-17　在检索结果中筛选硕士学位论文

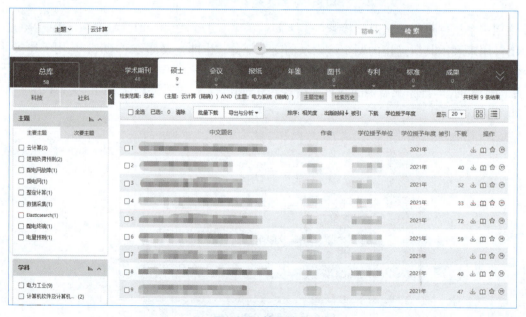

图 4-18　检索结果

任务3 了解特殊资源的检索

1. 专利检索

专利是用法律保护科技发明的制度，而记载专利申请、审查、批准过程中所产生的各种有关文件的资料就是专利文献。专利文献可以通过专利性检索、避免侵权的检索、专利状况检索、技术预测检索、具体技术方案检索等方法进行检索。

（1）专利文献检索的作用

在开展专题研究时，通过专利文献检索，具有以下优点：

① 了解某项专利的新颖性和创造性，为判断该专利权的有效性提供信息；

② 了解国内外某领域科研最新动态，以避免重复投资、研究，启发研究思路；

③ 了解某项技术内容的先进程度、专利保护状况，以及相近技术的专利保护情况，以判断该技术的价值，在该技术转让或许可的谈判中掌握主动；

④ 了解欲出口产品在某进口国是否可能侵犯他人在该国的专利权，以避免引发相关的侵权诉讼；

⑤ 了解同行或竞争对手的专利技术储备情况和法律状态，以避免侵犯他人专利。

（2）获取专利文献的渠道

专利制度以"以公开换保护"的核心理念，使得专利文献的获得比较容易，主要有以下几个渠道。

① 官方机构的专利检索系统。大多数国家设立了相关的专利管理机构，这些机构会通过互联网免费向民众提供专利文献检索和获取服务。

② 专利文献商业数据库。除了官方的专利检索系统，一些商业数据库也设立了专利数据库，如中国知网专利全文数据库、万方专利数据库、德温特专利索引数据库等，这些数据库均收录有全球各国的专利文献，可以通过专利名称、摘要、申请号等信息进行检索。

③ 专利搜索引擎。可以通过专利搜索引擎进行检索，如谷歌专利检索、大为专利检索等。

2. 标准检索

标准是针对某领域的产品、工程建设的质量、规格及其检验方法等所做的技术规定，是从事生产、建设的一种共同技术依据。它作为一种规章性的技术文件，具有一定的法律约束力。

随着互联网的发展，标准文献检索系统已经成为检索和获取标准文献的主要途径，可以通过以下几类渠道检索和获取相关的标准文献。

（1）国标组织网站

在国际标准中，ISO 和 IEC 是比较重要的国际标准组织，可通过其官方网站获得相关的标准文献。其中，ISO 是全球最大的非政府性标准化机构，负责除电工领域外的一切国际标准化工作；IEC 是成立最早的国际性电工标准化机构，负责有关电气工程和电子工程领域的国际标准化工作。

（2）中国国家标准化管理委员会

国家标准化管理委员会是我国统一管理全国标准化工作的主管机构，其提供了两个重要的标准文献检索平台，分别是全国标准信息公共服务平台（https://std.samr.gov.cn）和国家标准全文公开系统（http://openstd.samr.gov.cn）。同时，还有一些专项的检索平台，如食品安全国家标准数据检索平台（https://sppt.cfsa.net.cn:8086/db）、生态环境部标准查询系统（http://www.mee.gov.cn/ywgz/fgbz/dz）、住房和城乡建设部标准发布公告（http://www.mohurd.gov.cn/bzde/bzfbgg/index.html）等。

（3）商业化标准检索系统

除国际组织和各国提供的官方检索平台，商业化的检索系统也提供包括国际标准、国家标准、行业标准、企业标准等在内的各类标准检索，其中我国比较知名的有中国标准在线服务网（https://www.spc.org.cn）、工标网（http://www.csres.com）、中国标准服务网（http://www.cssn.net.cn）等。

3. 数据检索

广义的数据可以理解为文字、数字、语音、图像等形式的内容；狭义的数据是指以数值为核心的数据。数据资源一般指能够用于解决问题的数据。数据的用途很广，主要体现在为人们的生活提供便利,如菜价、房价、油价等;为项目的决策提供依据;为科学研究提供数据基础等。

目前,获取数据的主要渠道包括专业数据库、统计数据开放平台、数据开放平台、网络指数平台等。

(1) 统计数据开放平台

近年来,各国政府统计部门开始利用互联网提供统计数据的查询服务。我国主要由国家统计局、各省市统计局等机构负责统计数据的编撰和发布,统计机构通过官方网站免费提供各项统计数据的查询,如年度数据、季度数据等。

(2) 数据开放平台

数据开放平台提供的数据主要是指开放数据。开放数据(open data)指可以被任何人获得、使用、分享(再分发)而不受版权等限制的数据。目前通常所说的开放数据常指开放政府数据,但其概念中也包含其他开放数据,如开放企业数据等。目前我国主要是通过各省市的政府数据开放平台向公众提供开放数据,如交通运输、医疗卫生、生活服务等诸多方面。

(3) 网络指数平台

网络指数平台是由各大互联网企业以网民行为数据为基础的数据分析平台,如百度指数、微信指数等。网络指数平台通过对用户搜索的关键词、地点、时间等数据进行大数据分析,可以研究关键词热度趋势、洞察网民需求变化、监测媒体舆情趋势、定位数字消费者特征,是众多企业营销决策的重要依据。

思考练习

1. 信息检索的核心是(　　)。
   A. 信息意识　　　　B. 信息源　　　　C. 信息获取能力　　　D. 信息利用
2. 下列不属于数字信息资源特点的是(　　)。
   A. 资源共享性高,免费资源丰富
   B. 检索方便快捷,服务成本较低
   C. 具有高度的整合性。它不受时间、空间限制
   D. 当前数量最大、利用率最高的信息资源
3. 布尔逻辑检索采用的逻辑运算符有"与""或""非",其中"与"的符号是(　　)。
   A. OR　　　　　　B. NOT　　　　　C. AND　　　　　　D. &
4. A NOT B 表示(　　)。
   A. 检索含有检索词 A 而不含检索词 B 的信息
   B. 检索含有检索词 B 而不含检索词 A 的信息
5. 下列属于常用期刊、论文数据库的是(　　)。
   A. CNKI　　　　　B. 万方　　　　　C. 百度学术　　　　D. 全部都是

单元 5

信息素养与社会责任

引言

伴随信息技术的快速发展，人类步入了信息社会。在信息社会中，信息素养是新一代智能化劳动者应该具备的最基本的素质，也是当代大学生应具备的关键素养。信息素养与社会责任对个人在各自行业内的发展起着重要作用。本单元包含信息素养、信息道德、相关法律法规、学术规范与信息活动的行为规范等内容。

内容结构图

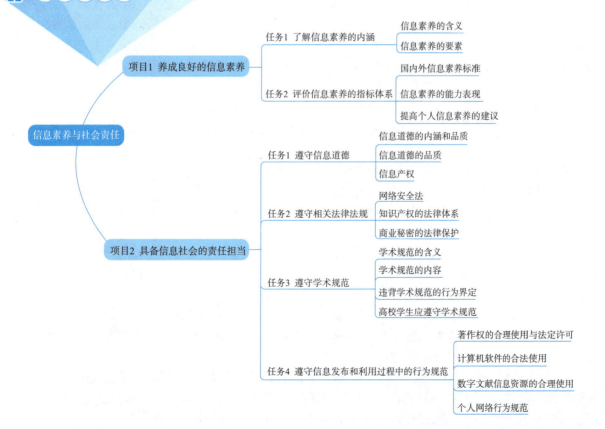

学习目标

通过学习信息素养与社会责任的基本规范，达到如下学习目标：
- 了解信息素养的主要要素和评价体系，能有意识地提高个人信息素养。
- 了解信息道德的内涵，能有意识地遵循良好的信息道德。
- 了解并在信息活动中遵循相关法律法规、学术规范及信息活动中行为规范的要求。

项目1 养成良好的信息素养

项目引入	在信息社会中，信息素养是人们在社会生存、学习、发展过程中所必需的重要能力与基本素质，也是当代大学生应具备的关键素养。
项目分析	通过学习信息素养的概念、特征、要素、评价信息素养的指标体系，了解信息素养的能力表现，能有意识地提高个人信息素养。
项目目标	☑ 了解信息素养的概念、特征、要素； ☑ 了解信息素养的评价指标体系； ☑ 能依据信息素养的能力表现，了解提高个人信息素养的途径。

视频
信息素养的内涵

任务1 了解信息素养的内涵

1. 信息素养的含义

1974年，美国信息产业协会主席保罗·泽考斯基（Paul.Zurkowski）提出了信息素养的概念。随着信息技术与人们学习、工作、生活的深度融合，普遍认为信息素养已经是一个人在信息社会中一种基本的适应能力，一个具有良好信息素养的人，应该"能确定所需信息的范围；有效地获取所需的信息；鉴别信息及其来源；将检出的信息融入自己的知识基础；有效地利用信息去完成一个具体的任务；了解利用信息所涉及的经济、法律和社会问题，合理、合法地获取信息。"

良好的信息素养包含了以下5方面的特征：

① 有获取新信息的意愿，能够主动地从生活实践中不断地查找、探究新信息。

② 具有基本的科学和文化常识，能够较为自如地对获得的信息进行辨别和分析，正确地加以评估。

③ 可灵活地支配信息，较好地掌握选择信息、拒绝信息的技能。

④ 能够有效地利用信息，表达个人的思想和观念，并乐意与他人分享不同的见解或资讯。

⑤ 无论面对何种情境，能够充满自信地运用各类信息解决问题，有较强的创新意识和进取精神。

2. 信息素养的要素

信息素养是一种基本能力，既需要通过熟练的信息技术，也需要通过完善的调查方法、通过鉴别和推理来完成，涉及信息知识与技术、信息法律和道德伦理等，一般认为信息素养包含以下4个要素。

① 信息意识。指人们对情报现象的思想观点和人的情报嗅觉程度，是人们对社会产生的各种理论、观点、事物、现象从情报角度的理解、感受和评价能力。具体来说它包含了对于信息敏锐的感受力、持久的注意力和对信息价值的判断力、洞察力。

② 信息知识。指与信息相关的理论知识（如信息处理的方法与原则等）、信息技术知识（如计算机软件、硬件、应用等方面的知识，以及互联网、大数据、人工智能等新一代信息技术的知识）、信息道德知识（指人们需要遵循的信息管理政策、法律法规、信息伦理准则等）。

③ 信息能力。信息能力是信息素养的核心，是信息社会中人们在开展各项社会及职业活动时借助现代信息技术实现社会信息资源有效挖掘及利用的能力，具体包括信息捕捉获取、分析鉴别、处理加工、交流表达的能力。

④ 信息道德。指人们在信息活动中应遵循的道德规范和行为规范，如保护知识产权、尊重个人隐私、抵制不良信息等。

信息素养包括关于信息和信息技术的基本知识和基本技能，运用信息技术进行学习、合作、交流和解决问题的能力，以及信息的意识和社会伦理道德问题。信息素养的4个要素共同构成一个不可分割的统一整体，其中信息意识是先导，信息知识是基础，信息能力是核心，信息道德是保证。

任务2　评价信息素养的指标体系

1. 国内外信息素养标准

2000年1月，美国大学与研究图书馆协会（Association of College an Research Libraries，ACRL）发布了《高等教育信息素养能力标准》。该标准以信息获取为核心，包含了5个一级指标，22项执行标准和87个子项目。2016年1月提出了《高等教育信息素养框架》，更强调把学生看作是信息创造者而不仅仅是信息消费者，要求学生具有批判性思维能力和创新能力。

2011年，英国学院、国家和大学图书馆协会（The Society of College，National and University Libraries，SCONUL）发布了《SCONUL信息素养七支柱：高等教育核心模型》，指出信息素养涵盖：数字素养、视觉及媒体素养、学术能力、信息处理、信息技能、数据监护及数据管理七大方面。

我国研究机构提出了信息素养指标体系，主要有《北京地区高校信息素质能力指标体系》《高校大学生信息素质指标体系及信息素质教育知识点（讨论稿）》等。《北京地区高校信息素质能力指标体系》由7个维度、19项标准、61条具体指标项目构成，其中，7个维度见表5-1。

表5-1　《北京地区高校信息素质能力指标体系》的7个维度

序号	内容
维度1	具有素质的学生能够了解信息以及信息素质能力在现代社会中的作用、价值与力量
维度2	具备信息素质的学生能够确定所需信息的性质与范围
维度3	具备信息素质的学生能够有效地获取所需要的信息
维度4	具备信息素质的学生能够正确地评价信息及其信息源，并且把选择的信息融入自身的知识体系中，重构新的知识体系
维度5	具备信息素质的学生能够有效管理、组织与交流信息
维度6	具备信息素质的学生作为个人或群体的一员能够有效地利用信息来完成一项具体的任务
维度7	具备信息素质的学生了解与信息检索、利用相关的法律、伦理和社会经济问题，能够合理、合法地检索和利用信息

2. 信息素养的能力表现

普遍认可的信息素质包括以下6个方面：
① 工具素质，能使用印刷和电子信息资源的有关工具，如计算机、软件等。
② 资源素质，了解信息资源的种类、形式和查找、检索方法。
③ 社会结构素质，掌握信息的社会地位、作用和影响，发表学术著作的过程、同行评议等，信息机构与用户（服务对象）的关系等。
④ 研究素质，掌握利用信息进行有关学科的研究。
⑤ 出版和传播信息素质，能利用文本或多媒体出版研究成果。
⑥ 信息道德，信息创造、信息传播、信用、发表论文的道德准则。

信息素养主要表现为8个方面的能力，见表5-2。

视频

信息素养的能力表现

表 5-2 信息素养的能力表现

序号	能力	能力描述
1	运用信息工具	能熟练使用各种信息工具，特别是网络传播工具
2	获取信息	能根据自己的学习目标有效地收集各种学习资料与信息，能熟练地运用阅读、访问、讨论、参观、实验、检索等获取信息的方法
3	处理信息	能对收集的信息进行归纳、分类、存储记忆、鉴别、遴选、分析综合、抽象概括和表达等
4	生成信息	在信息收集的基础上，能准确地概述、综合、履行和表达所需要的信息，使之简洁明了、通俗流畅并且富有个性特色
5	创造信息	在多种收集信息的交互作用的基础上，迸发创造思维的火花，产生新信息的生长点，从而创造新信息，达到收集信息的终极目的
6	发挥信息的效益	善于运用接收的信息解决问题，让信息发挥最大的社会和经济效益
7	信息协作	使信息和信息工具作为跨越时空的、"零距离"的交往和合作中介，使之成为延伸自己的高效手段，同外界建立多种和谐的合作关系
8	信息免疫	浩瀚的信息资源往往良莠不齐，需要有正确的人生观、价值观、甄别能力以及自控、自律和自我调节能力，能自觉抵御和消除垃圾信息及有害信息的干扰和侵蚀，并且完善合乎时代的信息伦理素养

3. 提高个人信息素养的建议

随着信息技术与人们学习、工作、生活的深度融合，普遍认为信息素养已经是一个人在信息社会中一种基本的适应能力，我们建议大学生从以下方面提高自己的信息素养。

① 掌握计算机、互联网的基本使用，具备基本的日常学习、办公应用的信息技术处理能力，能解决自己工作、学习及生活中常见问题。

② 了解信息技术的基本理论、知识和方法；了解现代信息技术在自己专业领域应用的基本知识。

③ 培养利用各种资源的能力。善于挖掘有用信息和浓缩有效信息，培养对信息内容进行深层加工的能力，培养对信息去伪存真、去粗存精的能力，掌握调查分析方法，独立思考，正确评价信息，应用信息。

④ 必须建立信息安全意识，尊重知识产权、遵守网络道德，遵守相关法律，合理合法地发布和利用信息。

项目 2　具备信息社会的责任担当

项目引入	以网络为依托的信息社会，由于网络的虚拟性和隐蔽性，给传统的道德建设和法制建设带来了巨大的挑战。作为数字化时代的合格公民，我们必须理解信息社会特征，自觉遵循信息社会的道德准则和行为规范，承担个体在文化修养、道德规范和行为自律等方面应尽的社会责任。
项目分析	通过学习信息道德、知识产权、相关法律法规、学术规范、行为规范等方面的要求，在信息活动中有意识地遵循良好的信息道德，遵守相关规范。
项目目标	☑ 了解并能遵守信息道德的要求； ☑ 了解并能遵守相关的法律法规； ☑ 了解并能遵守相关学术规范； ☑ 了解并能遵守信息发布和利用过程中的行为规范。

任务 1　遵守信息道德

1. 信息道德的内涵

信息道德是指在信息的采集、加工、存储、传播和利用等信息活动的各个环节中，应遵循的符合社会一般要求的道德意识、道德规范和道德行为。信息道德是在信息领域中用以规范人们相互关系的思想观念与行为准则，是现代信息技术环境下传统道德的延伸。

信息道德主要涉及信息的隐私问题、正确性问题、产权问题和存取权问题。信息道德的培育包括自我约束、知识产权、网络安全三个维度。以自我约束为起点，构建起高度的信息责任感，让信息行使于法治框架之下，杜绝非法信息；尊重知识产权，合法利用信息；积极维护网络世界的安全秩序。

2. 信息道德的品质

① 信息获得的道德规范。信息的获得要在信息拥有者的授权下进行，不要恶意获得别人的信息，不要非法进入别人的信息系统，等等。

② 信息生产的道德规范。信息的生产是指信息的创作。在信息的创作中，要自觉遵守知识产权，尊重别人的劳动成果，这在信息社会的海量信息中尤其重要。在信息的创作中，不要创作有害于社会、有害于他人的信息，等等。

③ 信息运用的道德规范。信息运用的道德规范是指信息的复制、加工和存储。信息的运用要尊重信息创作者的意愿，在信息创作者的授权下进行，等等。

④ 信息传播的道德规范。信息传播的道德规范是信息社会道德规范的核心。要通过正当的渠道传播信息，不要传播不健康、不符合事实的信息，不要强迫把信息传播给别人，信息的传播要在信息创作者的授权下进行，等等。

3. 信息产权

信息产品是信息化社会中具有创造性的产品。信息所有者对自己创造的脑力劳动产品享有支配权（一种无形的财产权），在法律上对这种权利加以保护，就是信息产权。

信息产权是信息化社会中各种信息产品的法制化表现，是信息所有者对自己独创的脑力劳动成果所享有的权利。它包括知识产权、相关的信息权利及其他非知识性的信息权利。

信息产权

信息产权的核心是知识产权（Intellectual Property），是人们对自己脑力劳动创造的智力成果依法享有的专有权利。知识产权是"基于创造成果和工商标记依法产生的权利的统称"。最主要的三种知识产权是著作权、专利权和商标权。2021年1月1日实施的《中华人民共和国民法典》中第一百二十三条规定："民事主体依法享有知识产权。知识产权是权利人依法就下列客体享有的专有的权利：（一）作品；（二）发明、实用新型、外观设计；（三）商标；（四）地理标志；（五）商业秘密；（六）集成电路布图设计；（七）植物新品种；（八）法律规定的其他客体。"

在信息活动中，我们接触到的许多物品（如软件、网络课程、影视作品、音乐、著作、电子资料、图片、商标等），不管是实物还是虚拟物品（商品、作品等），都包含了知识产权，很多甚至包含了多种知识产权。因此我们应该建立知识产权的意识，既尊重知识产权，合理使用各类信息和产品，也要懂得保护自己或组织的知识产权。

同时，由于网络信息传播的免费性和隐秘性，很多网络用户习惯免费使用网络资源，而不愿意进行付费。此外，互联网的开放性也诞生了许多网络作品，如网络文学、歌曲、电影等，网络作品其本质仍然是作品，因此同样受到著作权法的保护。

在获取和使用网络资源的过程中，需要注意随意对网络作品进行复制、转载等会侵犯原著作权人的权利。因此，在面对收费网络作品时，如果提供和使用检索盗版平台、破解平台，下载破解后的线下收费电影、收费音乐、被解密的收费文学作品等，这实际上已经侵权了，是不被允许的。同时，如果是未经版权人同意，利用计算机技术上传作品到互联网以供下载，同样是一种侵权行为。

任务2 遵守相关法律法规

1. 网络安全法

《中华人民共和国网络安全法》（以下简称《网络安全法》）于2016年11月7日颁布，自

2017年6月1日起正式实施，这是我国第一部网络安全的专门性立法，是为保障网络安全，维护网络空间主权和国家安全、社会公共利益，保护公民、法人和其他组织的合法权益，促进经济社会信息化健康发展而制定的法律。

（1）《网络安全法》提出的行为禁则

① 任何个人和组织不得利用网络从事以下八类活动：
- 危害国家安全、荣誉和利益；
- 煽动颠覆国家政权、推翻社会主义制度；
- 煽动分裂国家、破坏国家统一；
- 宣扬恐怖主义、极端主义；
- 宣扬民族仇恨、民族歧视；
- 传播暴力、淫秽、色情信息；
- 编造、传播虚假信息，扰乱经济秩序和社会秩序；
- 侵害他人名誉、隐私、知识产权和其他合法权益等活动。

② 以下七种行为都是法律明确禁止的：
- 非法侵入他人网络、干扰他人网络正常功能、窃取网络数据等危害网络安全的活动；
- 提供专门用于从事侵入网络、干扰网络正常功能及防护措施、窃取网络数据等危害网络安全活动的程序、工具；
- 明知他人从事危害网络安全的活动的，为其提供技术支持、广告推广、支付结算等帮助；
- 窃取或者以其他非法方式获取个人信息，非法出售或者非法向他人提供个人信息；
- 设立用于实施诈骗，传授犯罪方法，制作或者销售违禁物品、管制物品等违法犯罪活动的网站、通信群组；
- 利用网络发布涉及实施诈骗，制作或者销售违禁物品、管制物品以及其他违法犯罪活动的信息；
- 发送的电子信息、提供的应用软件，设置恶意程序，含有法律、行政法规禁止发布或者传输的信息。

（2）举报危害网络安全的行为

《网络安全法》第十四条：任何个人和组织有权对危害网络安全的行为向网信、电信、公安等部门举报。收到举报的部门应当及时依法作出处理；不属于本部门职责的，应当及时移送有权处理的部门。有关部门应当对举报人的相关信息予以保密，保护举报人的合法权益。

任何个人和组织发现危害网络安全的八类活动、七种行为时，都有权举报。原则上讲，涉及网络犯罪的主要是向公安部门举报，其他类型的，既可以向电信部门，也可以向网信等部门举报。但是，无论是哪一类危害网络安全的行为，个人和组织都可以向网信、电信、公安等部门举报。

（3）实名制

《网络安全法》第二十四条：网络运营者为用户办理网络接入、域名注册服务，办理固定电话、移动电话等入网手续，或者为用户提供信息发布、即时通信等服务，在与用户签订协议或者确认提供服务时，应当要求用户提供真实身份信息。用户不提供真实身份信息的，网络运营者不得为其提供相关服务。国家实施网络可信身份战略，支持研究开发安全、方便的电子身份认证技术，推动不同电子身份认证之间的互认。

实名制的主要意义在于网络空间行为可追溯。前台匿名、后台实名，不影响网民上网体验和隐私；就互联网上活动而言，主要指的是信息发布、即时通信的实名；真实身份查验方式不限于身份证；各学校尤其要注意实名制的落实。

2. 知识产权的法律体系

知识产权表面上可被理解为"对知识的财产权"，其前提是知识具备成为法律上的财产的条件。

知识产权法律制度通过赋予智力成果的创造者以排他性使用权和转让权的方式，创造出了一种前所未有的财产权形式。

我国知识产权法主要包括《商标法》《专利法》《著作权法》《反不正当竞争法》等基础法律制度，以及《集成电路布图设计保护条例》《植物新品种保护条例》《地理标志产品保护规定》等相关法律规范。我国主要知识产权相关法律见表5-3。

表 5-3　我国主要知识产权相关法律

序号	名　称	主要内容
1	《中华人民共和国著作权法》（2020 修正）	为保护文学、艺术和科学作品作者的著作权，以及与著作权有关的权益，鼓励有益于社会主义精神文明、物质文明建设的作品的创作和传播，促进社会主义文化和科学事业的发展与繁荣
2	《中华人民共和国专利法》（2020 修正）	为保护专利权人的合法权益，鼓励发明创造，推动发明创造的应用，提高创新能力，促进科学技术进步和经济社会发展
3	《中华人民共和国商标法》（2019 修正）	为加强商标管理，保护商标专用权，促使生产、经营者保证商品和服务质量，维护商标信誉，以保障消费者和生产、经营者的利益，促进社会主义市场经济的发展
4	《反不正当竞争法》（2019 修正）	为了促进社会主义市场经济健康发展，鼓励和保护公平竞争，制止不正当竞争行为，保护经营者和消费者的合法权益
5	《计算机软件保护条例》（2013 修订）	为了保护计算机软件著作权人的权益，调整计算机软件在开发、传播和使用中发生的利益关系，鼓励计算机软件的开发与应用，促进软件产业和国民经济信息化的发展
6	《集成电路布图设计保护条例》（2001 发布）	为了保护集成电路布图设计专有权，鼓励集成电路技术的创新，促进科学技术的发展

3. 商业秘密的法律保护

商业秘密，是指不为公众所知悉、能为权利人带来经济利益、具有实用性并经权利人采取保密措施的技术信息和经营信息。商业秘密中秘密的技术信息包括保密的设计方案、处理工艺、配方、技术数据等专利技术之外的关键技术，秘密的经营信息包括客户名单、货源情报、成本核酸数据、信用评价、质量控制与管理、战略决策等企业经营过程中非公开的经营运作活动的信息。商业秘密是属于秘密形态的智力成果，是一种特殊而重要的知识产权。《中华人民共和国反不正当竞争法》第九条中规定，经营者不得实施下列侵犯商业秘密的行为：

① 以盗窃、贿赂、欺诈、胁迫、电子侵入或者其他不正当手段获取权利人的商业秘密；

② 披露、使用或者允许他人使用以前项手段获取的权利人的商业秘密；

③ 违反保密义务或者违反权利人有关保守商业秘密的要求，披露、使用或者允许他人使用其所掌握的商业秘密；

④ 教唆、引诱、帮助他人违反保密义务或者违反权利人有关保守商业秘密的要求，获取、披露、使用或者允许他人使用权利人的商业秘密。

经营者以外的其他自然人、法人和非法人组织实施前款所列违法行为的，视为侵犯商业秘密。第三人明知或者应知商业秘密权利人的员工、前员工或者其他单位、个人实施本条第（1）款所列违法行为，仍获取、披露、使用或者允许他人使用该商业秘密的，视为侵犯商业秘密。

我国对商业秘密进行保护的相关法律有技术合同法、劳动法、计算机软件著作权登记办法、技术引进合同管理条例、国家秘密技术出口审查暂行规定、反不正当竞争法、民法通则、保密法、安全法以及刑法。

任务3 遵守学术规范

视频
学术规范

1. 学术规范的含义

学术规范是指学术共同体根据学术发展规律参与制定的，有关各方共同遵守的，有利于学术积累和创新的各种准则和要求，是整个学术共同体在长期学术活动中的经验总结和概括。

学术规范涉及学术研究的全过程，学术活动的各方面，包括学术研究、学术评审、学术批评、学术管理等。学术规范包括学术研究中的具体规则，如文献的合理使用规则，引证标注规则，立论阐述的逻辑规则等，也包括制度、道德层面高层次的规范，如学术制度规范、学风规范等。

学术规范是学术界制定的具有约束性的条款，其核心是倡导做真学问，倡导尊重学术、崇尚严谨、追求真理的良好风尚，规范人员的科研行为和学术活动，维护学术诚信，促进学术交流与学术创新。

我国十分重视学术规范与学术道德建设。教育部在2002年通过了《关于加强学术道德建设的若干意见》，就端正学术风气，加强学术道德建设，提出了5条基本要求和6条应采取的切实措施。后续国家逐步发布了《国务院学位委员会关于在学位授予工作中加强学术道德和学术规范建设的意见》《高等学校科学技术学术规范指南》《关于进一步加强科研诚信建设的若干意见》等文件，营造诚实守信、追求真理、崇尚创新、鼓励探索、勇攀高峰的良好氛围，坚持无禁区、全覆盖、零容忍，严肃查处违背学术规范要求的行为。我国各类院校和研究机构在国家相关规定基础上制定了学术规范制度，明确了基本行为规范、学术道德规范、学术研究规范、学术评价制度、学术惩处机制等。

2. 学术规范的内容

一般认为，学术规范包含学术道德规范、学术法律规范和学术技术规范三个部分。

（1）学术道德规范

学术道德规范是人们在学术研究活动时所遵循的道德规范和行为准则。它是指导研究者在学术研究活动中正确处理人与自然、人与人、个人与社会、个人与国家等关系的行为规则，也是判断学术研究活动正邪善恶的准则。其主要内容包括：献身科学、服务社会；实事求是、坚持真理；尊重他人的劳动和权益；客观公正地进行学术评价；尊重前辈、提携后学等。

（2）学术法律规范

学术法律规范是指学术活动中必须遵循的国家法律法规的要求，是规范学术行为和学术主体行为的"刚性"标准。学术法律规范分散在著作权法、专利法、保密法、统计法、出版管理条例等法律法规和其他系列文件中，例如：

① 必须遵守《中华人民共和国保守国家秘密法》，对学术成果中涉及国家机密等不宜公开的重大事项，均应严格执行审批制度，审核批准后才可公开出版（发表）。

② 不得借学术研究以侮辱诽谤方式，损害公民法人的名誉。

③ 按照《中华人民共和国统计法》的规定，必须对属于国家机密的统计资料进行保密，在学术研究及学术作品中使用的标准目录，图表，公式，注释，参考文献数字计量单位等时应遵守相关法律法规的规定。

④ 必须遵守《中华人民共和国著作权法》（以下简称《著作权》法），特别应该注意以下几点：合作创作的作品，其版权由合作者共同享有；未参加创作不可在他人作品上署名，不允许剽窃抄袭他人作品；禁止在法定期限内一稿多投；合理使用他人作品的有关内容。

（3）学术技术规范

学术技术规范主要是指在以学术论文、著作为主要形式的学术创作中，必须遵守的行为准则或相关标准，包括国内外有关文献编写与出版的标准、法规文件等。学术技术规范侧重于在操作层面，着眼点在于让学术主体在开展研究和成果呈现过程中做得更准确，有效避免错误，保障研究结果的科学性和可信性，从而提高技术研究质量、维护和优化学术活动秩序，保障和促进学术资源的传播和有效利用。学术技术规范可以理解为是学术研究自我纠偏的一种机制。这对于专业分工越来越细、始终探索未知的领域的学术研究来说，是非常必要的。

学术技术规范主要包括学术论文写作规范、学术评价规范、学术批评规范和学术引用规范。其中学术专著、学术论文、学位论文、研究报告等学术成果的编写应符合国家标准局发布的《科学技术报告、学位论文和学术论文的编写格式》的规定，文中参考文献的著录应符合国家《信息与文献 参考文献著录规则》（GB/T7714—2015）要求。

3. 违背学术规范的行为界定

在涉及学术不良行为时，一般有学术不端、学术不当、学术腐败三种界定。

（1）学术不端

学术不端是指在学术研究过程中出现的违背科学共同体的行为规范、弄虚作假、抄袭剽窃或其他违背公共行为准则的情况。学术不端是明知故犯，企图不劳而获，或少劳多获使自己的利益最大化。

视频

学术行为规范

学术不端行为的表现主要有：

① 抄袭、剽窃、侵吞他人学术成果。包括：不注明出处，故意将已发表或他人未发表的学术成果作为自己的研究成果发表；以翻译或直接改写的方式，将外文作品作为自己作品的内容予以发表；将他人的学术观点、思想或成果冒充为自己原创；故意省略引用他人成果的事实，使人们误将其作品视为原创作品；故意一稿多投、重复发表，情节严重，造成较大不良社会影响的行为；等等。

② 伪造、篡改数据、图片和文献，或捏造事实。包括：虚构、篡改实验数据、图片或结果误导审稿人和读者，或故意舍去部分数据，造成错误结论；在项目申请、成果申报、成果推广、求职、履历和提职申请中做虚假陈述，提供各种伪造证书、论文发表证明、文献引用证明等；篡改他人学术成果，伪造注释；参与他人的学术造假活动及对他人揭发、查处学术不端行为进行打击报复等。

③ 未参加研究或创作而在研究成果、学术论文上署名，未经他人许可而不当使用他人署名，虚构合作者共同署名，或者多人共同完成研究而在成果中未注明他人工作、贡献。

④ 在申报课题、成果、奖励和职务评审评定、申请学位等过程中提供虚假学术信息。

⑤ 买卖论文、由他人代写或者为他人代写论文。

（2）学术不当

学术不当行为是指因缺乏严谨治学态度或因知识缺乏而造成的过失，违反了一般学术规范，虽不属于造假、篡改、抄袭、剽窃等学术不端行为，但在学术活动中损害他人合法利益或造成一定不良后果的行为。

学术不当行为的表现主要有：

① 不当科研行为。包括：不当使用科研信息，如未经授权，将审阅稿件、项目申请书等文件时获取的信息、他人未公开作品或研究计划等发表、透露给第三方或为己所用；不如实披露自己所发表的学术科研成果已知的瑕疵、缺陷或副作用；夸大有关学术成果的意义和作用；不当使用数据；违反科学规则的行为。

② 不当的同行关系。包括：不当署名，如署名者不当获取与其在学术活动中的实际贡献不相称的荣誉或利益，或违背所有当事人自愿或事先达成的约定署名，或故意将对某学术活动和科学研究工作做出实质性贡献的人不予署名，以及利用自身的职务、地位或其他影响力无理要求作者同意共同署名等；采用不正当手段干扰和妨碍他人研究活动；基于直接、间接或潜在的利益冲突对他人的学术成果做出不客观、不准确、不公正的评价。

③ 非故意而导致的一稿多投和重复发表。同一人将内容完全相同或高度相似的成果发表在两个或多个期刊上，后发表的成果没有引用前面的成果，且没有就重复发表做出说明即可认定为一稿多投。

（3）学术腐败

学术腐败主要是指个体凭借权力为自己谋求学术利益及其他利益，主要包括涉案者在成果评奖、项目评审、申请科研项目、论文答辩、学位授予、职称晋升、论文发表、著作出版等各种学术活动中的以权谋私。学术腐败的最大特征是利用权力进行运作。

4. 高校学生应遵守学术规范

对高校学生而言，由于缺乏关于学术规范方面的常识和受一些不正当利益的诱惑，在学习、研究过程中的学术不当、学术不端行为包括：抄袭、剽窃、侵吞他人学术成果，伪造或篡改数据文献捏造事实，篡改他人学术成果，不当署名，一稿多投，一个学术成果多篇论文发表，参考文献使用和著录不规范，雇人或自己充当"枪手"写论文等。

教育部于2009年发布了《教育部关于严肃处理高等学校学术不端行为的通知》（教社科〔2009〕3号）。各院校和研究机构也建立了相应的学术规范管理制度、学术不端行为调查处理规程等，建立健全学术委员会的工作机构，调查评判处理学术不端行为，以培育优良的学风，倡导严谨规范的学术行为，营造良好的学术环境。国内外也有较成熟的论文检测系统，从技术上进行防范。而作为个人，我们要遵纪守法，秉持科学精神，遵循相应学科的不同要求和学术共同体约定俗成的专业惯例，遵循良好的科学实践活动规范和道德标准。

任务4　遵守信息发布和利用过程中的行为规范

1. 著作权的合理使用与法定许可

在知识产权相关保护条例中有"合理使用"的条款，通过"合理使用"条款，可以让大众在最大范围内利用作品创作出更多的新作品，促进社会更好的发展，因此"合理使用"制度已成为各国著作权法中通行的制度。我国《著作权法》明确规定了"著作权限制"制度，即指民事主体可以在法律规定的范围内，不经著作权人许可而利用其作品或受相关权保护之对象，且不构成侵权的制度。

（1）合理使用

合理使用是指著作权人以外的主体，在法律规定的情形下，可以不经著作权人许可，不向著作权人支付报酬而使用作品的制度。在法定合理使用情形下，应当指明作者姓名或者名称、作品名称，并且不得影响该作品的正常使用，也不得不合理地损害著作权人的合法权益。我国《著作权法》规定的合理使用情形有：

① 为个人学习、研究或者欣赏，使用他人已经发表的作品。

② 为介绍、评论某一作品或者说明某一问题，在作品中适当引用他人已经发表的作品。

③ 为报道新闻，在报纸、期刊、广播电台、电视台等媒体中不可避免地再现或者引用已经发表的作品。

④ 报纸、期刊、广播电台、电视台等媒体刊登或者播放其他报纸、期刊、广播电台、电视台等媒体已经发表的关于政治、经济、宗教问题的时事性文章，但著作权人声明不许刊登、播放的除外。

⑤ 报纸、期刊、广播电台、电视台等媒体刊登或者播放在公众集会上发表的讲话，但作者声明不许刊登、播放的除外。

⑥ 为学校课堂教学或者科学研究，翻译、改编、汇编、播放或者少量复制已经发表的作品，供教学或者科研人员使用，但不得出版发行。

⑦ 国家机关为执行公务在合理范围内使用已经发表的作品。

⑧ 图书馆、档案馆、纪念馆、博物馆、美术馆、文化馆等为陈列或者保存版本的需要，复制本馆收藏的作品。

⑨ 免费表演已经发表的作品，该表演未向公众收取费用，也未向表演者支付报酬，且不以营利为目的。

⑩ 对设置或者陈列在公共场所的艺术作品进行临摹、绘画、摄影、录像。

⑪ 将中国公民、法人或者非法人组织已经发表的以国家通用语言文字创作的作品翻译成少数民族语言文字作品在国内出版发行。

⑫ 以阅读障碍者能够感知的无障碍方式向其提供已经发表的作品。

⑬ 法律、行政法规规定的其他情形。

此外，对与著作权有关的权利（邻接权）的限制同样适用上述规定。

（2）法定许可

法定许可是指著作权人以外的主体，在法律规定的情形下，可以不经著作权人许可使用其作品，但需要向著作权人支付报酬的制度。我国《著作权法》及相关法律规定的法定许可情形有：

① 教科书编写的法定许可。为实施义务教育和国家教育规划而编写出版教科书，可以不经著作权人许可，在教科书中汇编已经发表的作品片段或者短小的文字作品、音乐作品或者单幅的美术作品、摄影作品、图形作品，但应当按照规定向著作权人支付报酬，指明作者姓名或者名称、作品名称，并且不得侵犯著作权人依照本法享有的其他权利。

② 报刊转载的法定许可。著作权人向报社、期刊社投稿的，作品刊登后，除著作权人声明不得转载、摘编的外，其他报刊可以转载或者作为文摘、资料刊登，但应当按照规定向著作权人支付报酬。

③ 音乐作品的法定许可。录音制作者使用他人已经合法录制为录音制品的音乐作品制作录音制品，可以不经著作权人许可，但应当按照规定支付报酬；著作权人声明不许使用的不得使用。

④ 广播电台、电视台播放已发表作品的法定许可。广播电台、电视台播放他人已发表的作品，可以不经著作权人许可，但应当按照规定支付报酬。但播放视听作品需要取得视听作品著作权人的许可，播放录像制品需取得录像制作者、著作权人的许可。

⑤ 制作课件的法定许可。《信息网络传播权保护条例》规定，为通过信息网络实施九年制义务教育或者国家教育规划，可以不经著作权人许可，使用其已经发表作品的片段或者短小的文字作品、音乐作品或者单幅的美术作品、摄影作品制作课件，由制作课件或者依法取得课件的远程教育机构通过信息网络向注册学生提供，但应当向著作权人支付报酬。

（3）发行权权利穷竭

著作权权利穷竭是指以销售方式将原作品原件或复制件投放市场后，任何人可不经著作权人许可，且不必向著作权人支付报酬，而继续发行销售该作品原件或复制件，不构成侵权。著作权穷竭，不意味着著作权权利的消灭，而是指著作权人对已经合法流入市场的作品原件或复制件的发行权的用尽。

2. 计算机软件的合法使用

1991年我国颁布了《计算机软件保护条例》（以下简称《条例》），2013年3月发布了最新修订版。《条例》分总则、软件著作权、软件著作权的许可使用和转让、法律责任、附则5章33条，对软件实施著作权法律保护做了具体规定。《条例》规定"为了学习和研究软件内含的设计思想和原理，通过安装、显示、传输或者存储软件等方式使用软件的，可以不经软件著作权人许可，不向其支付报酬"。对于软件的使用，有下列侵权行为的，将根据情况，承担民事责任或依法追究刑事责任。

① 在他人软件上署名或者更改他人软件上的署名的。

② 未经软件著作权人许可，修改、翻译其软件的。

③ 复制或者部分复制著作权人的软件的。

④ 向公众发行、出租、通过信息网络传播著作权人的软件的。

⑤ 故意避开或者破坏著作权人为保护其软件著作权而采取的技术措施的。

⑥ 故意删除或者改变软件权利管理电子信息的。

⑦ 转让或者许可他人行使著作权人的软件著作权的。

就日常生活中使用软件而言，对于免费软件，我们可以直接使用；对于需要付费或授权使用的软件，我们应通过正当的渠道获得授权，而不是使用盗版软件、破解软件。

3. 数字文献信息资源的合理使用

目前，高校基本都会购买一定数量的电子资源，用以辅助师生的学习、教学和科研，如CNKI（中国知网）、维普、万方、超星电子图书、SCI（科学引文索引）等数据库。虽然高校购买了这些数据库，但不意味着高校师生可以用任意的方式使用数据库的资源，师生应遵守与数据库提供商签订的服务协议，保护数字文献资源版权所有者的知识产权，规范对网络数据库的使用行为。

一般而言，用户对数字文献资源进行检索、阅读、打印、下载并存储到个人计算机供个人研究学习使用；或将少量检索结果，下载并组织到教学资料包中，作为教学参考资料使用。这些行为属于合理的使用范围。

但有些行为超出了合理使用范围，可能造成有关IP范围内中断甚至终止对网络数据库的访问权和使用权，因此对电子资源的使用一般有以下规定：

① 严禁使用网络批量下载工具对网络数据库进行自动检索和下载。

② 严禁连续、系统、集中、批量地下载电子资源。各出版商对"超量下载"的界定并不一致，一般出版商认为，如果超出正常阅读速度下载文献就视为"超量下载"。

③ 严禁将下载的电子资源以公共方式提供给非授权用户使用。

④ 严禁私自设置代理服务器为非授权用户提供阅读或下载电子资源的服务。

⑤ 严禁在使用用户名和口令的情况下，有意将自己的用户名和口令在相关人员中散发、或通过公共途径公布。

⑥ 严禁利用获得的文献资料进行非法牟利，如直接利用网络数据库对非授权单位提供系统的服务，进行商业服务或支持商业服务；直接将电子资源汇编生成二次产品，提供公共或商业服务等。

⑦ 用户有义务妥善保管个人网络账号及计算机（服务器），如出现账号被盗、计算机受攻击等情况而造成了电子资源的违规使用，用户将承担相应责任。

任何违规行为和非合理使用情况一经发现，数据库提供商和院校将对该行为进行调查，并对违规当事人进行处理，由此引起的一切法律后果由违规当事人自负。

4. 个人网络行为规范

针对众多网络安全问题，除了采取必要的技术防范措施，还应该从自身出发，规范网络行为，提高安全意识，保障个人的信息安全。就个人网络行为规范，提出以下几点建议：

① 不随意打开来历不明的电子邮件、程序或文件，如木马程序就需要用户运行才会打开。

② 尽量不从陌生的网站下载软件或游戏，下载的文件应该使用杀毒软件进行扫描，避免感染病毒。

③ 及时更新系统补丁程序，特别是网络病毒爆发的高峰期。

④ 个人计算机密码应定期更换，并采用字母、数字、符号的混排。

⑤ 杀毒软件要定期更新特征库并确保是开启状态，保证能第一时间发现新出现的病毒。

⑥ 对于重要的个人数据应做好保护，并养成数据备份的习惯。

⑦ 在浏览器中，可以选择私人浏览模式和"不要跟踪"选项尽量避免隐私被侵犯。

⑧ 遵守网络活动相关的法律法规。

⑨ 遵守网络社交礼仪，慎用讽刺类语言，慎用争议大的表情或者文字，发表评论和转发信息要慎重，拒绝网络暴力。

思考练习

1. 下列属于信息素养要素的是（　　　）。
   A. 信息意识　　B. 信息评价　　C. 信息能力
   D. 信息道德　　E. 信息知识

2. 信息道德品质包括（　　）。
   A. 信息获得的道德规范　　　　　　B. 信息生产的道德规范
   C. 信息运用的道德规范　　　　　　D. 信息传播的道德规范
3. 提高个人信息素养的说法正确的是（　　）。
   A. 了解信息技术的基本理论、知识和方法，了解现代信息技术在自己专业领域应用的基本知识
   B. 掌握计算机、互联网的基本使用，具备基本的日常学习、办公应用的信息技术处理能力，能解决工作、学习及生活中常见的问题
   C. 善于挖掘有用信息和浓缩有效信息，培养对信息内容进行深层加工的能力，培养对信息去伪存真、去粗取精的能力
   D. 掌握调查分析方法，独立思考，正确评价信息，应用信息

单元 6

信息技术与生活

引言

2005年左右迎来了世界信息产业革命第三次浪潮和第四次工业革命，至此以移动互联网、云计算、大数据、物联网、人工智能为代表的新一轮信息技术革命蓬勃兴起，这些技术的融合发展，让我们现在正进入一个计算无处不在、软件定义一切、网络包容万物、连接触手可及、宽带永无止境、智慧点亮未来的新时代，新一代信息技术广泛渗透于经济各个领域，推动社会信息化的不断发展。

内容结构图

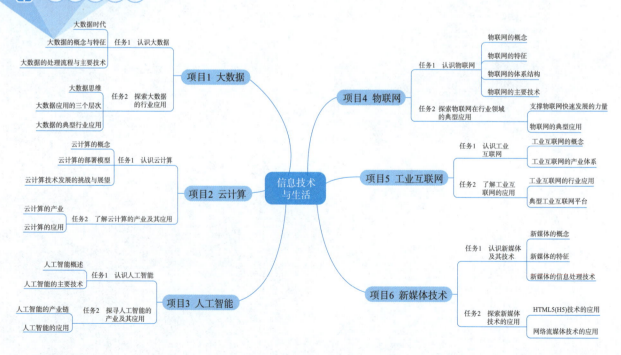

学习目标

通过了解新一代信息技术及其在各个领域的典型应用，达到如下学习目标：

- 掌握大数据的概念、特征，了解大数据的主要技术，大数据在行业的典型应用，理解大数据思维。
- 掌握云计算的概念、特征、服务模式等，了解云计算的关键技术、部署模型，初步了解云计算产业及其在行业的典型应用。
- 掌握人工智能的概念，了解其发展和主要技术，初步了解人工智能产业链及其主要应用领域。
- 掌握物联网的概念，理解其体系结构，了解其主要技术和在行业领域的典型应用。
- 掌握工业互联的概念，了解其产业体系、行业应用、了解典型工业互联网平台解决方案及应用。
- 掌握新媒体的概念、特征，了解其主要技术和应用情况。

项目1 大数据

项目引入	在信息化3.0阶段，数据已成为继物质、能源之后的又一种重要战略资源。大数据已成为人类认知复杂系统的新思维、新手段，成为促进经济转型与增长的新引擎。
项目分析	通过学习大数据的概念、4V特征、处理流程和主要技术认知大数据技术；从应用层面，了解大数据带来的思维变革、大数据的应用层次，探索大数据技术在行业的典型应用。
项目目标	☑ 了解大数据的时代背景； ☑ 掌握大数据的概念和特征； ☑ 了解大数据的处理流程与主要技术； ☑ 了解大数据带来的思维变革； ☑ 初步熟悉大数据的应用层次及在一些行业的典型应用。

任务1 认识大数据

1. 大数据时代

（1）数据与大数据时代

人类社会经历了三次工业革命，从蒸汽时代、电气时代、到信息时代，已经发展了半个多世纪的信息技术到现在开始进入了信息、数据爆炸时代。近年，随着云计算、大数据、物联网、人工智能等信息技术的快速发展和传统产业数字化的转型，数据量呈现几何级增长，各种数据产生速度之快，产生数量之大，已远远超出人类可以控制的范围，"数据爆炸"成为大数据时代的鲜明特征。

根据国际机构 Statista 的统计和预测，2020 年全球数据产生量估计达到 47ZB（1ZB=10 的 12 次方 GB）中国海量数据的数据量年均增速超过 50%，中国的数据产生量约占全球数据产生量的 20%，成为数据量最大、数据类型最丰富的国家之一。据预测，到 2022 年，我国大数据产业规模有望突破 10 000 亿元。根据国际数据公司（IDC）发布的《数据时代 2025》显示，预计 2025 年全球每年产生的数据将增长到 175 ZB。

（2）在大数据时代数据的本质是生产资料和资产

信息技术及其在社会经济生活各层面的多场景、多领域的应用，使得数据的价值不断增加。人们已经深刻认识到数据不再是社会生产的"副产物"，而是可被二次乃至多次加工的原料，从中可以探索更大价值。由此，数据成为继物质、能源之后的又一种重要战略资源，大数据也被喻为"未来的新石油"。

视频

认识大数据

在大数据时代，数据是应用新一代信息技术（如物联网、人工智能等）构建用户体验和服务的核心。每个人及设备都是数据的生产者，也是数据的使用者。大数据为人们提供了一个前所未有的观测世界的角度，改变着人类的生活以及人们理解世界的方式，也需要人类研发新的处理模式才能使大数据成为具有更强的决策力、洞察发现力和流程优化能力的海量、高增长率和多样化的信息资产。

2. 大数据的概念与特征

（1）大数据的概念

从字面来看，大数据（Bigdata）是一种规模大到在获取、存储、管理、分析方面大大超出传统数据库软件工具能力范围的数据集合。从技术角度，在 IT 业界，大数据是指数据本身和为了实现数据价值而涉及的工具、平台和系统的集合。

（2）大数据的 4V 特征

关于大数据的"大"，业界认同"4V"的说法，即：Volume（海量的数据规模）、Velocity（数据产生与处理快速）、Variety（数据类型繁多）和 Value（价值高且密度低），常被简称为大数据的 4V 特征，如图 6-1 所示。

图 6-1　大数据的 4V 特征

① Volume（海量的数据规模）。一般大数据是以 PB、EB、ZB 为单位进行计量。典型个人计算机硬盘的容量为 TB 量级（1 TB=1 024 GB），目前人类生产的所有印刷材料的数据量约为 200 PB（1 PB=1 024 TB），历史上全人类说过的所有话的数据量约为 5 EB（1 EB=1 024 PB），而 2019 年全球数据量已达 41 ZB，预计 2025 年将达到 175 ZB。

② Velocity（数据产生与处理快速）。大数据的增长速度快，有的数据是爆发式产生。例如，2019 年天猫"双 11"交易峰值每秒达到 54.4 万笔，仅 96 s 总成交额便超过 100 亿元。有的数据虽是涓涓细流式产生，但是由于用户众多，短时间内产生的数据量依然非常庞大，例如点击流、日志、射频识别数据、GPS（全球定位系统）位置信息。

大数据的处理速度快，数据处理要求达到秒级响应，即"1 秒定律"，对于大数据应用而言, 1 秒是临界点，必须要在 1 秒钟内形成答案，否则处理结果就是过时和无效的。大数据是一种以实时数据处理、实时结果导向为特征的解决方案，快速的实时数据流处理是大数据应用与传统数据仓库技术、BI 技术的关键差别之一。

③ Variety（数据类型繁多）。大数据的数据类型、数据格式丰富，包括结构化数据、半结构化和非结构化数据。

- 传统的结构化数据主要指使用关系型数据库表示和存储的二维表形式的数据。结构化数据的一般特点是：数据以行为单位，一行数据表示一个实体的信息，每一行数据的属性是相同的，它们的存储和排列是很有规律的。
- 半结构化数据是介于完全结构化数据（如关系型数据库、面向对象数据库中的数据）和完全非结构的数据（如声音、图像文件等）之间的数据，它并不符合结构化数据的模型结构，但包含相关标记，用来分隔语义元素以及对记录和字段进行分层，因此也被称为自描述的结构。

HTML 文档就属于半结构化数据。它一般是自描述的，数据的结构和内容混在一起，没有明显的区分。

- 非结构化数据是数据结构不规则或不完整，没有预定义的数据模型，不方便用数据库二维逻辑表来表现的数据。非结构化数据的格式非常多样，标准也是多样的，所有格式的办公文档、文本、图片、各类报表、图像、音频、视频等都是非结构化数据，这类信息我们通常无法直接知道它的内容。在技术上，非结构化数据更难标准化和理解。

大数据中，传统的结构化数据占 10% 左右，90% 是半结构化和非结构化的数据。此外，数据的来源众多，企业内部多个应用系统的数据、互联网和物联网的兴起，带来了微博、社交网站、传感器等多种来源。数据间频繁交互使得数据间的关联性增强，例如，游客在旅行途中上传的图片和日志就与游客的位置、行程等信息有了很强的关联性。这些数据的多样性，均对数据处理和分析技术提出了新的挑战。

④ Value（价值高且密度低）。在大数据时代，很多有价值的信息都分散在海量数据中。以小区监控视频为例，如果没有意外发生，则连续不断产生的数据都是没有价值的；当发生意外情况的时候，也只有记录了事件过程的那一小段视频才有价值。但是为了能获这一小段有价值的视频，需要投入大量的资金购买监控设备、网络设备、存储设备等，并耗费大量的电能和存储空间，以保存摄像头连续不断传来的监控数据。这样做需要投入大量的经费、资源和人力，但是带来的效益可能会比投入低很多，从这一点来讲，大数据的价值密度是较低的。

在海量数据中挖掘稀疏但珍贵的数据价值恰似沙里淘金，但挖掘出数据的价值，支持决策的进行是大数据技术的根本目的，也是大数据技术需要解决的终极问题。

3. 大数据的处理流程与主要技术

大数据处理流程主要包括数据获取与预处理、数据存储与管理、数据计算与处理、数据分析与可视化、数据应用等环节，如图 6-2 所示。大数据的信息安全贯穿于整个大数据流程，每个数据处理环节都会对大数据质量产生影响。

图 6-2　大数据的处理流程

① 数据收集与预处理。一个大数据项目的数据源会来自本单位的内部 IT 系统和历史遗留数据、行业和政府数据、互联网数据、物联网数据等。对于从互联网上采集数据利用的是网络爬虫技术；而从其他数据源，包括本单位的内部 IT 系统数据、行业数据等，本质上是在数据库层面或软件应用层面进行数据采集。

这些采集来的数据包括同构或异构的数据库、文件系统、服务接口等，易受到噪声数据、数据值缺失、数据冲突等影响，因此需首先对收集到的大数据集合进行预处理，从而提高大数据的数据采集质量，以保证大数据分析与预测结果的准确性与价值性。

② 数据存储与管理。对需要处理的数据，要采用合适的数据库技术进行高效的存储与管理。传统的关系型数据库已不能满足大数据处理的需要。新兴的数据存储技术应运而生，如基于 Hadoop 平台的分布式文件系统 HDFS、分布式数据库 HBase、非关系数据库 NoSQL、云数据库等。未来的发展将集中在超大规模的数据存储、数据加密和安全性保证以及继续提高 I/O 速率等方面。

③ 数据处理与分析。数据分析是大数据处理与应用的关键环节，它决定了大数据集合的价值性和可用性，以及分析预测结果的准确性。因此，应根据大数据应用情境与决策需求，选择合适的数

据分析技术，提高大数据分析结果的可用性、价值性和准确性质量。针对大数据处理的主要计算模型有Hadoop平台的MapReduce分布式计算框架、Spark分布式计算框架、Storm分布式流计算系统等。

④ 数据可视化。数据可视化是指将大数据分析与预测结果以计算机图形或图像的直观方式显示给用户的过程，并可与用户进行交互式处理。数据可视化技术有利于发现大量业务数据中隐含的规律性信息，以支持管理决策；数据可视化可大大提高大数据分析结果的直观性，便于用户理解与使用，因此数据可视化是影响大数据可用性和易于理解性质量的关键因素。

⑤ 数据应用。大数据应用是指将经过分析处理后挖掘得到的大数据结果应用于管理决策、战略规划等的过程，它是对大数据分析结果的检验与验证，大数据应用过程直接体现了大数据分析处理结果的价值性和可用性。

⑥ 大数据的信息安全。大数据处理过程中，信息安全技术面对极大的挑战与考验，包括大数据基础设施安全威胁、大数据存储安全威胁、隐私泄露问题、针对大数据的高级持续性攻击、数据访问安全威胁以及其他安全威胁等。此外，也需要相应的监管条例来管控数据的使用，避免数据滥用造成的严重后果。

任务2　探索大数据的行业应用

1. 大数据思维

2012年，牛津大学教授维克托·迈尔-舍恩伯格(Viktor Mayer-Schnberger)在其畅销著作《大数据时代(Big Data: A Revolution That Will Transform How We Live,Work,and Think)》中指出，数据分析将从"随机采样""精确求解""强调因果"的传统模式演变为大数据时代的"全体数据""近似求解""只看关联不问因果"的新模式，从而引发商业应用领域对大数据方法的广泛思考与探讨。

大数据思维的核心是理解数据背后的价值，并通过对数据的深度挖掘去创造价值。因此，大数据时代已促使人们的思维方式发生了深刻的转变，可以归纳为从样本思维向总体思维转变、从精确思维向容错思维转变、从因果思维向相关思维转变，具体如下：

① 总体思维。相比于小数据时代，大数据时代的数据收集、存储、分析技术有了突破性发展，因此更强调数据的多样性和整体性改变，人们的思维方式只有从样本思维转向总体思维，才能更加全面、系统地洞察事物或现实的总体状况。

② 容错思维。随着大数据技术的不断突破，对于大量的异构化、非结构化的数据进行有效存储、分析和处理的能力不断增强。在不断涌现的新情况里，在能够掌握更多数据的同时，不精确性的出现已经成为一个新的亮点。人们的思维方式要从精确思维转向容错思维。

③ 相关思维。大数据技术通过对事物之间线性的相关关系以及复杂的非线性相关关系的研究与分析，更深入地挖掘出数据的潜在信息。这些认知与洞见就可以帮助人们掌握以前无法理解的复杂技术和社会动态，帮助人们捕捉现在和预测未来。

2. 大数据应用的三个层次

按照数据开发应用深入程度的不同，可将众多数据应用分为三个层次。

第一层，描述性分析应用，是指从大数据中总结、抽取相关的信息和知识，帮助人们分析发生了什么，并呈现事物的发展历程。如美国的DOMO公司从其企业客户的各个信息系统中抽取、整合数据，再以统计图表等可视化形式，将数据蕴含的信息推送给不同岗位的业务人员和管理者，帮助其更好地了解企业现状，进而做出判断和决策。

第二层，预测性分析应用，是指从大数据中分析事物之间的关联关系、发展模式等，并据此对事物发展的趋势进行预测。如微软公司纽约研究院研究员David Rothschild通过收集和分析赌博市场、好莱坞证券交易所、社交媒体用户发布的帖子等大量公开数据，建立预测模型，对多届奥斯卡奖项的归属进行预测。2014 和 2015 年，均准确预测了奥斯卡共 24 个奖项中的 21 个，准确率达 87.5%。

第三层，指导性分析应用，是指在前两个层次的基础上，分析不同决策将导致的后果，并对决策进行指导和优化。如无人驾驶汽车分析高精度地图数据和海量的激光雷达、摄像头等传感器的实时感知数据，对车辆不同驾驶行为的后果进行预判，并据此指导车辆的自动驾驶。

一般而言，人们做出决策的流程通常包括：认知现状、预测未来和选择策略这三个基本步骤。这些步骤也对应了上述大数据分析应用的三个不同类型。不同类型的应用意味着人类和计算机在决策流程中不同的分工和协作。

当前，在大数据应用的实践中，描述性、预测性分析应用较多，决策指导性等更深层次分析应用偏少。虽然应用层次最深的决策指导性应用当前已在人机博弈等非关键性领域取得较好应用效果，但是，在自动驾驶、政府决策、军事指挥、医疗健康等领域应用价值更高，且在与人类生命、财产、发展和安全紧密关联的领域要真正获得有效应用，仍面临一系列待解决的重大基础理论和核心技术挑战。在此之前，人们还不敢，也不能放手将更多的任务交由计算机大数据分析系统来完成。这也意味着大数据应用仍处于初级阶段。未来，随着应用领域的拓展、技术的提升、数据共享开放机制的完善，以及产业生态的成熟，具有更大潜在价值的预测性和指导性应用将成为发展的重点。

3. 大数据的典型行业应用

如今大数据在各行各业中得到深度应用，为国民经济的快速发展贡献出重要作用。例如，在物流行业，利用大数据优化物流网络，可以极大提高物流效率，降低物流成本；在电子商务领域，大数据可以为用户更准确地进行商品推荐和针对性地投放广告。大数据技术的广泛应用不但促进了行业的发展，也影响到了每个人的生活，为人们提供更加便捷、周到的个性化服务。

（1）企业营销大数据应用

精准营销是大数据可以助力企业的业务运营、改进产品的主要方式之一。例如，某护肤品牌与电商平台开展了一次基于大数据的精准营销活动。其一，确定目标用户群是精准营销的基础。电商平台通过分析其老用户的消费行为和护肤品阅览的大数据，使用用户画像数据分析、用户行为数据分析等方法，确定购买用户的标签属性（如：25~35 岁，女性，月均消费以 1 000~3 000 元为主，月均销售笔数在 20 笔以上居多等），推演并找到新客户群用户特征，进而对用户进行精准的营销触达，提高广告点击转化率和订单定金下单率。其二，策划店铺大促销活动时，根据历史营销策略表现，制定实验进行数据分析，找到合适的时间、地点、产品、方式，这是精准营销的关键点。其三，利用数据分析给出销售预测、库存预警、口碑监测等，这是精准营销的保障。销售预测等可以在营销前期进行机器学习的预测等，对于库存预警或者是口碑检测这类实时监控可以用一些数据大屏进行，例如现场实时监控等。数据显示，营销活动效果大大超出了该品牌企业的预期。

又如，有的零售企业通过监控客户在店内的走动情况以及与商品的互动，并对这些数据与交易记录进行分析，从而在销售哪些商品、如何摆放货品以及何时调整售价上给出意见。此方法可帮助企业减少存货，增加高利润率自有品牌商品的比例。

（2）能源行业大数据应用

能源大数据理念是将电力、石油、燃气等能源领域数据进行综合采集、处理、分析与应用的相关技术与思想。不仅是大数据技术在能源领域的深入应用，也是能源生产、消费及相关技术革命与大数据理念的深度融合，将加速推进能源产业发展及商业模式创新。

随着智能电网的发展，电力公司可以利用大数据技术实现用户分布、节点负荷、电网拓扑、电能质量、窃电嫌疑、安全防御、能源消耗等智能电网多个环节进行日常运行监测与协调管理；满足常态下电网信息的实时监测监管、应急状态下协同处置指挥调度的需要。全面提高电力行业管理的及时性和准确性，更好地实现电网安全、可靠、经济、高效运行。

在石油天然气产业，在油气勘探开发的过程中，可以利用大数据分析的方法寻找增长点，利用大数据平台可以帮助炼油厂提高炼化效率，也可帮助下游销售挖掘消费规律，优化库存，确定最佳促销方案。

(3) 制造业大数据应用

麦肯锡研究报告称：制造企业在利用大数据技术后，其生产成本能够降低10%~15%。而大数据技术对制造业的影响远非成本这一个方面。例如：

① 利用源于产品生命周期中市场、设计、制造、服务、再利用等各个环节的数据，制造业企业可以更加精细、个性化地了解客户需求。

② 利用工业大数据提升制造业水平，建立更加精益化、柔性化、智能化的生产系统，包括产品故障诊断与预测、分析工艺流程、改进生产工艺、优化生产过程能耗、工业供应链分析与优化、生产计划与排程，帮助制造商在更短的时间内制造出高质量的产品。

③ 大数据让制造商能够创造包括销售产品、服务、价值等多样的商业模式，预测未来的需求，实现从应激式到预防式的工业系统运转管理模式的转变，能够及时生产和供货，最终带来更高的利润。

我国制造业位居世界第一，却大而不强，企业创新能力不足，高端和高价值产品欠缺，在国际产业分工中处于中低端。因此，大力推动制造业大数据应用的发展，对产业升级转型至关重要。

(4) 大数据在其他一些行业的应用概况

① 金融领域。大数据在高频交易、社交情绪分析和信贷风险分析三大金融创新领域发挥重大作用。大数据技术能够帮助金融机构深入挖掘既有数据，找准市场定位，明确资源配置方向，推动业务创新。又如，在用户画像的基础上，银行可以根据用户的年龄、资产规模、理财偏好等，对用户群进行精准定位，分析出潜在的金融服务需求。

② 医疗领域。医疗部门可以使用其病人记录，通过临床数据对比、实时统计分析、远程病人数据分析、就诊行为分析等，辅助医生进行临床决策，制定合理的治疗方案，规范诊疗路径，使病人能得到更好的治疗，提高医生的工作效率。也可以实现各个医院的病例共享、流行病发病预测、药物作用预测以及个体化的精准医疗等，从而提高对疾病的预防、整治水平和药物使用的安全、有效性，并对药物的研究方向具有重要的指导作用。利用大数据，预防和预测疾病的发生，提高行政管理、人力资源管理和供应管理的效率。

③ 教育产业。通过大数据进行学习分析，能够为每位学生创设一个量身定做的个性化课程，为学生的多年学习提供一个富有挑战性而非逐渐厌倦的学习计划，帮助教育机构利用这些数据来跟踪学生表现的变化。

④ 体育方面。利用大数据分析运动员的赛场表现，在运动器材中植入传感器技术，获得比赛的数据，以此追踪运动员的生活，最终分析得出运动员训练的最好方案。

⑤ 航天领域。航天是大数据应用最早也最成熟，取得成果最多的领域，航天要对尺度远比地球大无数倍的广阔空间进行探索，其总量更多，要求更高。因此，航天大数据不仅具有一般大数据的特点，更要求高可靠性和高价值。能够实现对航天测控设备控制；航天指挥作战体系模拟推演、作战评估；航天作战指挥显示控制航天器数据分析、状态监控。

⑥ 微生物研究。目前，中科院微生物所正在通过研究和开发云环境下微生物数据存储和计算等一系列关键技术，形成完善的微生物数字资源体系、知识发现平台和大数据服务平台，建立具有国际影响力的微生物数据库，实现我国微生物领域数字资源建设的突破。

思考 大数据是万能的吗？

当今社会越来越多的问题，在大数据的处理和分析下迎刃而解。无论是用户喜好、销售变化、市场动态、经济形势，甚至是预测天气、预测交通，都能够即时掌握资讯。但是，大数据真的是神奇且万能的吗？

2014年，麻省理工学院（MIT）出版了《"Raw Data" Is an Oxymoron》，书中提到"数据从来都不可能是原始存在的，因为它不是自然的产物，而是依照一个人的倾向和价值观念被构建出来的。

我们最初定下的采集数据的方法已经决定了数据将以何种面貌呈现出来。数据分析的结构看似公正客观，其实价值选择贯穿了构建到解读的全过程。"可以认为，人们在处理数据时使用的工具和算法都是按照我们给定的逻辑和思路来设计与编写，从最初采集数据的时候，数据就已经被加工过并打上了人工的烙印，因此也就不存在"原始数据"的概念了。由此可见，对于大数据分析与应用来说，分析师、数据库工程师、系统搭建和使用者，任何一个参与分析和研究的人，都在左右着数据对现实反映的"客观性"和"真实性"。

所以，大数据并不是"万能"的，它绝非完全客观地反映现实，也并不能够解决所有的问题。如果过分依赖数据的结果，或者把数据的结果理解成用户的"思想"，就很容易做出错误的判断，甚至曲解用户意图、违背真实规律。

可见大数据也是一把双刃剑，在数据分析过程中，清晰的思维和头脑比任何数据与算法都重要。我们应该做到善用大数据、警惕大数据的"陷阱"，从而做出有价值的分析。

项目 2　云计算

项目引入	云计算是未来数字经济社会最重要的基础设施，是我国"新基建"的核心技术基础。传统企业上"云"、各行业数字化转型及产业互联网发展都将围绕"云"展开。
项目分析	通过学习云计算的概念、特征、服务模式、关键技术、部署模型等认知云计算技术；了解云计算产业生态、云计算在行业的典型应用等进一步加深对云计算技术的认知。
项目目标	☑ 了解云计算发展历程； ☑ 掌握云计算的定义与特征； ☑ 了解云计算的服务模式与关键技术； ☑ 了解云计算的四种部署模型； ☑ 初步熟悉云计算产业生态及在行业的典型应用。

任务1　认识云计算

1. 云计算的概念

云计算并不是革命性的新发展，而是历经数十载不断演进的结果，如图6-3所示。各种企业对IT服务的需求迭代（如支持更大的数据量、更多的用户，降低IT成本、简化IT管理等）以及信息技术中虚拟化技术、网格计算、并行计算等技术的进步，推动了云计算技术的发展，使其成为IT的发展趋势。

视频
云计算

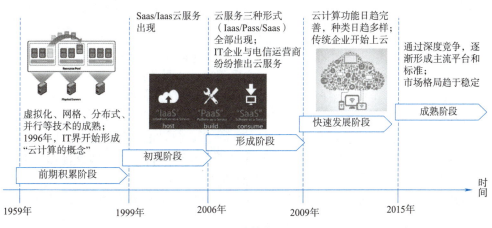

图6-3　云计算发展历程

（1）云计算（Cloud Computing）的定义

"云"是网络、互联网的一种比喻说法，"云"的实质是各地的数据中心，这些数据中心可以动态地提供和分享计算资源。之所以称之为"云"，是因为它在某些方面具有现实中云的特征。云一般比较大，云的规模可以动态伸缩，它的边界是模糊的；云在空中飘浮不定，无法也无须确定它的具体位置，但它又的确存在于某处。"云"中的资源在使用者看来是可以无限扩展的，并且可以随时获取，按需使用，随时扩展按使用量付费。

云计算通过网络"云"（实质是各地的数据中心）将巨大的数据计算处理分布在大量的分布式计算机上，而非本地计算机或远程服务器中，将数据也存储在云端，并向用户提供服务。由此，中小企业不需要购置专门的计算机系统去满足某一应用需求，只需要向云计算中心支付服务费即可获得响应服务；用户能够在任何地点、任何时间使用计算机、手机等终端接入"云"，使用"云"端动态易扩展的、虚拟化的资源，访问所需的应用，按需求进行运算。这样企业可以将有限的资源切换到需要的应用上，显著降低企业运行的成本。

对云计算的定义，普遍认可美国国家标准与技术研究院（National Institute of Standards and Technology，NIST）的定义：云计算是一种按使用量付费的模式，这种模式提供可用的、便捷的、按需的网络访问，进入可配置的计算资源共享池（资源包括网络、服务器、存储、应用软件和服务），能够通过投入很少量的管理工作和与服务供应商进行很少的交互实现计算资源的迅速供给和释放。

可以理解为，云计算作为一种方便灵活的计算模式，用户可通过网络使用计算资源共享池中的资源，用较低的投入和管理成本，实现将各种计算资源迅速地配置和推出。

（2）云计算的特征

云计算作为一种新兴的IT交付方式，采用计算机集群构建数据中心，应用、数据和IT资源通过网络作为标准服务交给用户使用，使得用户可以像使用水、电一样按需购买云计算资源。云计算的特征包括：超大规模云计算集群、虚拟化、高可靠性、通用性、高可扩展性、按需服务、极其廉价等，具体如下：

① 超大规模云计算集群。"云"具有相当大的规模，能赋予用户前所未有的计算能力。Google云计算已经拥有100多万台服务器，Amazon、IBM、微软、Yahoo等的"云"均拥有几十万台服务器。企业私有云一般拥有数百上千台服务器。

② 虚拟化。云计算支持用户在任意位置、使用各种终端获取应用服务。所请求的资源来自"云"，而不是固定的有形的实体。应用在"云"中某处运行，但实际上用户无须了解、也不用担心应用运行的具体位置。只需要一台计算机或者一个手机，就可以通过网络服务来实现需求，甚至包括超级计算这样的任务。

③ 高可靠性。"云"使用了数据多副本容错、计算节点同构可互换等措施来保障服务的高可靠性，使用云计算比使用本地计算机更可靠。

④ 通用性。云计算不针对特定的应用，在"云"的支撑下可以构造出千变万化的应用，同一个"云"可以同时支撑运行不同的应用。

⑤ 高可扩展性。"云"的规模可以动态伸缩，满足应用和用户规模增长的需要。

⑥ 按需服务。"云"是一个庞大的资源池，用户采用自助式服务按需购买，使用云上的应用程序、数据存储、基础设施等资源，像使用自来水、电、天然气那样灵活付费。

⑦ 极其廉价。由于"云"的特殊容错措施可以采用极其廉价的节点来构成云，"云"的自动化集中式管理使大量企业无须负担日益高昂的数据中心管理成本，"云"的通用性使资源的利用率较之传统系统大幅提升，因此用户可以充分享受"云"的低成本优势，经常只用花费几百美元、几天时间就能完成以前需要数万美元、数月时间才能完成的任务。

对用户来说，云计算是一种简单到实用、单位付费、资产变成费用、标准付费、灵活交付的方式，它具备以下几种优势：

① 能降低总体拥有成本。通过计算资源共享及动态分配，提高资产利用率；减少能耗，节能减排，

同时能够减少管理成本。同样，随着用户数量的突然增加，可以增加服务器资源；并且可以减少有限数量用户使用的服务器资源，从而降低其成本。按需配置各种硬件和应用程序。

② 基于使用的支付模式，降低了准入门槛。在云计算模式下，最终用户根据使用了多少服务来付费。这为应用部署到云计算基础架构上降低了准入门槛，让大企业和小公司都可以使用相同的服务。

③ 在处理或存储方面，可以将资源整合在一起，避免重复计算，重复存储。

④ 提高灵活性。系统资源池化能够对应用屏蔽底层资源的复杂度；扩展性和弹性云计算环境具有大规模、无缝扩展的特点，能自如地应对应用使用急剧增加的情况。当原始服务器因任何原因发生故障而停止时，可以检索并运行副本。

（3）云计算的服务模式

从技术方面看，云是一种基础设施，其上搭建了一个或多个框架。虚拟化的物理硬件层提供了一个灵活、自适应的平台，能够提高资源的利用率，并以分层模型体现了云计算概念，如图6-4所示。

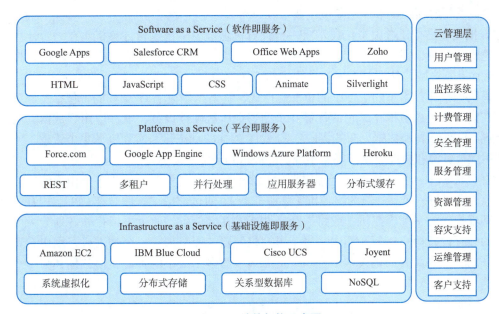

图 6-4　云计算架构示意图

按照提供的服务类型和对象，云计算的服务模式可以分为三大类：IaaS、PaaS 和 SaaS。

① 基础设施即服务，IaaS（Infrastructure-as-a-Service）。IaaS 把厂商的计算机服务器、通信设备、存储设备等组成"云端"基础设施，能够按需向用户提供计算能力、存储能力或网络能力等 IT 基础设施类服务，也就是能在基础设施层面提供的服务。这是一种托管型硬件方式，用户付费使用厂商的硬件设施。它的优点是用户只需低成本硬件，按需租用相应计算能力和存储能力，大大降低了用户在硬件上的开销。目前，主要产品有国内的阿里云、腾讯云、华为云，国外的亚马逊云、微软云等。

② 平台即服务，PaaS（Platform-as-a-Service）。以传统计算机架构中"硬件+操作系统/开发工具+应用软件"的观点来看待，PaaS 提供类似操作系统和开发工具的功能。PaaS 能够给企业或个人提供研发的中间件平台，提供应用程序开发、数据库、应用服务器、试验、托管及应用服务。用户可以在其平台基础上定制开发自己的应用程序并通过其服务器和互联网传递给其他客户。这种方式把开发环境作为一种服务来提供。

通用的 PaaS 平台技术难度高，Google 的 App 引擎，微软的 Azure 是 PaaS 服务的典型代表。随着技术的进一步成熟，有的大公司会同时提供 IaaS 和 PaaS，如阿里巴巴、腾讯、华为等。

③ 软件即服务，SaaS（Software-as-a-Service）。SaaS 是一种通过互联网提供软件服务的软件应用模式。在这种模式下，用户不需要再花费大量投资用于硬件、软件和开发团队的建设，只需要支

付一定的租赁费用，就可以通过互联网享受到相应的服务，而且整个系统的维护也由厂商负责。这种服务模式的优势是，客户不用再像传统模式那样花费大量资金在硬件、软件、维护人员上，而是通过Internet（如浏览器）来使用软件；也不必购买，只需按需租用。这样减少了用户的管理维护成本，可靠性也更高，是网络应用最具效益的营运模式。

随着IaaS服务的成熟，以及网络基础设施的整体提升和移动化办公的趋势，SaaS模式的类型已扩展到销售管理、客服管理、项目管理、OA类、进销存类、财务报销类等职能行业，近乎覆盖了企业级市场"衣食住行"的所有需求。SaaS比PaaS更具有专业性和集成性，典型产品如腾讯的微信平台、在线教育平台"职教云"、用友新一代云ERP等。

（4）云计算的关键技术

云计算融合了多项信息通信技术（Information Communications Technology，ICT）技术，是传统技术"平滑演进"的产物。主要技术包括虚拟化技术、分布式数据存储技术、大规模数据管理技术、分布式编程模式、分布式资源管理、云计算平台管理技术、信息安全、绿色节能技术等。这里仅重点介绍一项最重要的核心技术——虚拟化技术。

所谓虚拟化，是指通过虚拟化技术将一台计算机虚拟为多台逻辑计算机。在一台计算机上同时运行多个逻辑计算机，每个逻辑计算机可运行不同的操作系统，并且应用程序都可以在相互独立的空间内运行而互不影响，从而显著提高计算机的工作效率。

云计算的虚拟化技术不同于传统的单一虚拟化，它是涵盖整个IT架构的，包括资源、网络、应用和桌面在内的全系统虚拟化，它的优势在于能够把所有硬件设备、软件应用和数据隔离开来，打破硬件配置、软件部署和数据分布的界限，实现IT架构的动态化，实现资源集中管理，使应用能够动态地使用虚拟资源和物理资源，提高系统适应需求和环境的能力。

例如在云计算中，将高性能的资源虚拟化为多个低性能的资源以便为多个用户使用，以充分利用这些资源。也可将一个高性能的物理机（如服务器），通过虚拟化软件对其CPU、内存、外存等的配置，将其虚拟化为多个虚拟机；或将一个高性能的存储设备，通过虚拟化软件划分为可供多个虚拟机使用的外存设备等。在云计算中，每个虚拟机配置的资源来自一个物理机，用户看到的是一个逻辑上单一的整体。此虚拟化技术是将一个资源虚拟为多个更小的资源，通常称其为"一变多"的虚拟化技术，如图6-5所示。

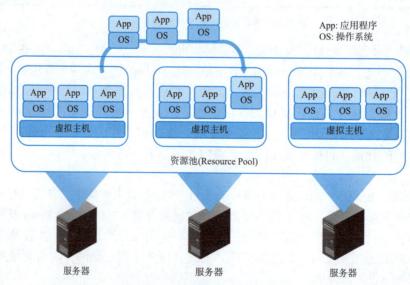

图6-5 服务器虚拟化技术示意图

虚拟化技术使得系统管理员摆脱了大量繁重的与物理服务器、操作系统、中间件及兼容性问题打交道的管理工作，更加专注于应用的管理，为管理员带来了高效、便捷的管理体验，可以动态调度资源，提高了云数据中心的资源利用率，减少了能源消耗。

2. 云计算的部署模型

云计算有 4 种部署模型，分别是私有云、社区云、公有云和混合云，如图 6-6 所示，这是根据云计算服务的消费者来源划分的，即：① 如果一个云端的所有消费者只来自一个特定的单位组织（如华为公司），就是私有云；② 如果一个云端的所有消费者来自两个或两个以上特定的单位组织，就是社区云；③ 如果一个云端的所有消费者来自社会公众，就是公有云；④ 如果一个云端的资源来自两个或两个以上的云，就是混合云。目前绝大多数混合云由企事业单位主导，以私有云为主体，并融合部分公有云资源，也就是说，混合云的消费者主要来自一个或几个特定的单位组织。

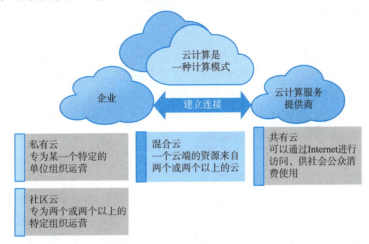

图 6-6　云部署模型示意图

（1）私有云

私有云的核心特征是云端资源只供一个企事业单位内的员工使用，其他的人和机构都无权租赁并使用云端计算资源。至于云端部署何处、所有权归谁、由谁负责日常管理，并没有严格的规定。有两种可能，一是部署在单位内部（如机房），称为本地私有云；二是托管在别的地方（如阿里云），称为托管私有云。

企业私有办公云现在被很多大中型单位组织采用，用云终端替换传统的办公计算机，程序和数据全部放在云端，并为每个员工创建一个登录云端的账号。

（2）社区云

社区云的核心特征是云端资源只给两个或者两个以上的特定单位组织内的员工使用，除此之外的人和机构都无权租赁和使用云端计算资源。社区云是由一个特定范围的群体（社区）共享的云端基础设施，它们支持特定的社群，有共同的关注事项，例如使命任务、安全需求、策略与法规遵循考量等。社区云介于公有云和企业内部云之间，有很强的区域性或行业性。

例如，由一家大型企业牵头，与其提供商共同组建社区云；又如，由卫健委牵头，联合各家医院组建区域医疗社区云，各家医院通过社区云共享病例和各种检测化验数据，这能极大地降低患者的就医费用。

（3）公有云

公有云的核心特征是云端资源面向社会大众开放，符合条件的任何个人或者单位组织通过 Internet 使用云端资源，费用可能是免费或成本低廉的。公有云的核心属性是共享资源服务，它的管理比私有云的管理要复杂得多，尤其是安全防范，要求更高。这种云有许多实例，如亚马逊、微软的 Azure、阿里云等，均可在当今整个开放的公有网络中提供服务。

（4）混合云

混合云是由两个或两个以上不同类型的云（私有云、社区云、公有云）组成的，它其实不是一种特定类型的单个云，其对外呈现出来的计算资源来自两个或两个以上的云，只不过增加了一个混合云管理层。云服务消费者通过混合云管理层租赁和使用资源，感觉就像在使用同一个云端的资源，其实内部被混合云管理层路由到真实的云端了，如图6-7所示。

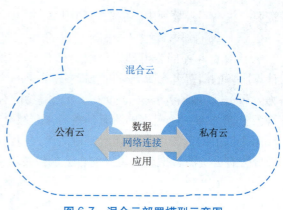

图6-7　混合云部署模型示意图

混合云是一种兼顾以上两种情况的云计算服务，是近年来云计算的主要模式和发展方向。企业用户出于信息安全考虑，更青睐于将数据存放在私有云中，但同时又希望可以获得公有云的计算资源，因此公/私混合云又是混合云中最主要的形式，因为它同时具备了公有云的资源规模和私有云的安全特征。根据全球云管理服务厂商Rightscale公司的2019年报告，企业用户中84%的受访者表示使用了4个以上的云平台，10%表示只用了公有云平台，而3%是私有云；使用4个以上云平台的受访者中，58%是私有云和公有云混合使用，17%使用多个公有云平台，而9%使用多个私有云平台。

3. 云计算技术发展的挑战与展望

（1）云计算技术的发展面临一系列的挑战

例如：使用云计算来完成任务能够获得哪些优势；可以实施哪些策略、做法或立法来支持或限制云计算的采用；如何提供有效的计算和提高存储资源的利用率；对云计算和传输中的数据以及静止状态的数据，将有哪些独特的限制；安全需求有哪些；提供可信环境都需要些什么，等等。

此外，云计算宣告了低成本提供超级计算服务的可能，也给了黑客机会，使黑客投入极少的成本，就能获得极大的网络计算能力。一旦这些"云"被用来破译各类密码、进行各种攻击，将会对用户的数据安全带来极大的危险。所以，在这些安全问题和危险因素被有效控制之前，云计算很难得到彻底的应用和接受。

（2）云计算的发展方向

云计算将对互联网应用、产品应用模式和IT产品开发方向产生影响，是未来技术的发展趋势，也是Google等互联网企业前进的动力和方向。未来云计算主要朝以下3个方向发展：

① 手机上的云计算。云计算技术提出后，对客户终端的要求大大降低，瘦客户机可以通过云计算系统实现目前超级计算机的功能。而手机就是一种典型的瘦客户机，云计算技术和手机的结合将实现随时、随地、随身的高性能计算。

② 云计算时代资源的融合。云计算最重要的创新是将软件、硬件和服务共同纳入资源池，三者紧密地结合起来融合为一个不可分割的整体，并通过网络向用户提供恰当的服务。网络带宽的提高为这种资源融合的应用方式提供了可能。

③ 云计算的商业发展。最终人们可能会像缴水电费那样去为自己得到的计算机服务缴费。这种使用计算机的方式对于诸如软件开发企业、服务外包企业、科研单位等对大数据量计算存在需求的用户来说无疑具有相当大的诱惑力。

在未来，如手机、GPS等行动装置都可以通过云计算技术，发展出更多的应用服务，小到需要使用特定软件，大到模拟卫星的周期轨道，以及数据的存储，公司的管理等等。而一切资源在某个领域级的云下经过协商就可供使用，用户只需要提供合理的费用即可。

任务2　了解云计算的产业及其应用

1. 云计算的产业

确切地说，云计算是大规模分布式计算技术及其配套商业模式演进的产物，它的发展主要有赖于虚拟化、分布式数据存储等ICT技术、产品的成熟发展，也依赖于托管、后向收费、按需交付等商业模式的演进成熟。因此，与其说云计算是技术的创新，不如说云计算是思维和商业模式的转变。

云计算产业作为战略性新兴产业，近些年形成了较成熟的产业链结构，产业链格局也逐渐被打开，由平台提供商、系统集成商、服务提供商、应用开发商等组成的云计算上下游构成了国内云计算产业链的初步格局。互联网、通信业、IT厂商互相渗透，打破传统的产业链模式，形成高度混合渗透的生态模式，如图6-8所示。

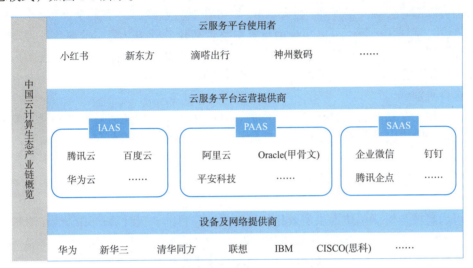

图6-8　云计算产业生态

2. 云计算的应用

通过云计算技术，网络服务提供者可以在数秒之内，达成处理数以千万计甚至亿计的信息，达到和"超级计算机"同样强大效能的网络服务。简单的云计算技术在人们日常网络服务中已随处可见，例如搜索引擎（如百度）、电子邮箱（如QQ邮箱）、在线存储（网盘）等服务。其中，通过网盘在云端存储和共享数据资源已成为一种常见的管理学习、工作、生活数据的方式，百度云、腾讯微云、有道云等都是人们熟悉的产品。用户可以将本地资源上传至云端，在任何地方连入互联网来获取云上的资源；存储云向用户提供了存储容器服务、备份服务、归档服务和记录管理服务等，大大方便了用户对资源的管理。

随着我国本土化云计算技术产品、解决方案的不断成熟，云计算理念的迅速推广普及，云计算必将成为未来中国重要行业领域的主流IT应用模式，为重点行业用户的信息化建设与IT运维管理工作奠定核心基础。云计算在一些重要行业领域的应用情况如下：

（1）医疗保健领域

医药企业与医疗单位一直是国内外信息化水平较高的行业用户。云计算在医疗行业的应用使医生能够获得和使用更多的患者数据，并允许患者了解自己的健康状况。云计算提供了增强的数据安全性，简化了数据处理，提供了高质量的医疗护理，并提供了经济高效的解决方案。有研究报告指出，到2022年，全球医疗领域在云计算方面的支出预计将达到350亿美元，复合年增长率将提高15%；到2025年，云计算医疗市场的规模预计将达到550亿美元。在我国"新医改"政策推动下，在医疗保健行业以"云信息平台"为核心的信息化集中应用模式将逐步成为主流，提高医药企业的内部信息共享能力与医疗信息公共平台的整体服务能力，推动医院与医院、医院与社区、医院与急救中心、医院与家庭之间的医疗服务共享，从而有效地提高医疗保健的质量。

（2）金融领域

金融企业一直是国内信息化建设的"领军性"行业用户。2012年中国建设银行率先成为国内第一家在生产数据中心大规模应用私有云的商业银行。中国工商银行在2017年12月在其基础设施云IaaS上实现了研发云、测试云和生产云的部署，完成个人网银、企业网银等11个重点应用3 800多个节点入云实施；应用平台云PaaS落地应用超过40个，云上服务调用量日均超过5亿笔，主要涉及互联网金融、合作方、物联网和主机业务下移等相关场景。针对以互联网金融接入带来的业务突发高峰场景，云平台的弹性扩展和高可用能力支撑了工行春节红包、"双11"大促等互联网高并发场景，在生产上经历了上万TPS（Transactions Per Second，系统每秒处理的业务数量）的瞬时高峰考验。

（3）电子政务领域

政务云上可以部署公共安全管理、容灾备份、城市管理、应急管理、智能交通、社会保障等应用，通过集约化建设、管理和运行，可以实现信息资源整合和政务资源共享，推动政务管理创新，加快向服务型政府转型。目前，各级政府机构正在通过云计算技术来构建高效运营的技术平台，积极开展"公共服务平台"的建设，努力打造"公共服务型政府"的形象。

（4）教育科研领域

教育云，实质上是指教育信息化的一种发展，可以将所需要的任何教育硬件资源虚拟化，然后将其发布到互联网中，向教育机构和学生、教师提供一个方便快捷的平台。通过教育云平台可以有效整合幼儿教育、中小学教育、高等教育以及继续教育等优质教育资源，逐步实现教育信息共享、教育资源共享及教育资源深度挖掘等目标。目前"中国大学MOOC""职教云""超星学习通"等都是非常好的在线教育平台。

云计算可为高校与科研单位提供实效化的研发平台。目前，云计算应用已经在清华大学、中科院等单位得到了初步应用，并取得了很好的应用效果。在未来，云计算将在我国高校与科研领域得到广泛的应用普及，各大高校将根据自身研究领域与技术需求建立云计算平台，并对原来各下属研究所的服务器与存储资源加以有机整合，提供高效可复用的云计算平台，为科研与教学工作提供强大的计算机资源，进而大大提高研发工作效率。

（5）制造领域

随着"后金融危机时代"的到来，制造企业的竞争将日趋激烈，企业在不断进行产品创新、管理改进的同时，也在大力开展内部供应链优化与外部供应链整合工作，进而降低运营成本、缩短产品研发生产周期。中小企业云能够让企业以低廉的成本建立财务、供应链、客户关系等管理应用系统，特别是通过对各类业务系统的有机整合，形成企业云供应链信息平台，加速企业内部"研发-采购-生产-库存-销售"信息一体化进程，迅速提升企业信息化水平，进而提升制造企业市场竞争力。

项目3　人工智能

项目引入	在信息化3.0阶段，云计算、大数据、物联网等新一代信息技术为人工智能的发展提供了充足的数据支持和算力支撑，人工智能在各行业的应用场景逐渐明朗，"人工智能+"带来了降本增益的实际商业价值，将极大优化社会的生产力，并对现有的产业结构产生了深远的影响。
项目分析	通过学习人工智能的概念、发展历程、关键技术等认知人工智能技术；通过了解人工智能产业链及典型应用领域等进一步加深对人工智能技术的认识。
项目目标	☑ 了解人工智能的发展历程； ☑ 掌握人工智能的概念； ☑ 了解人工智能领域研究的主要技术； ☑ 初步熟悉人工智能产业链及在行业的典型应用。

任务1 认识人工智能

视频
人工智能

1. 人工智能概述

（1）人工智能的定义

百度百科对人工智能（Artificial Intelligence，AI）的定义为"是研究、开发用于模拟、延伸和扩展人的智能的理论、方法、技术及应用系统的一门新的技术科学"。美国斯坦福研究所人工智能中心主任尼尔逊教授对人工智能的定义是"人工智能是关于知识的学科——怎样表示知识以及怎样获得知识并使用知识的科学。"美国麻省理工学院的温斯顿教授认为"人工智能就是研究如何使计算机去做过去只有人才能做的智能工作。"这些说法反映了人工智能学科的基本思想和基本内容。

简单来说，人工智能是指可模仿人类智能来执行任务，并基于收集的信息对自身进行迭代式改进的系统和机器。AI具有多种形式。例如：聊天机器人使用AI更快速、高效地理解客户问题并提供更有效的回答；智能助手使用AI来解析大型自由文本数据集中的关键信息，从而改善调度；推荐引擎可以根据用户的观看习惯自动推荐电视节目，等等。

人工智能是计算机科学的一个分支，它企图了解智能的实质，并生产出一种新的能以与人类智能相似的方式做出反应的智能机器。AI更多的是一种为超级思考和数据分析而服务的过程和能力，而不是一种格式或功能。在不少人看来，AI意味着高功能的类人机器人接管世界。事实上，AI的初衷并不是要取代人类，它旨在大幅增强人类的能力和贡献。这一特点使它成了现代企业的一项非常宝贵的资产。

当下，大数据已成为智慧社会的生产资料，人工智能是生产工具，云计算、5G、边缘技术等是重要的生产环境，数据资源是提供服务的产品。人工智能作为新的生产力，赋能领域非常宽广，人工智能成为产业变革的核心方向，科技巨头纷纷把人工智能作为后移动时代的战略支点，努力在云端建立人工智能服务的生态系统；传统制造业在进行新旧动能转换，将人工智能作为发展新动力，不断创造出新的发展机遇。

（2）人工智能的发展

一般认为人工智能起源于美国1956年的一次夏季讨论（达特茅斯会议），在这次会议上，约翰•麦卡锡、马文•明斯基、香农和IBM公司的罗切斯特等几个计算机科学家提出了"人工智能"的概念，其目标是"制造机器模仿学习的各个方面或智能的各个特性，使机器能够读懂语言，形成抽象思维，解决人们目前的各种问题，并能自我完善"。科学家们梦想着用当时刚刚出现的计算机来构造复杂的、拥有与人类智慧同样本质特性的机器。

在60余年的发展过程中，人工智能已经经历了三次发展浪潮，如图6-9所示。当前全球人工智能正处于第三次发展浪潮之中。

① 第一次浪潮：1956年，"人工智能"概念的提出掀起了人工智能的第一次发展浪潮。该时期的核心是让机器具备逻辑推理能力，并且研发出第一款感知神经网络软件和聊天软件。

② 第二次浪潮：20世纪70年代中期，人工智能掀起第二次浪潮。这一时期内，Hopfield神经网络和BT训练算法被提出。同时，解决特定领域问题的专家系统得到广泛应用。

③ 第三次浪潮：2006年，深度学习理论的突破带动人工智能进入重视数据、自主学习的认知智能时代，相比通用人工智能，专用人工智能是此次浪潮的真正主角。尤其是伴随着大数据、云计算以及整个算力的发展，人工智能技术在语音、图像和自然语言方面取得了卓越的成绩，人工智能开始真正解决问题，"人工智能+"为代表的业务创新模式日趋成熟，并带来了降本增益的实际商业价值。

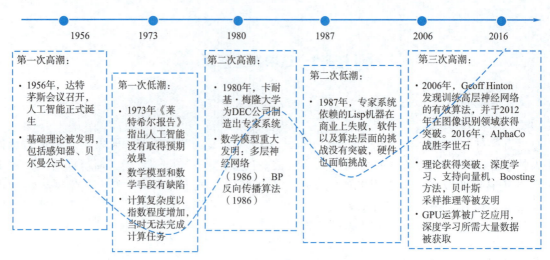

图 6-9 人工智能的三次发展浪潮

2. 人工智能的主要技术

人工智能是一门非常典型的交叉学科，极富挑战性。除了计算机科学以外，人工智能还涉及信息论、控制论、自动化、数理逻辑、仿生学、生物学、医学、心理学、语言学和哲学等多门学科。人工智能的主要研究内容包括：知识表示、自动推理和搜索方法、机器学习和知识获取、知识处理系统、自然语言理解、计算机视觉、智能机器人、自动程序设计等方面。

目前，机器学习、计算机视觉等成为热门的 AI 技术方向。简单地说，如果把人工智能比喻成人的大脑，那么知识表示、推理和搜索方法是人脑理解世界的方式，机器学习是让人去掌握认知能力的过程，深度学习是这种过程中很有效的一种教学体系，而计算机视觉、自然语言处理等则是让人去做的事情，如图 6-10 所示。

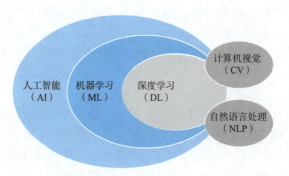

图 6-10 人工智能的主要技术

（1）知识表示

知识表示是人工智能进行推理和行动的载体，是人工智能技术中最底层也最基础的一项技术。知识表示是研究用机器表示知识的可行性、有效性的一般方法，处理来自真实世界的信息，将数据存储在数据库中，同时提供让计算机理解的方法，允许机器从知识中学习，从而像人类一样智能地工作。知识表示技术也非常重要，决定着人工智能如何进行知识学习。

人工智能中主要的知识表示方法有逻辑表示法、产生式表示法、语义网络表示法、框架表示法、过程表示法等。

（2）机器学习

机器学习是人工智能的一种途径或子集，它强调学习而不是计算机程序。一台机器使用复杂的算法来分析大量的数据，识别数据中的模式，并做出一个预测——不需要人在机器的软件中编写特定的指令。

机器学习之父 Tom Mitchel 如此定义机器学习：每个机器学习都可以被精准地定义为：1. 任务 T；

2.训练过程 E；3.模型表现 P。而学习过程则可以被拆解为"为了实现任务 T，通过训练 E，逐步提高表现 P"的一个过程。

例如，让一个模型认识一张图片是猫还是狗（任务 T）。为了提高模型的准确度（模型表现 P），我们不断给模型提供图片让其学习猫与狗的区别（训练过程 E）。在这个学习过程中，所得到的最终模型就是机器学习的产物，而训练过程就是学习过程。

（3）深度学习

深度学习则是一种实现机器学习的技术，它适合处理大数据。一个理解深度学习的例子是，想象一个小孩学习一个词是狗。小孩通过指向一个物体并说出狗这个词来了解什么是狗/不是狗，父母会说"是的，那是一只狗"或者"不，那不是狗"。小孩进而继续指向新的物体并继续询问、了解的时候，他会越来越意识到狗拥有的所有特征。小孩在不了解客观事物的情况下做的这个事情，也就是通过构建一个层次结构来阐明复杂的抽象（狗的概念），其中每个抽象层次都是从层次结构的前一层获得的知识创建的。使用深度学习的计算机程序经历了相同的过程。

深度学习使得机器学习能够实现众多应用，并拓展了人工智能的领域范畴。从安防监控、自动驾驶、语音识别到生命科学等，深度学习以"摧枯拉朽之势"席卷行业。以语音识别为例，通过机器学习，语音识别能随着时间向用户学习，最后能达到 95% 的准确性。在推荐引擎中的 AI 算法基于全部的人机交互行为，通过海量数据集的深度学习、统计编程和预测、分析顾客行为，最终帮助消费者快速找到所需产品。许多电商公司（如淘宝、京东等）都使用推荐引擎来识别其产品的目标受众。

（4）人工神经网络

人工神经网络是 20 世纪 80 年代以来人工智能领域的研究热点，它采用了与传统人工智能和信息处理技术完全不同的机理，是一种非程序化、适应性、大脑风格的信息处理，其本质是通过网络的变换和动力学行为得到一种并行分布式的信息处理功能，并在不同程度和层次上模仿人脑神经系统的信息处理功能。

近十多年来，人工神经网络在模式识别、智能机器人、自动控制、预测估计、生物、医学、经济等领域已成功地解决了许多实际问题，表现出了良好的智能特性。例如，近年来发展起来的人工神经网络模式的识别方法逐渐取代传统的模式识别方法，模式识别已成为当前比较先进的技术，被广泛应用到文字识别、语音识别、指纹识别、遥感图像识别、人脸识别、手写体字符的识别、工业故障检测、精确制导等方面。通过神经网络处理数十亿个口语音频，将语音识别提高到了接近 100% 的准确度，还缩短了训练时间；语音识别还通过关键词和主题对原始音频进行分类，并识别发言者，这对音频监控也有广泛而深远的影响。

（5）计算机视觉

计算机视觉是使计算机"看到"的科学。它采用一个或多个摄像机，进行模数转换（ADC）和数字信号处理（DSP），将生成的数据发送到计算机或机器人控制器，并进一步做图形处理，使计算机处理成为更适合人眼观察或传送给仪器检测的图像。

计算机视觉的最终研究目标就是使计算机能像人那样通过视觉观察和理解世界，具有自主适应环境的能力。在实现最终目标以前，人们努力的中期目标是建立一种视觉系统，这个系统能依据视觉敏感和反馈的某种程度的智能完成一定的任务。结合计算机视觉技术能够完成物体识别、人脸识别、追踪等应用。

（6）自然语言处理

自然语言处理（Natural Language Processing，NLP）是指用计算机对自然语言的形、音、义等信息进行处理，即对字、词、句、篇章的输入、输出、识别、分析、理解、生成等的操作和加工。NLP 包括自然语言理解和自然语言生成两部分。目前，机器翻译、机器搜索、自动问答机器人、语音识别、情感分析等均是自然语言处理的常见应用。

例如，利用情绪分析，数据科学家可以评估社交媒体上的评论，以了解其业务表现，或者查看客户服务团队的说明，以确定人们希望业务更好地发挥作用的领域。谷歌和其他搜索引擎将他们的机器翻译技术建立在 NLP 深度学习模型上。这允许算法读取网页上的文本，解释其含义并将其翻译成另一种语言。

再如，2017 年 3 月，阿里巴巴发布了人工智能服务机器人"店小蜜"，其经过商家授权和调试后，可以取代一些客户服务，包括完成商品咨询、个性化推荐、店铺活动咨询解答、修改订单、物流预测、退换货咨询等多种服务，涵盖售前售后全链路多个场景，而减少了人工客户服务的工作量，同时能够增添个性化风格。推出一年后，即有 55 万商家使用了"店小蜜"的服务。

任务2　探寻人工智能的产业及其应用

视频

人工智能的产业及应用

1. 人工智能的产业链

随着人工智能产业的快速发展，全球人工智能已经形成较完整的生态体系，在人工智能生态的基础层、技术层和应用层走出了一大批领先的科技创新企业。

① 基础层：为人工智能产业链提供算力和数据服务支撑。

以 AWS、Azure、阿里云、腾讯云、百度云等行业巨头为代表，为人工智能的发展提供了充足的算力资源；传统芯片巨头 NVIDIA、Intel 和国内科技新贵寒武纪、地平线等正致力于为人工智能的计算需求提供专用芯片；另外数据服务领域也存在大量公司，例如国内的数据堂、海天瑞声以及国外的 Saagie 等。

② 技术层：为人工智能产业链提供通用性的技术能力。

以 Google、Facebook、阿里巴巴、百度为代表的互联网巨头，利用资金及人才优势，较早地全面布局了人工智能相关技术领域；同时也有一大批创新公司深耕细分技术领域，例如，专攻智能语音领域的科大讯飞、致力于计算机视觉领域的商汤、机器学习领域的第四范式等。在国外，Proxem、XMOS 等企业也分别在自然语言处理、智能语音等领域做出了积极的实践和探索。

③ 应用层：面向服务对象提供各类具体应用和适配行业应用场景的产品或服务。

目前全球绝大部分人工智能领域的创新科技公司聚集于此，典型企业有智慧建筑领域的 Verdigris、特斯联，智慧安防领域的 Genetec、宇视，智慧医疗领域的 Flatiron、推想科技等。

2. 人工智能的应用

随着人工智能在图像（包括人脸）识别、语音识别、工业/制造业大脑、预测分析、自动化（包括自动驾驶）等方面的能力不断提升，人工智能的应用场景及产品化思路逐渐明朗。

① 对日常生活而言，深度学习、图像识别、语音识别等人工智能技术已经广泛应用于智能终端、智能家居、移动支付等领域。

② 对行业而言，零售业、医疗健康、金融、交通、农业、教育、安全等行业都正在被人工智能深度渗透。

③ 对社会进步而言，人工智能技术为社会治理提供了全新的技术和思路，将人工智能运用于社会治理中，是降低治理成本、提升城市治理效率、减少治理干扰最直接、最有效的方式。

未来，人工智能将继续与大数据、云计算以及区块链等技术融合创新，助力产业智能化发展，人工智能的应用场景范围将持续扩大，深度渗透到各个领域，引领产业向价值链高端迈进，同时也为改善民生起到重要作用。

以下是 AI 在一些行业中的应用：

（1）智能制造

智能制造是一种由智能机器和人类专家共同组成的人机一体化智能系统，它在制造过程中能进行智能活动，如分析、推理、判断、构思和决策等。如今的智慧工厂已经开始使用大量的人工智能技术算法，虽然还无法全面取代人类，但是采用人类＋机器的运营模式后，不但工作效率大幅提升，更给工厂节省了额外开支，最主要的是客户的服务量也有所提升，为企业带来了业务量的激增。

（2）智能金融

智能金融以人工智能、大数据、云计算、区块链等高新科技为核心要素，全面赋能金融机构，提升金融机构的服务效率，拓展金融服务的广度和深度，使得全社会都能获得平等、高效、专业的金融服务。对于金融机构的业务部门来说，可以帮助获客，精准服务客户，提高效率；对于金融机构的风控部门来说，可以提高风险控制，增加安全性；对于用户来说，可以实现资产优化配置，体验到金融机构更加完美的服务。

（3）智能医疗

人工智能走进医疗方向已经是正在进行的动作了，尤其是在医学影像方面，人工智能不仅帮助提高了工作效率，在病理诊断中的表现也尤为突出。通过人工智能技术自动分析，再辅以远程会诊、远程查体等音视频通信应用工具，将赋予医疗一个新的业务模式，弥补医疗资源不平衡带来的隐患。

（4）智慧交通

智慧交通是在整个交通运输领域充分利用物联网、云计算、人工智能、移动互联网等新一代信息技术，对交通管理、交通运输、公众出行等交通领域全方面以及交通建设管理全过程进行管控支撑，使交通系统具备感知、互联、分析、预测、控制等能力，为出行者提供全方位的交通信息服务和便利、高效、快捷、经济、安全、人性、智能的交通运输服务；为交通管理部门和相关企业提供及时、准确、全面和充分的信息支持和信息化决策支持。

（5）智能零售

无人便利店、智慧供应链、客流统计等都是人工智能在零售领域的热门应用方向。如人工智能技术应用于客流统计，通过人脸识别客流统计功能，门店可以从性别、年龄、表情、新老顾客、滞留时长等维度，建立到店客流用户画像，帮助门店运营从匹配真实到店客流的角度提升转换率。

知识拓展　人工智能助力抗击疫情

近两年，新冠肺炎疫情期间，人工智能技术在疫情监测分析、人员物资管控、医疗救治、药品研发、后勤保障、复工复产等方面充分发挥了作用。

以智能识别（温测）产品为例，基本实现多人同时非接触测温，并在体温异常时报警，能够在戴口罩情况下人脸识别，并对数据进行实时上云、跟踪管理。其中，智能告警和数据管理是人工智能测温系统区别于传统测温系统的两大重要功能。据中国人工智能产业联盟 AI 人体测温系统评测结果，产品在测温误差、最大测温距离和人脸抓拍准确率这方面较为出色，充分利用自身优势助力疫情防控。在测温误差方面，参评产品的误差都不超过 0.25 ℃；在人脸抓拍能力方面，参评产品的准确率主要保证在 90% 以上；在最大测温距离能力上，因为参评产品使用场景不同，各产品最大测温距离在 2~8 m 之内波动，基本保障达到各自使用场景的需求。

其次，智能服务机器人的应用提高了筛查效率，减轻了基层工作者压力。目前医疗服务场景的实体智能服务机器人的主要应用场景为清洁、消毒和配送，以替代人力完成重复性、机械性、简单的工作为主，降低医护人员感染风险，提高管控工作效率。

此外，通过优化 AI 算法和算力，能有效助力病毒基因测序、疫苗/药物研发、蛋白筛选等药物研发攻关。人工智能技术给医疗及各行业的"赋能"作用日益显现，更多详细应用案例可访问"人工智能支撑新冠肺炎疫情防控信息平台"（http://ky.aiiaorg.cn/）查看。

项目 4　物联网

项目引入	在信息化 3.0 阶段，"万物互联"是典型特征。物联网通过智能感知、识别技术与普适计算等通信感知技术，广泛应用于网络的融合中，帮助人类以更加精细和动态的方式管理生产和生活。
项目分析	通过学习物联网的概念、特征、体系结构、关键技术等认知物联网技术；在典型应用领域等进一步加深对该技术的认识。
项目目标	☑ 掌握物联网的概念和特征 ☑ 了解物联网的体系结构和主要技术； ☑ 了解物联网技术在医疗、交通、物流、农业等行业的典型应用。

视频
物联网

任务1　认识物联网

1. 物联网的概念

随着网络覆盖的普及，人们提出了一个问题，既然无处不在的网络能够成为人际间沟通的无所不能的工具，为什么我们不能将网络作为物体与物体沟通的工具，人与物体沟通的工具，乃至人与自然沟通的工具？

1998 年麻省理工学院（MIT）的 Kevin Ashton 第一次提出把 RFID（Radio Frequency Identification，无线射频识别）技术与传感器技术应用于日常物品中形成一个"物联网"。2005 年国际电信联盟（ITU）在突尼斯举行了信息社会世界峰会，会上发布了 *ITU Internet reports2005——the Internet of things*，该报告介绍了物联网的概念、特征、相关技术、面临的挑战与未来的市场机遇，并指出物联网是通过 RFID 和智能计算等技术实现全世界设备互联的网络。2008 年，IBM 提出把传感器设备安装到各种物体中，并且普遍链接形成网络，即"物联网"，进而在此基础上形成"智慧地球"。2009 年，欧洲物联网研究项目工作组制订《物联网战略研究路线图》，介绍传感网/RFID 等前端技术和 20 年发展趋势。

物联网（Internet of things，IoT）是物物相连的互联网，是互联网的延伸，它利用局部网络或互联网等通信技术把传感器、控制器、机器、人员和物等通过新的方式连在一起，进行信息交换和通信，形成人与物、物与物相连，实现信息化和远程管理控制。由此，帮助实现人类社会与物理世界的有机结合，使人类以更加精细和动态的方式管理生产和生活。

2. 物联网的特征

物联网的基本特征可概括为全面感知、可靠传送、智能处理。

① 全面感知，指物联网可以利用射频识别、二维码、智能传感器等感知设备感知获取物体的各类信息。

② 可靠传输，通过对互联网、无线网络的融合，将物体的信息实时、准确地传送，以便信息交流、分享。

③ 智能处理，使用各种智能技术，对感知和传送到的数据、信息进行分析处理，实现监测与控制的智能化。

3. 物联网的体系结构

现有的互联网络相比于物联网更注重信息的传递，互联网络的终端必须是计算机（个人计算机、

PDA、智能手机）等，并没有感知信息的概念。物联网使信息的交互不再局限于人与人或者人与机的范畴，而是开创了物与物、人与物这些新兴领域的沟通。物联网对所连接的物件主要有三点要求：一是联网的每一个物件均可寻址；二是联网的每一个物件均可通信；三是联网的每一个控件均可控制。与其他网络的区别：物联网的接入对象更为广泛，获取信息更加丰富；网络可获得性更高，互联互通更为广泛；信息处理能力更强大，人类与周围世界的相处更为智慧。

由于物联网存在异构需求，所以物联网需要有一个可扩展的、分层的、开放的基本网络架构。目前业界将物联网的基本架构分为四层：感知层、网络层、处理层和应用层，如图 6-11 所示。

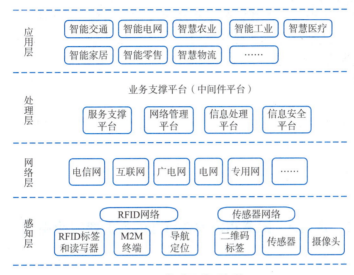

图 6-11　物联网体系架构

在物联网的环境中，如果把物联网系统比喻为人体：

① 感知层如同人体的神经末梢，实现全面感知，通过大量的、各种类型的传感器采集物理世界的各种数据。

② 网络层如同人体的神经中枢，实现信息的可靠传递。网络类型从有线网络到无线网络；也包含各种服务商的网络，如互联网、移动通信网络、卫星通信网络等。

③ 处理层相当于人体的大脑，负责存储和处理，包含数据存储、管理和分析的平台，对撷取到的数据做更具智能的处理与呈现。

④ 应用层相当于人体面对的外部环境，各种丰富的应用系统满足了人们具体的需求。

4. 物联网的主要技术

物联网是物联化、智能化的网络，它的技术发展目标是实现全面感知、可靠传递和智能处理。物联网的关键技术主要有射频识别技术、低功耗蓝牙技术、无线传感器网络、中间件技术等。

（1）感知层的主要技术

感知层处于最底层，是物联网的实现基础，其任务是利用各种传感技术（如射频识别、二维码等）通过感知、捕获、测量等随时随地对物体进行信息采集、自动识别和智能控制。该层涉及的主要技术有 RFID 技术、EPC 技术、智能传感技术等。

① 射频识别技术（RFID）技术。RFID 技术是一种非接触式的自动识别技术，使用射频信号对目标对象进行自动识别，获取相关数据，目前该方法是物品识别最有效的方式。根据工作频率的不同，可以把 RFID 标签分为低频、高频、超高频、微波等不同的种类。

② 产品电子代码（EPC）技术。EPC 旨在为每一件单品建立全球的、开放的标识标准，实现全球范围内对单件产品的跟踪与追溯，从而有效提高供应链管理水平、降低物流成本。EPC 技

术将物体进行全球唯一编号，载体是 RFID 电子标签，使用 RFID 读写器可以实现对 EPC 标签信息的读取，并借助互联网来实现信息的传递。

③智能传感器技术。获取信息的另一个重要途径是使用智能传感器，在物联网中，智能传感器可以采集和感知信息，使用多种机制把获取的信息表示为一定形式的电信号，并由相应的信号处理装置处理，最后产生相应的动作。常见的智能传感器包括温度传感器、压力传感器、湿度传感器、霍尔磁性传感器等。

（2）网络层的主要技术

网络层的主要作用是把感知层获取的信息准确无误地传输给应用层，即将物体接入信息网络，依托各种通信网络，随时随地进行可靠的信息交互和共享。网络层分为汇聚网、接入网和承载网三部分，该层涉及的主要技术有 Zig-Bee、蓝牙等短距离通信技术，Wi-Fi 无线网络技术，GPS 全球定位系统等。

（3）应用层的主要技术

应用层负责智能处理，就是对海量的感知数据和信息进行分析并处理，实现智能化的决策和控制。物联网应用层关键技术包括中间件技术、云计算、物联网业务平台等技术。其中，物联网中间件位于物联网的集成服务器和感知层、传输层的嵌入式设备中，主要针对感知的数据进行校验、汇集，在物联网中起着比较重要的作用。

任务2　探索物联网在行业领域的典型应用

物联网的典型应用

1. 支撑物联网快速发展的力量

在外部环境上，2020 年国家发改委官方明确新基建范围，物联网成为新基建的重要组成部分，互联网在战略新型产业定位下成为新型基础设施，成为数字经济发展的基础，重要性进一步提高。同时受全球经济发展变化影响，我国外部环境复杂，急需形成强大的内需动力，物联网也是促进新业态模式发展、增加高端供给、提振民生消费、促进内需释放的重要手段。

从内部支撑能力上，5G 标准冻结，从技术层面支持物联网全场景网络覆盖。2015 年之前，物联网网络聚焦传统网络增强及应用；2015 年至 2018 年物联网专用网络突破及局域网改进，为物联网网络融合奠定了基础；2018 年起，物联网网络基础设施开始向跨技术融合和场景全覆盖迈进，移动网络、局域网、卫星网络等共同组建一体化的全球物联网网络基础设施，为物联网的全球化应用提供随时随地的可靠接入。尤其是 5G 移动网络（面向更高速率、更低延时应用）、LTE Cat1 网络（面向中速率和语音应用）、窄带物联网（NB-IoT，面向大部分低速率应用）等蜂窝物联网网络的协同发展，加速物联网应用规模化，稳步推进传统基础设施的"数字+""智能+"升级。

三是行业需求倒逼物联网支撑技术，加快商用化进程。随着物联网的行业渗透加速，"物联网+区块链"（Blockchain IoT，BIoT）为企业内和关联企业间的环节打通提供了重要方式。产业融合促进物联网形成"链式效应"，既有基于 BIoT 完成产品某一环节的链式信息互通，如产品出厂后物流状态的全程可信追踪；又有基于 BIoT 的更大范围的不同企业间价值链共享，如多个企业协同完成复杂产品的大规模出厂，其中涉及产品不同部件协同生产，以及设计、供应、制造、物流等多环节互通。行业应用对物联网支撑能力提出新的要求，智能化促进物联网部分环节价值凸显，边缘智能、算力网络、人工智能等与物联网的结合需求急迫。例如在终端设备方面，大数据实时分析、处理、决策、自治等边缘智能化需求增加；在业务应用服务方面，预测显示到 2025 年物联网上层的平台应用和服务带来的收入占比将高达物联网收入的 67%（而物联网连接收入仅占比 5%），以服务为核心，以业务为导向的新型智能化物联网业务应用将获得快速发展。

2. 物联网的典型应用

物联网应用是基于物品对本身或周围环境的感知而触发的自动化应用场景，物联网结合大数据、云计算、人工智能等新兴技术，极大促进了原来互联网场景的智能化和自动化能力，在环境监测、交通管理、个人健康与护理、智慧农业、智能家居、食品溯源等方面均有丰富且成熟的应用。我国物联网行业应用占比如图 6-12 所示。

根据不同咨询公司的预测数据统计，智慧工业，智慧交通，智慧健康，智慧能源等领域将最有可能成为产业物联网连接数增长最快的领域。

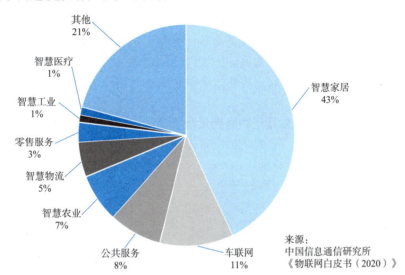

图 6-12　我国物联网行业应用占比（截至 2020 年 8 月底）

（1）物联网与医疗

在智能医疗领域，物联网技术是数据获取的主要途径，能有效地帮助医院实现对人的智能化管理和对物的智能化管理，主要应用在物资管理可视化技术、医疗信息数字化技术、医疗过程数字化技术 3 个方面。

例如，借助 RFID 技术可以实现医疗器械与药品的生产、配送、防伪、追溯，避免公共医疗安全问题，且实现药品追踪与设备追踪，可从科研、生产、流动到使用过程的全方位实时监控，有效提升医疗质量并降低管理成本。

通过传感器与移动设备对生物的生理状态进行捕捉，如心跳频率、体力消耗、葡萄糖摄取、血压高低等生命指数，把它们记录到电子健康文件中，方便个人或医生进行查阅。还能够监控人体的健康状况，再把检测到的数据送到通信终端上，在医疗开支上可以节省费用，使得人们生活更加轻松。

物联网在医疗信息管理方面集中在身份识别、样品识别、病案识别等。例如，在伤员较多、无法取得家属联系、危重病患等特殊情况下，借助物联网技术快速实现病人身份确认，确定其姓名、年龄、血型、紧急联系电话、既往病史、家属等有关详细资料，完成入院登记手续，为急救病患争取宝贵的治疗时间。

（2）物联网与交通

物联网技术在道路交通管理方面的应用比较成熟，主要以图像识别技术为核心，综合利用射频技术、标签等手段，对交通流量、驾驶违章、行驶路线、牌号信息、道路的占有率、驾驶速度等数据进行自动采集和实时传送，相应的系统会对采集到的信息进行汇总分类，并利用识别能力与控制能力进行分析处理与识别，为交通事件的检测提供详细数据，有效缓解交通压力，提升车辆的通行效率。

在安全驾驶方面,可以由车辆中的传感器收集、发送和接收数据,实时提醒驾驶员注意危险情况,以避免撞车和交通堵塞。可以监测车辆的磨损情况,以便在车辆发生故障之前解决潜在问题。这是通过使用机器学习系统来分析物联网传感器收集的原始数据实现的。根据过去的案例和事件,可以使用新的数据预测在不久的将来可能发生的问题。这有助于降低维修成本——预防性维护通常比维修或更换更便宜。可以监控驾驶员的身体状况和表现。驾驶员刹车太猛还是浪费燃料?他们是否超速行驶,危及自身和货物安全?他们要睡着了吗?新的面部跟踪摄像头可以看到这种情况,并将有关不安全驾驶的警告发送给管理人员,以便采取适当的措施。

(3)物联网与物流

智慧物流是以信息技术为支撑,在物流的运输、仓储、包装、装卸搬运、流通加工、配送、信息服务等各个环节实现系统感知。智慧物流能大大降低制造业、物流业等各行业的成本,切实提高企业的利润,生产商、批发商、零售商三方通过智慧物流相互协作,信息共享,物流企业便能更节省成本。

目前,智能传感器、GPS 跟踪和其他物联网设备在商业运输和卡车运输行业已广泛应用,一些物联网技术甚至被强制执行。例如,美国联邦汽车运输安全管理局现在要求商业车辆及其驾驶员使用电子记录设备(ELD)来记录工作状态(RODS)——里程、驾驶时间与怠速时间、强制休息时间以及相关统计数据,有效提高了运输过程的安全性。

物联网技术可以在运输过程中跟踪和监控货运情况。有许多类型的货物可能对环境元素敏感,例如,医疗和易腐货物,在运输过程中需要保持在一定温度以上。其他货物可能对粗暴装卸和振动很敏感。传感器可以提醒驾驶员和承运人在运输条件方面存在不可接受的变化,因此可以立即得到解决。药品或卫生产品对篡改特别敏感,可以使用物联网传感器对货物进行监控,以确定其是否被篡改以及何时被篡改,确定其是否被打开。

(4)物联网与农业

物联网在农业领域的应用非常广泛。在农业生产现场,一般应用是将大量的传感器节点构成监控网络,通过各种传感器采集信息,实现对生产环境的实时感知、智能分析,从而帮助农业生产者及时发现问题,准确定位发生问题的位置,为实施农业种植的精准调控提供科学依据,为农民在减灾、抗灾、科学种植等方面提供很大的帮助,达到增产、改善品质、调节生长周期的目的,完善农业综合效益。例如,在大棚控制系统中,运用物联网系统的温度传感器、湿度传感器、pH 值传感器、光照度传感器、CO_2 传感器等设备,检测环境中的温度、相对湿度、pH 值、光照强度、CO_2 浓度等物理量参数,保证农作物有一个良好的、适宜的生长环境。远程控制的实现使技术人员在办公室就能对多个大棚的环境进行监测控制,采用无线网络获得作物生长的最佳条件。

通过整合农作物分布、气象、土壤环境等数据参数,农业专家可以为农业生产提供水肥、气象灾害、病虫灾害等预警服务,同时可以为管理部门提供产量预估等全产业链的数据支撑服务,从而实现农业生产的科学化管理。

通过区块链、物联网等技术,消费者可以从餐桌直接溯源到农田,实现与农田和餐桌的零距离对接,打造"健康生活,一键定制"的解决方案,颠覆传统产销模式。

【自主探索1】

新冠肺炎疫情期间,远程诊疗、智慧零售、公共场所热体成像、体温检测、智慧社区和家庭检测、疫情期间的交通管制、物流供应链、应急灾备、信息溯源等场景大量运用物联网技术。

请你选择几个相关应用场景,分析其中的物联网产品有哪些?它们主要依赖哪些技术得以实现?

【自主探索2】

世界各国正在采取措施,实施政策,提高人民的环保意识,并鼓励采用 3R 方法(减少产生

Reduce、再利用 Reuse、再循环 Recycle）。我们也可以借助物联网来帮助人们建设绿色地球。例如，街道照明是市政机构期待减少巨额能源成本的重要领域，如果采用智慧路灯解决方案，让路灯可以通过感知人们的活动，自动调节亮度，由此可减少能源消耗。

请你提供 1~2 个生活中、行业中应用物联网技术实现节能减排的应用场景，简述其中的物联网关键技术（可从感知层、网络层、应用层分析）。

项目 5　工业互联网

项目引入	工业互联网是第四次工业革命的重要基石，是新一代信息技术与工业系统全方位深度融合所形成的全新工业生态、关键基础设施和新型应用模式。
项目分析	通过学习工业互联网的概念、产业体系等认知工业互联网；从应用层面了解在典型制造业中工业互联网的应用情况，以及海尔、华为公司提供的典型工业互联网平台解决方案。
项目目标	☑ 掌握工业互联网的概念，了解其产业体系； ☑ 了解工业互联网在制造、管理、商务领域的应用； ☑ 了解海尔的 COSMOPlat 工业互联网平台及应用； ☑ 了解华为的 FusionPlant 工业互联网平台及应用。

任务1　认识工业互联网

1. 工业互联网的概念

（1）工业互联网的定义

工业互联网（Industrial Internet）是以网络为基础、平台为中枢、数据为要素、安全为保障，基于工业系统的各种元素（机器、人、系统）的深度互联，通过对工业数据的全面深度感知、实时传输交换、快速计算处理和高级建模分析形成智能反馈，推动形成了全要素、全产业链、全价值链全面连接的新型工业生产制造和服务体系。

作为互联网发展的新领域，工业互联网是工业系统与高级计算、分析、传感技术及互联网等新一代信息技术高度融合的产物。相比一般互联网，工业互联网更强调元素的充分连接，更强调数据、数据的流动和集成以及数据分析和建模。工业互联网的目标是升级那些关键的工业领域，优化资源要素配置效率，充分发挥制造装备、工艺和材料的潜能，实现智能控制、运营优化和生产组织方式变革，提高企业生产效率，创造差异化的产品并提供增值服务。

（2）工业互联网的兴起

"工业互联网"的概念最早由美国通用电气公司于 2012 年提出，随后美国的制造业巨头联手 IBM、思科、英特尔等 IT 企业组建了工业互联网联盟，以促进工业领域和数字世界的融合。其实，无论是美国提出的"工业互联网"，还是德国提出的"工业 4.0"，其核心都是面向制造业，以优化资源配置、提质增效为目标，构建以工业物联为基础和工业大数据为要素的工业互联网，用信息化和工业化两化深度融合来引领和带动整个制造业的发展。

我国在"互联网 +"行动计划中提出提升制造业数字化、网络化、智能化水平，实现从工业大国向工业强国迈进。2020 年我国工业互联网产业增加值规模接近 3.8 万亿元，工业互联网产业占 GDP 的比重为 3.63%，对国民经济增长的贡献达到 11.81%，成为国民经济增长的重要支撑。我国工业和信息化部发布的《工业互联网创新发展行动计划（2021—2023 年）》中提出"以支撑制造强国和网络强国建设为目标，顺应新一轮科技革命和产业变革大势，统筹工业互联发展和安全，提升新型基础设施支撑服务能力，拓展融合创新应用，深化商用密码应用，增强安全保障能力，壮大技术产业创新生态，实现工业互联网整体发展阶段性跃升，推动经济社会数字化转型和高质量发展"。

2. 工业互联网的产业体系

工业互联网的产业体系包括直接产业和渗透产业，如图6-13所示。

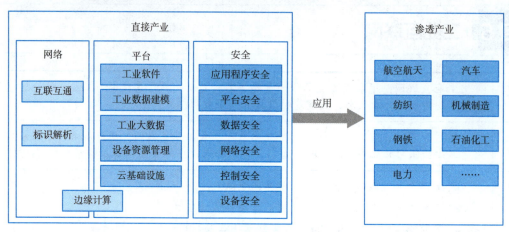

图6-13　工业互联网产业体系

（1）工业互联网直接产业

工业互联网直接产业由网络、平台、安全3部分构成，其中网络是基础、平台是核心、安全是保障。

①"网络"是实现各类工业生产要素泛在深度互联的基础，包括网络互联互通体系和标识解析体系。通过建设低延时、高可靠、广覆盖的工业互联网网络基础设施，能够实现数据在工业各个环节的无缝传递，支撑形成实时感知、协同交互、智能反馈的生产模式。

②"平台"是工业全要素链接的枢纽，下连设备，上接应用，通过海量数据汇聚、建模分析与应用开发，推动制造能力和工业知识的标准化、软件化、模块化与服务化，支撑工业生产方式、商业模式创新和资源高效配置。

③"安全"是工业互联网健康发展的保障，涉及设备安全、控制安全、网络安全、数据安全、平台安全和应用程序安全6个方面。通过建立工业互联网安全保障体系，能够有效识别和抵御各类安全威胁，化解多种安全风险，为工业智能化发展保驾护航。

（2）工业互联网渗透产业

工业互联网渗透产业指工业互联网从多维度推动行业融通发展。随着技术不断进步，现代产业生态涉及行业越来越多，行业之间的信息孤岛问题愈发突出。工业互联网连接生产信息和需求信息，通过工业互联网平台把设备、生产线、工厂、供应商、产品和客户紧密地连接融合起来，帮助制造业拉长产业链，形成跨设备、跨系统、跨厂区、跨地区的互联互通，从而有效打破行业之间的信息孤岛，推动整个制造服务体系智能化，促进产业生态协同发展，形成全新的产业生态和行业应用。

工业互联网有助于实现区域内行业协同整合升级。基于区域工业互联网平台，可打破行业间壁垒，实现区域数字经济和实体经济一体化，构建行业间协同创新体系，带动产业集聚，推动区域经济高质量发展。

各行业工业互联网的构建将促进各种业态围绕信息化主线深度协作、融合，在完成自身提升变革的同时，不断催生新的业态，并使一些传统业态走向消亡。如随着无人驾驶汽车技术的成熟和应用，传统出租车业态将可能面临消亡。其他很多重复性的、对创新创意要求不高的传统行业也将退出历史舞台。2017年10月，《纽约客》杂志报道了剑桥大学两名研究者对未来365种职业被信息技术淘汰的可能性分析，其中电话推销员、打字员、会计等职业高居榜首。

任务2 了解工业互联网的应用

1. 工业互联网的行业应用

工业互联网具有较强的渗透性，随着其在航空、石化、钢铁、交通、家电、服装、机械等行业制造、管理、运营等领域融合应用的纵深推进，网络协同制造、管理决策优化、大规模个性化定制、远程运维服务等新模式、新业态不断涌现，行业价值空间也在不断拓展，提质、增效、降本、减存效果非常显著，使实体经济的新动能蓬勃兴起，各行业数字化转型进程加速。

（1）在制造业领域

在制造业领域，工业互联网对企业效率、产品质量和生产安全的优化起到显著作用。推动制造业转型升级，实现低成本、高产出的传统优势制造业转向高技术含量、高产品附加值的新型优势制造业，是中国制造业从高速走向高质量的发展方向，需要工业互联网的深度融合与全面改造。

制造业企业可以利用工业互联网技术实现行业工艺创新、质量监控、定制生产以及远程运维等活动。例如，在机械加工领域，可以基于信息技术挖掘器械参数和器械工艺，革新现有工艺，实现参数优化、工艺仿真等技术操作，并进行大型装备的远程运维；在食品药品生产制造领域，采用工业互联网技术可以实现产品追溯，提高制造工艺进而提高成品率。

（2）在制造企业管理领域

基于工业互联网平台，制造业企业逐渐形成精益管理的企业管理模式。工业互联网平台整合企业内部资源，将企业员工、机器和企业数据相连接，企业上下游供应商和服务商的关系也在协同发展中发生变化。例如，企业采用资源计划系统，生产数据的实时更新要求企业员工对不断变化的数据及时做出反馈，企业管理人员可以实时监控产业生产线、产品质量等信息，结合工业App实时与供应商沟通协作，实现精益管理。

（3）工业电子商务

大部分工业制造的尾端连接的都是零售业，在传统的供应链上，零售业除了在售后运维环节之外，极少能够参与到制造业流程中。

工业电子商务是工业互联网落地应用的重要领域之一。工业电子商务聚焦于工业企业生产运营所需的各类原材料、设备、知识以及生产的产品和服务的在线交易、交换和共享，贯穿于产品研发、设计、制造、销售及售后等全生命周期环节。应用工业互联网，工业电子商务实现企业间交易环节数字化、网络化，培育出个性化定制和服务化延伸的新模式，推动制造业质量变革和效率提升。近年来，工业互联网推动了制造业与批发零售业的融通发展，零售业率先完成了数字化转型，诞生了阿里、京东等一批电商巨头。

知识拓展 工业互联网赋能矿产开采，保障采矿业安全生产运行

我国采矿业规模大、分布范围广、生产危险性强，应用工业互联网，可以推动采矿业数字化、网络化、智能化建设，同样也实现了采矿业安全与发展相协调的要求。工业互联网可以从以下几个方面解决采矿业的发展问题。

在采矿行业数据应用方面，矿产资源开采企业在生产、运营等环节产生大量多源、异构数据。由于服务器存储和数据算法的局限性，这些数据不能被长期存储利用。完善数字基础设施、应用工业互联网，可打通矿产资源开采、生产、运营数据流转的壁垒，提高资源配置效率，提升行业生产和管理能力。

在采矿行业安全生产方面，我国采矿行业生产环境复杂，安全对于矿产开发起着至关重要的作

用,目前行业安全形势脆弱,没有走出事故多发易发阶段。应用工业互联网,形成多因素风险分析能力,指导安全监管监察部门、矿产开发企业进行重点防控,并实现风险监测预警,提高安全防范水平。

在采矿行业监测监控方面,我国采矿作业环境复杂,监管难度大,通过建立起包括安全监管监察部门、矿产生产企业在内的监测系统,应用工业互联网,打通各系统数据采集、传输、共享渠道,实现数据分析和风险评估,为精准监管监察提供有力支撑。

2. 典型工业互联网平台

对处于转型关键期的中国制造业而言,工业互联网平台作为智能化转型核心,占据着举足轻重的位置。当前,中国工业互联网发展已经从概念普及进入实践生根阶段,我国工业互联网已经形成了"平台+"生态体系,跨行业跨领域工业互联网平台获得各方高度认可,特色型行业和区域性平台快速发展,专业型平台不断涌现,优势各异。

(1)海尔的COSMOPlat工业互联网平台

COSMOPlat是由海尔自主研发的,具有中国自主知识产权的工业互联网平台,其核心是大规模定制模式。海尔利用COSMOPlat将用户需求和整个智能制造体系连接起来,让用户可以全流程参与产品设计研发、生产制造、物流配送、迭代升级等环节,以"用户驱动"作为企业不断创新、提供产品解决方案的源动力。通过持续与用户交互,将用户由被动的购买者变为参与者和创造者,将原来的"以企业为中心"变成"以用户为中心"。

COSMOPlat平台创建了开发的多边交互、增值分享的生态平台,赋能大众创业、万众创新。一是在制度上打破科层制的金字塔管理模式,让员工变为创客,激发团队内部创新热情。其次在资源层面把大企业的核心资源,例如供应链、研发、渠道等通过平台开放给创业者,从而加速创业项目成长,降低失败概率,帮助创业者跨越创业死亡谷。

通过以上两个方面的开放创新,及时将市场全新的需求传递到生产端,实现生态圈企业从传统大规模生产到以用户为中心的大规模定制的模式创新转变。例如在疫情期间,意识到"复工复学后,对人员进行快速批量测温及消毒"的新需求,房车小微团队利用平台开放的资源创造了"智慧测温消毒通道"这样一个新产品,满足用户需求的同时,带动企业创新发展。

COSMOPlat目前已吸引了多家企业上平台,向智能化生产、网络化协同、服务化延伸和数字化管理等模式拓展延伸。下一步COSMOPlat将围绕百万企业上云,形成建平台和用平台双向迭代、互促共进的良性格局,在带动就业的同时,助推中小企业实现高质量发展。

(2)华为的FusionPlant工业互联网平台

2020年12月,工业和信息化部公布2020年跨行业跨领域工业互联网平台遴选结果,华为工业互联网平台FusionPlant连续2年入选,意味着FusionPlant成为各行业各领域工业互联网平台建设与推广的标杆。

FusionPlant工业互联网平台是华为基于30年ICT技术积累和制造经验打造的开放式平台,包括联接管理平台、工业智能体、工业应用平台三大部分,涵盖计算、存储、AI、工业PaaS的云服务。FusionPlant以华为云为底座,帮助企业构建数字化和智能化升级的平台,聚焦于将行业知识与AI进行深度融合,实现企业提质降本增效;更重要的是,华为FusionPlant能兼容企业现有架构,在保留企业已有资产的基础上,帮助企业平滑演进到新的架构,并存双活。

目前,FusionPlant工业互联网平台已经在钢铁、煤焦化、电子制造、化纤、能源等多个行业实践并取得明显应用效果。例如,在石油行业,中国石油基于华为云知识计算解决方案合作打造了"认知计算平台",通过AI技术的应用,使得测井油气层识别研究周期缩短了约70%,油气层的识别准确度已经达到90%以上。在煤焦化行业,通过优化原料煤配比,并将原料煤成本纳入优化,帮助煤焦化企业优化原料煤配比,实现焦炭质量预测准确率达到97%,且每吨焦炭节省原料煤成本10~30元。

项目 6　新媒体技术

项目引入	以数字技术为代表的新媒体，打破了媒介之间的壁垒，消融了媒体介质之间，地域、行政之间，传播者与接受者之间的边界。同时，新一代信息技术驱动新媒体内容形式不断丰富，新媒体传播平台的功能愈加完善。
项目分析	通过学习新媒体的概念、特征等认知新媒体与传统媒体的区别；从应用层面，了解H5、网络直播、短视频等新媒体技术的典型应用。
项目目标	☑ 掌握新媒体的概念，了解其特点； ☑ 了解制作新媒体内容所需要的信息处理技术； ☑ 了解H5、网络直播、短视频等新媒体技术的典型应用。

任务1　认识新媒体及其技术

1. 新媒体的概念

从狭义上理解，新媒体（New Media）是指相对于传统媒体（如广播、电影、电视、报纸、杂志、书籍等）而言，基于技术进步而产生的新的媒体形态。目前主要是指利用新的数字信息技术，以网络为主要传播渠道，利用计算机、手机、平板等终端，向用户提供信息和服务的传播形态。例如，今日头条、微信、抖音、微博、知乎等都是常见的新媒体平台，都已经成为人们传递和获取信息的常见渠道。

广义上的新媒体，不仅包含因信息技术进步引起的媒体形态的变革，也包含随着人们生活方式的转变，以前已经存在，现在才被应用于信息传播的载体，如楼宇电视、车载电视等。实际上，新媒体可以被视为依靠数字技术、网络技术、计算机技术等新技术支持，以多媒体形式呈现的产物。新的媒体形式带来了媒介传播的新形态，如地铁阅读、写字楼大屏幕等，都是将传统媒体的传播内容移植到了全新的传播空间。

2. 新媒体的特征

以数字技术为代表的新媒体，其最大特点是打破了媒介之间的壁垒，消融了媒体介质之间，地域、行政之间，甚至传播者与接受者之间的边界。新媒体还表现出以下几个特征：

（1）媒体个性化突出

由于技术的原因，以往所有的媒体几乎都是大众化的。而新媒体却可以做到面向更加细分的受众，可以面向个人，个人可以通过新媒体定制自己需要的新闻。也就是说，每个新媒体受众手中最终接收到的信息内容组合可以是一样的，也可以是完全不同的。这与传统媒体受众只能被动地阅读或者观看毫无差别的内容有很大不同。

（2）受众选择性增多

从技术层面上讲，人人都能从新媒体接受信息，人人也都可以充当信息发布者，用户可以一边看电视节目、一边播放音乐，同时可以参与对节目的投票，还可以对信息进行检索。这就打破了只有新闻机构才能发布新闻的局限，充分满足了信息消费者的细分需求。与传统媒体的"主导受众型"不同，新媒体是"受众主导型"。受众有更多的选择，可以自由阅读，可以放大信息。

（3）表现形式多样

新媒体形式多样，各种形式的表现过程比较丰富，可融文字、音频、画面为一体，做到即时地、无限地扩展内容，从而使内容变成"活物"。理论上讲，只要满足计算机条件，一个新媒体即可满足全世界的信息存储需要。除了大容量之外，新媒体还有"易检索性"的特点，可以随时存储内容，查找以前的内容和相关内容非常方便。

（4）信息发布实时

与广播、电视相比，只有新媒体才真正具备无时间限制，可以随时加工发布的特点。新媒体用强大的软件和网页呈现内容，可以轻松地实现 24 小时在线。新媒体交互性极强，独特的网络介质使得信息传播者与接受者的关系走向平等，受众不再轻易受媒体"摆布"，而是可以通过新媒体的互动，发出更多的声音，影响信息传播者。

3. 新媒体的信息处理技术

新一代的信息技术驱动新媒体内容形式不断丰富，功能愈加完善。目前新媒体内容形式包括文字、图片、长视频、短视频、直播、VR/AR、智能问答等。新媒体信息处理技术处理的对象主要包括文本、图形、图像、动画、音频、视频等，常见的应用场景包括：主题推广海报、长图、网站 Banner，微信小程序、App 等移动应用界面设计；表情包，App 弹窗、GIF 等动画；短视频、有声书等。

在进行新媒体内容的设计制作时，涉及的常用软件包括版式设计、图像处理、影音处理、动画制作、H5 设计等制作工具软件、格式处理等辅助工具软件，如图 6-14 所示。用户可以选择业界的主流工具软件来使用。

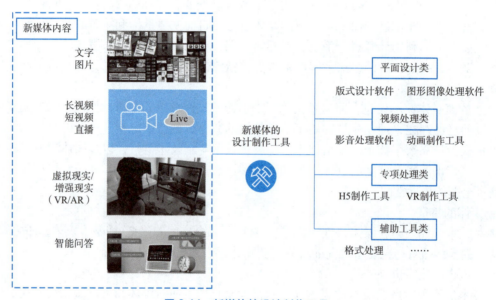

图 6-14　新媒体的设计制作工具

随着人工智能、虚拟现实（VR）/增强现实（AR）、物联网等新一代信息技术与媒体信息的爆炸式增长相结合，我们将迎来"智媒时代"，机器协作、个性化推送、传感器新闻等都将成为"智媒"的常见应用。

知识拓展　新媒体信息传播中的推荐算法

传统媒体传播时代，观众通过单一媒体渠道，按照媒体设置的议程获取信息。而新媒体的信息传播方式，一种是用户自主选择媒体资源，另一种是各种媒体平台根据算法为用户推荐信息流。

基于人工智能的推荐算法根据用户的兴趣进行个性化信息推荐。推荐算法基于对用户的精确画像，根据用户自身的信息浏览习惯、同类型画像用户的"泛化"浏览趋势、社交链条中的信息浏览情况，以及积累数据的分析进行信息的个性化分发。

今日头条是国内将算法工程产品与信息推荐引擎应用相结合的先驱，它在新闻资讯类产品中的爆发式增长和领先地位与其定位息息相关。今日头条打造了一个智能化的信息平台，通过人工智能技术筛选高质量内容，过滤无用信息，为用户分发兴趣内容，帮助用户进行与信息的交流互动，同时让信息的获取者转变为信息的分享者、创作者。

推荐算法实现了信息的精准定位。以寻人为例，过去的寻人是大规模信息投放，造成媒体负担加重，且到达率有限。而现在，类似今日头条等信息平台，通过人工智能技术精准定位寻人概率最大的人群，以高效的方式实现信息的有效触达。

任务2　探索新媒体技术的应用

1. HTML5(H5) 技术的应用

上网时看到的网页多数是由 HTML（超文本标记语言）写成。H5 是 HTML5 的简称，指"HTML"的第 5 个版本。但因为 HTML5 规则对视频音频和触屏互动等事件的支持远超前一代 H4，因此 H5 逐渐演变成一种可以在移动端展示的动态页面。

（1）H5 技术的特点

H5 的开发技术简单，研发周期短，用户接触成本低，并且具有很好的跨平台性，用 H5 搭建的站点与应用可以兼容 PC 端与移动端、Windows 与 Linux、安卓与 iOS，这种强大的兼容性可以显著降低开发与运营成本。

H5 的本地存储特性也给使用者带来了更多便利。基于 H5 开发的轻应用比本地 App 拥有更短的启动时间，更快的联网速度，而且无须下载，占用存储空间，特别适合手机等移动媒体。

此外，H5 让开发者无须依赖第三方浏览器插件即可创建高级图形、版式、动画以及过渡效果，这也使得用户用较少的流量就可以欣赏到炫酷的视觉、听觉效果。

（2）H5 页面的典型应用场景

① 游戏开发。例如简单的微信小游戏、网页游戏等。

② 轻应用、WebApp、微站。HTML5 开发移动应用非常灵活，采用 HTML5 技术的轻应用、WebApp 更容易被大众认可和接受。

③ 基于微信平台的开发。微信开放 JSSDK 让 H5 的开发人员可以调用底层功能，实现扫一扫、卡券、微信支付等操作。

④ 移动营销。游戏化、场景化、跨屏互动，H5 技术可完美满足移动营销的需求。例如将产品电子手册、活动邀请函、海报宣传等利用 H5 页面制作成微传单，在移动端转发和分享；H5 宣传页面的链接，可以放到企业的公众号菜单之中，这样用户在公众号相应的菜单栏目中就可以快速浏览到企业的 H5 宣传页面。

⑤ WebVR 让虚拟现实大众化。WebVR 就是通过 HTML5 把虚拟现实内容嵌入到 Web 页面中，谷歌、Facebook 等巨头都十分欣赏这一功能。

2. 网络流媒体技术的应用

流媒体技术与互联网、移动互联网技术的紧密结合带来了视频点播、网络直播、短视频等在活动推广、商业营销、在线教育等领域的广泛应用。

（1）网络直播

网络直播是指利用流媒体技术进行网络直播或录播，一类是将电视信号转换为数字信号输入计算机，实时上传网站供人观看，即"网络电视"，另一类是在现场架设独立的信号采集设备（音频＋视频）导入导播端（导播设备或平台），再通过网络上传至服务器，发布至网址供人观看。

网络直播吸取和延续了互联网的直观、快速、交互性强、地域不受限制、受众可划分等特点，利用视讯方式进行网上现场直播，将产品展示、相关活动、课程培训等内容现场发布到互联网上，起到推广效果。现场直播完成后，还可以随时为读者继续提供重播、点播，有效延长了直播的时间和空间，发挥直播内容的最大价值。

网络直播最大的优点就在于直播的自主性，进行独立可控的音视频采集，而完全不同于转播电视信号的单一收看。近年来，由于内容和形式的直观性、即时性和互动性，并随着移动互联网新技术、新应用的迭代升级，网络直播行业进入了快速发展期，其媒体属性、社交属性、商业属性、娱乐属性日益凸显，深刻影响了网络生态。

（2）短视频

短视频是指在各种新媒体平台上播放的、适合在移动状态和短时休闲状态下观看的、高频推送的视频内容，几秒到几分钟不等。内容融合了技能分享、时尚潮流、社会热点、街头采访、公益教育、广告创意、商业定制等主题。短视频的出现丰富了新媒体原生广告的形式。

不同于微电影和直播，短视频制作并没有像微电影一样具有特定的表达形式和团队配置要求，具有生产流程简单、制作门槛低、参与性强等特点，又比直播更具有传播价值。短视频超短的制作周期和趣味化的内容对制作团队的文案以及策划功底有着一定的挑战。优秀的短视频制作团队通常依托于成熟运营的自媒体或IP，除了高频稳定的内容输出外，也有强大的粉丝渠道。

思考练习

一、单选题

1. 第3次信息化浪潮的标志是（　　）。
   A. 人工智能的普及　　　　　　　　　B. 个人计算机的普及
   C. 云计算、大数据和物联网技术的普及　　D. 互联网的普及
2. 以下（　　）不是大数据的"4V"特性。
   A. 数据类型繁多　　　　　　　　　　B. 价值密度高
   C. 处理速度快　　　　　　　　　　　D. 数据量大
3. 云计算的部署方式中，只为特定用户提供服务，例如大型企业出于安全考虑自建的云环境，只为企业内部提供服务，这种云计算属于（　　）。
   A. 私有云　　　　　　　　　　　　　B. 社区云
   C. 公有云　　　　　　　　　　　　　D. 混合云
4. 物联网的特征不包括（　　）。
   A. 全量分析　　　　　　　　　　　　B. 全面感知
   C. 可靠传送　　　　　　　　　　　　D. 智能处理
5. 以下关于大数据、云计算和物联网的说法，描述错误的是（　　）。
   A. 云计算旨在从海量数据中发现价值，服务于生产和生活
   B. 大数据侧重于对海量数据的存储、处理与分析，从海量数据中发现价值，服务于生产和生活
   C. 物联网的发展目标是实现物物相连，应用创新是物联网发展的核心
   D. 云计算本质上旨在整合和优化各种IT资源并通过网络以服务的方式，廉价地提供给用户
6. 以下关于人工智能技术的描述，错误的是（　　）。
   A. 机器学习强调三个关键词：算法、模型、训练
   B. 在推荐引擎中的AI算法的核心是基于海量数据集的深度学习，以帮助消费者快速找到所需产品
   C. 计算机视觉是一门研究如何使机器"看"的科学，是指用摄影机和计算机代替人眼对目标进行识别、跟踪和测量的机器视觉

D. 语音识别属于计算机视觉的典型应用
7. 以下关于工业互联网的说法，错误的是（　　）。
   A. 工业互联网是工业系统与高级计算、分析、传感技术及互联网等新一代信息技术高度融合的产物
   B. 工业互联网直接产业由物联网、平台、安全三个部分构成
   C. 德国提出的"工业4.0"的核心是工业互联网
   D. 工业电子商务是工业互联网落地应用的重要领域之一。

二、多选题

1. 大数据处理流程主要包括（　　）。
   A. 数据获取与预处理　　　　　　B. 数据存储与管理
   C. 数据计算与处理　　　　　　　D. 数据分析与可视化
   E. 数据应用等环节
2. 大数据技术的应用促使人们的思维方式发生深刻转变，可以归纳为（　　）。
   A. 从样本思维向总体思维转变
   B. 从系统思维转向模块思维
   C. 从因果思维向相关思维转变
   D. 从精确思维向容错思维转变
3. 云计算的主要优点是（　　）。
   A. 初期零成本，瞬时可获得
   B. 在供应IT资源量方面"予取予求"
   C. 初期投入大，需要用户自己维护
   D. 后期免维护，使用成本低
4. 云计算包括（　　）3种典型的服务模式。
   A. MaaS（机器即服务）　　　　　B. PaaS（平台即服务）
   C. IaaS（基础设施即服务）　　　D. SaaS（软件即服务）
5. 从技术架构上看，物联网主要包括（　　）。
   A. 应用层　　　B. 感知层　　　C. 处理层　　　D. 网络层
6. 以下关于大数据、云计算和物联网的描述，正确的是（　　）。
   A. 从整体上看，大数据、云计算和物联网这三者是彼此独立的技术
   B. 大数据根植于云计算，大数据分析的很多技术都来自云计算
   C. 物联网需要借助云计算和大数据技术，实现物联网大数据的存储、分析和处理
   D. 大数据为云计算提供了"用武之地"
7. 以下关于大数据与人工智能的联系，描述正确的是（　　）。
   A. 大数据为人工智能提供了海量的数据，使得人工智能技术有了长足的发展
   B. 人工智能需要数据来建立其智能，特别是机器学习
   C. 大数据技术为人工智能提供了强大的存储能力和计算能力
   D. 人工智能应用的数据越多，其获得的结果就越准确
8. 以下（　　）是人工智能中自然语言处理的常见应用。
   A. 百度翻译　　　　　　　　　　B. 阿里的"店小密"
   C. 疫情地图　　　　　　　　　　C. 科大讯飞的语音输入
9. 以下（　　）是工业互联网的典型应用。
   A. 在机械加工领域，可以基于信息技术挖掘器械参数和器械工艺，实现参数优化、工艺仿真等技术操作

B. 在食品药品生产制造领域，采用工业互联网技术实现产品追溯

C. 中国石油基于华为FusionPlant工业互联网平台打造了"认知计算平台"，使得测井油气层识别研究周期缩短了约70%，油气层的识别准确度已经达到90%以上

D. 智慧医院在医疗信息管理方面实现了智能的身份识别、样品识别、病案识别等

10. 以下有关新媒体技术的特征，正确的描述是（　　）。

  A. 媒体个性化突出   B. 受众选择性增多

  C. 表现形式多样   D. 信息发布实时

11. H5页面的典型应用场景包括（　　）。

  A. 开发基于H5技术的网页游戏等。

  B. 将活动邀请函利用H5页面制作成微传单

  C. 通过HTML5把虚拟现实内容嵌入Web页面中

  D. 基于微信平台开发微信小程序

技能应用篇

单元 7 文字处理——"伟大精神"宣传手册的设计制作

引言

本章通过设计和制作"伟大精神"宣传手册为案例，学习如何利用 Word 2016 进行文档编辑，主要内容包括文稿录入、编辑、对象的插入、排版、页面设置等。通过项目案例的实践，熟练掌握使用 Word 2016 进行文档编辑及排版的方法。

内容结构图

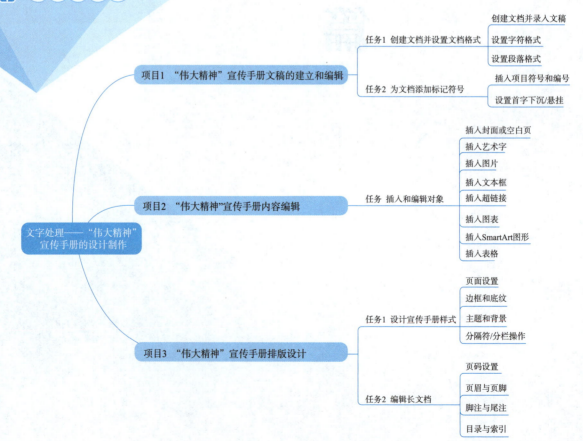

文字处理——"伟大精神"宣传手册的设计制作 单元 7

通过"伟大精神"项目案例任务的实践,达到如下学习目标:
- 掌握 Word 文档的窗口组成和基本操作。
- 掌握 Word 各种文档编辑的方法。
- 掌握样式和模板的应用。
- 掌握底纹、边框、主题和背景的设置与应用。
- 掌握表格、图表、SmartArt 以及其他对象的插入和编辑。
- 掌握长文档编辑技巧。

项目 1 "伟大精神"宣传手册文稿的建立和编辑

项目引入	小明是部门的宣传干事,经常制作各类宣传材料。现在为配合宣传的需要,设计制作以"伟大精神"为主题的宣传手册,文字内容已搜集完成,现在需要利用 Word 2016 将其制作成电子文档,并进行编辑和文档格式化。
项目分析	文档的编辑和格式化工作主要包括文档的创建、字符格式设置、段落格式设置、文档符号的插入等几个方面,利用 Word 2016 的编辑和格式化工具,可以进行基本的文档排版工作。
项目目标	☑ 了解 Word 工作环境,如窗口、功能区、选项卡等; ☑ 掌握 Word 文档的创建方法; ☑ 掌握 Word 文稿输入操作方法; ☑ 掌握 Word 文档格式的设置。

任务 1 创建文档并设置文档格式

在录入宣传手册的文稿内容后,可对文本进行字符和段落的格式设置,如字体、字号、字形、行间距、对齐方式、缩进格式等,让千篇一律的文档样式变得丰富多彩。本任务将对"伟大精神"宣传手册文档进行创建、录入文字内容并设置文档格式,效果如图 7-1 所示。

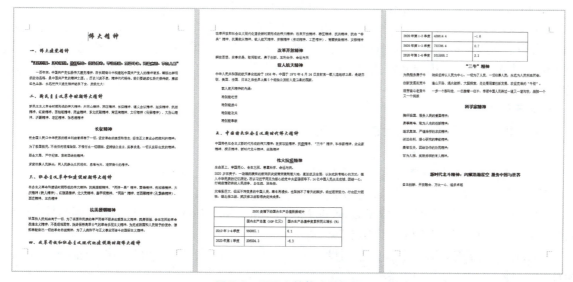

图 7-1 设置文档格式效果图

1. 创建文档并录入文稿

任务描述：新建文档并录入文字。

（1）新建文档

Word 2016 新建文档的常用方法有以下几种：

方法 1：在"开始"菜单中找到 Word 文档，打开软件。启动 Word 后，Word 会自动创建一个空白文档。

方法 2：在存放文档的文件夹空白处右击，在弹出的快捷菜单中选择"新建"→"Microsoft Word 文档"命令，即可新建空白文档。

方法 3：选择"文件"→"新建"命令，在"新建"选项卡中选择"空白文档"选项。

（2）录入文字

文本包括英文字母、汉字、数字和符号等内容，在文档窗口的文本编辑区中有个闪烁的竖线，称为"插入点"。在插入点处确认好输入法即可输入对应的文本内容。

录入文字的常用方法有以下几种：

方法 1：直接录入。如果要输入中文，可以选择熟悉的中文输入法，如全拼、智能拼音、五笔字型等，输入法的选择有两种方法：单击任务栏的输入法按钮，在打开的输入法菜单中选择一种；按【Ctrl+Shift】组合键选择输入法，按【Ctrl+Space】组合键切换中文和英文输入法。

方法 2：在编辑文件时，如果需要将另外一篇文件的所有文字都插入当前文件中，打开源文件将内容复制、粘贴到当前文件中。

方法 3：选择"插入"选项卡→"文本"组→"对象"命令，在下拉列表中选择"文件中的文字"选项，以插入文件的形式将文字插入当前文件，如图 7-2 所示。

图 7-2　插入文件中的文字

（3）文档内容复制和移动

文档创建过程中，不可避免地会遇到相同内容的文字录入编辑，为了不重复输入以增加工作量，可以使用复制功能完成相同文档内容的复制；如果需要调整文本前后顺序，则可以使用文本的移动功能帮忙解决。

文本复制：选中要复制的文本，选中"开始"选项卡→"剪贴板"组→"复制"命令，或使用【Ctrl+C】组合键，将选定的文本复制到剪贴板。

文本粘贴：将鼠标指针定位到要粘贴文本的位置，选择"选择性粘贴"命令，打开"选择性粘贴"对话框，可以根据需要进行粘贴操作，或使用【Ctrl+V】组合键完成粘贴。

文本移动：移动文本的操作和复制文本相似，只是移动是将文本从一个地方移动到另一个地方。操作方法是：选择要移动的文本，首先选中"开始"选项卡→"剪贴板"组→"移动"命令，或使用【Ctrl+X】组合键，将内容剪贴到剪贴板，然后使用粘贴功能（【Ctrl+V】组合键）粘贴到需要移动的位置。

视频

如何设置字符格式

2. 设置字符格式

任务描述：为标题文字"伟大精神"设置字体效果。

（1）设置字符格式的方法

字符格式化操作包括字体、字号、字形的设置和对字符的各种修饰。这里说的字符包括汉字、英文或拼音字母、数字和各种符号。系统默认的字体中，中文字体有宋体、仿宋、楷体、黑体等，英文、数字和符号的常用字体为 Arial Unicode MS 和 Times New Roman。字号从八号到初号，或者 5 磅到 72 磅，常用的五号字体相当于 10.5 磅。

在 Word 中，字符格式化的操作包括设置字体、字号、字形、字符颜色、缩放比例等。常用方法有以下几种：

方法 1：在"开始"选项卡→"字体"组中选择相应的字体属性命令，如图 7-3 所示，快速完成字体设置。

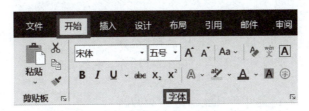

图 7-3　开始选项卡字体组

方法 2：单击"开始"选项卡"字体"组的对话框启动器按钮，打开"字体"对话框，默认选中"字体"选项卡，如图 7-4 所示，然后完成相应的字体设置。

方法 3：选中要设置格式的内容，右击，在弹出的快捷菜单中选择"字体"命令，打开"字体"对话框，完成相应的字体设置，如图 7-5 所示。

图 7-4　"字体"选项卡

图 7-5　"字体"命令

方法 4：选中要设置格式的内容，在附近出现的字体属性设置对话框中完成字体设置，如图 7-6 所示。

图 7-6　字体属性设置

（2）实操步骤

① 在"字体"命令下拉列表中选择"华文行楷"字体。

② 在"字号"命令下拉列表中选择字号为"二号"。

③ 在"字形"命令中选择"加粗"。

④ 在"字体颜色"命令下拉列表中选择字体颜色为"标准色"→"深红"。

⑤ 选中标题文字"伟大精神",单击"字体"组的对话框启动器按钮 ,在打开的"字体"对话框中选择"高级"选项卡,设置字符间距为"加宽""2磅",如图 7-7 所示,完成标题字体设置。

以同样的方法对"伟大精神"宣传手册文字素材进行字符格式化,要求如下:

① "一、伟大建党精神"等 5 个标题:华文行楷、三号、加粗、标准色深红;

② "长征精神""抗美援朝精神""改革开放精神""载人航天精神""伟大抗疫精神""三牛精神""科学家精神""新时代北斗精神:闪耀浩瀚星空 服务中国与世界"字体:黑体、四号、加粗。

③ 将伟大建党精神第一段内容(含引号),设置为华文彩云、小四号、加粗。

④ 其余正文内容默认宋体、五号。

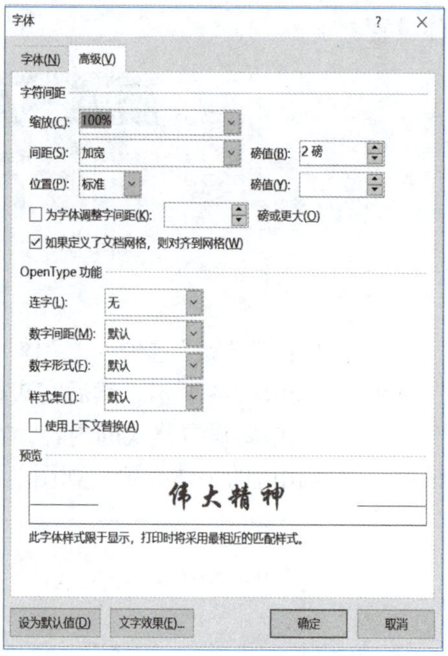

图 7-7 "高级"选项卡

视频
如何设置段落格式

3. 设置段落格式

任务描述:对"伟大精神"宣传手册文字素材进行段落格式化。

(1)设置段落格式的方法

对文档进行字符格式化设置后,还需要对段落进行格式设置,以增加文档的层次感,突出重点,提高文档的可读性。段落格式化包括对齐、缩进、行间距和段落间距。

① 设置对齐方式。文档的水平对齐方式分为左对齐、居中、右对齐、两端对齐和分散对齐。垂直对齐分为靠页面顶端对齐、居中对齐和靠页面底端对齐。文档默认的水平对齐方式为两端对齐,垂直对齐方式为顶端对齐。

设置水平对齐方式的方法有以下几种:

方法 1:选中要设置的内容,选择"开始"选项卡"段落"组中的对齐命令 即可进行文档对齐设置。还可以利用左右缩进命令 进行对齐设置,如图 7-8 所示。

图 7-8 "开始"选项卡"段落"组

方法 2:选中内容,右击,在弹出的快捷菜单中选择"段落"命令,打开"段落"对话框。

方法 3:单击"开始"选项卡"段落"组的对话框启动器按钮 ,在打开的"段落"对话框中选择"缩进和间距"选项卡,在"常规"→"对齐方式"下拉列表中选择合适的对齐方式,如图 7-9 所示。

设置垂直对齐方式的方法为:选中要设置的内容,右击,在弹出的快捷菜单中选择"段落"命令,或者单击"开始"选项卡"段落"组的对话框启动器按钮 ,在打开的"段落"对话框中选择"中文版式"选项卡,如图 7-10 所示,在"文本对齐方式"下拉列表中选择合适的对齐方式进行对齐设置。

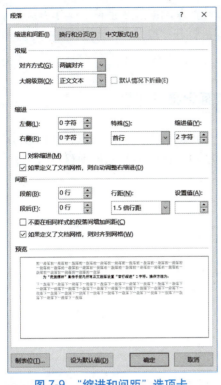
图 7-9 "缩进和间距"选项卡

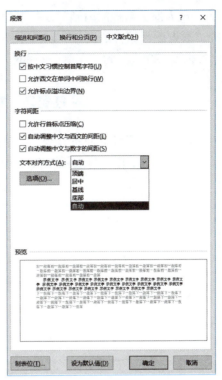
图 7-10 "中文版式"选项卡

② 设置段落的缩进。段落的缩进有以下几种类型。

- 首行缩进：指将段落的第一行从左到右缩进一定的距离，首行外的各行都保持不变，便于阅读和区分文章整体结构，默认首行缩进值为 2 个字符。
- 左缩进或右缩进：即从左（或从右）边的边距缩进，也可以从左右两边同时缩进，使文档的页边（一边或者两边）与页边距之间形成空白区。
- 悬挂缩进：即文档除了首行外，其余各行均缩进，使其他行文档悬挂于第一行之下。这种格式一般用于参考条目、词汇表项目等。

③ 设置行间距。Word 有一个默认的行距，但是在某些情况下，为了使文档层次清晰，方便阅读，或突出某些行或者段落的文本，或满足其他某些特殊的需要，希望改变默认的行距，为文档的行之间设置需要的间距。

（2）实操步骤

① 为标题文字"伟大精神"设置水平居中对齐，段前 5 磅，段后 10 磅，行距为 1.15。操作步骤为：
选中标题"伟大精神"，选择"开始"选项卡"段落"组中的居中对齐命令 ，完成标题居中对齐设置。

选中标题"伟大精神"，单击"开始"选项卡"段落"组的对话框启动器按钮 ，在打开的"段落"对话框中设置段前为 5 磅，段后为 10 磅，行距为多倍行距，设置值为 1.15。

按照以上段落设置方法，将"一、伟大建党精神"5 个标题段落格式设置为：段前 1 行，段后 0.5 行，行间距为 1.15 倍。将"长征精神""抗美援朝精神""改革开放精神""载人航天精神""伟大抗疫精神""'三牛'精神""科学家精神""新时代北斗精神:闪耀浩瀚星空 服务中国与世界"段落设置为水平居中对齐。

② 为"伟大建党精神"第二段（一百年来，……）段落设置"首行缩进"2 字符。操作方法为：
选中段落后，单击"开始"选项卡"段落"组的对话框启动器按钮 ，在打开的"段落"对话框中选择"缩进和间距"选项卡，选择"特殊"→"首行"选项，"缩进值"为 2 字符。

③ 为"长征精神"下四个段落设置对齐方式为"两段对齐"。操作方法为：
选中"长征精神"下四个段落（即"把全国人民和中华民族的利益……，艰苦奋斗的精神"），在"开始"选项卡"段落"组中选择对齐方式为"两端对齐"。

④ 为"载人航天精神的内涵"及其下的四个段落，设置左侧缩进 2 字符。操作方法为：

选择"载人航天精神的内容"以及下面的四个段落，打开"段落"对话框，在"缩进和间距"选项卡下，设置"缩进"为"左侧"2 字符。

任务2　为文档添加标记符号

合理使用文档的项目符号和编号、字符放大等功能，可以突出文档的重点，使内容层次分明、逻辑关系清晰明了。本任务将利用 Word 2016 为"伟大精神"宣传手册添加项目符号和首字下沉，效果如图 7-11 所示。

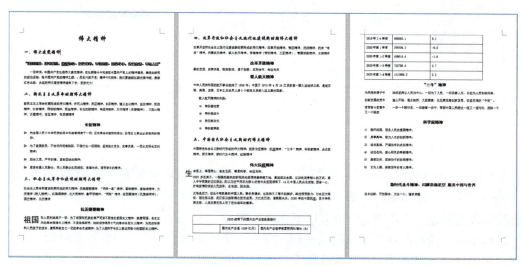

图 7-11　设置文档符号效果图

1. 插入项目符号和编号

任务描述：为"伟大精神"宣传手册指定文段添加项目符号和编号。

（1）输入符号和编号方法

项目符号和编号是放在文本（如列表中的项目）前以添加强调效果的点或其他符号，起到强调作用。合理使用项目符号和编号,可以使文档的层次结构更清晰、更有条理,提高文档的编辑阅读速度。

Word 提供了项目符号及自动编号的功能，可以为文本段落添加项目符号或编号，也可以在输入时自动创建项目符号和编号列表。

视频
如何设置项目符号和编号

（2）实操步骤

① 应用项目符号。为"长征精神"下的 4 个段落定义并应用新的项目符号：Wingdings 字体，字符代码 79，并设置符号字体为标准色深红，并加粗。操作方法为：

选中需要应用符号的文字,选择"开始"选项卡→"段落"组→"项目符号"命令,如图 7-12 所示。在打开的项目符号库中选择"定义新项目符号"命令。

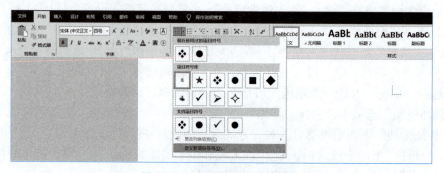

图 7-12　"项目符号"下拉列表

在打开的"定义新项目符号"对话框中单击"符号"按钮,弹出"符号"对话框,如图 7-13 所示,在"字体"下拉列表中选择 Wingdings 字体,在"字符代码"处输入"79",即可跳转到相应的符号,单击"确定"按钮,返回"定义新项目符号"对话框,单击"字体"按钮,在打开的"字体"对话框中设置字体颜色为标准色深红,字形为加粗,单击"确定"按钮,并再次单击"定义新项目符号"对话框中的"确定"按钮。

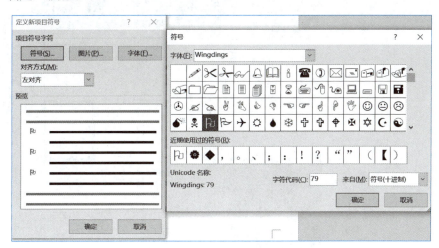

图 7-13 定义新项目符号

② 应用多级列表编号。为"载人航天精神的基本内涵"下的四个段落应用多级列表编号,Wingdings 字体,字符代码 123。操作方法为:

选中需要添加多级列表编号的文字,选择"开始"选项卡→"段落"组→"多级列表"命令,在打开的多级列表中寻找合适的选项,如图 7-14 所示。

单击"定义新的多级列表"按钮,在打开的"定义新多级列表"对话框中设置 1 级列表编号样式,如图 7-15 所示。在"此级别的编号样式"下拉列表中选择"新建项目符号"选项,在弹出的"符号"对话框中选择"Wingdings 字体,字符代码 123",单击"确定"按钮。单击"字体"按钮,为列表符号设置颜色为"标准色深红色",单击"确定"按钮,即可为段落应用多级列表。

图 7-14 "多级列表"下拉列表

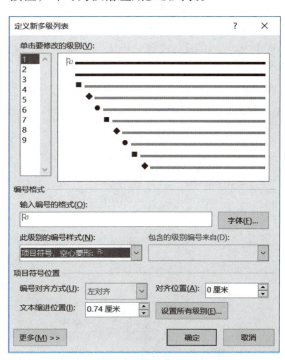

图 7-15 "定义新多级列表"对话框

③应用编号。为"科学家精神"下的六个段落应用编号1),2),3)……。操作方法为：

选中对应段落的所有文字，选择"开始"选项卡→"段落"组→"编号"命令，选择文档编号格式1),2),3)……，即可完成编号的应用，如图7-16所示。

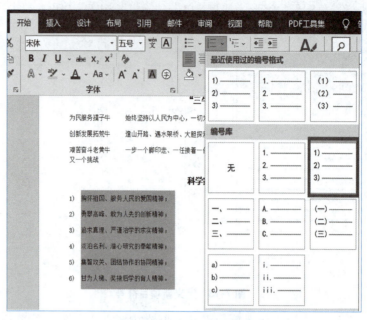

图7-16 设置"编号"

2. 设置首字下沉/悬挂

任务描述：为"伟大精神"宣传手册指定文段设置首字下沉和首字悬挂效果。

（1）首字下沉/悬挂

一些报刊或杂志中，为了引起读者注意及美化文档的排版，常常会看到段落第一个字符被放大，在Word中是利用"首字下沉"或"首字悬挂"来实现的。

（2）实操步骤

①首字下沉。为"抗美援朝精神"段落设置首字"祖国"下沉2行，距离为0.2厘米，字体为黑体。操作方法为：

选中文字"祖国"，选择"插入"选项卡→"文本"组→"首字下沉"→"首字下沉选项"命令，如图7-17所示。

在弹出的"首字下沉"对话框中，将"字体"设置为"黑体"，"下沉行数"选项为2行，"距正文"0.2厘米，单击"确定"按钮，完成首字下沉设置，如图7-18所示。

视频
如何设置首字下沉悬挂

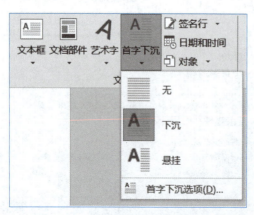

图7-17 "首字下沉"下拉列表

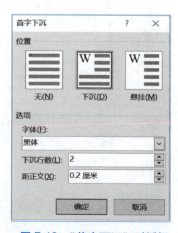

图7-18 "首字下沉"对话框

② 首字悬挂。为"伟大抗疫精神"下的正文第一段首字"生"设置下沉2行,黑体。操作方法为:选中"生"字,选择"插入"选项卡→"文本"组→"首字下沉"→"悬挂"命令,设置字体为"黑体",下沉行数为2,如图7-19所示。

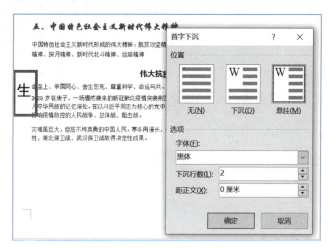

图 7-19　设置"首字悬挂"

知识拓展

1. 格式刷的使用

在Word文档中可以使用"格式刷"命令来进行文字和段落的格式复制。

操作方法为:选中要复制格式的内容,单击"开始"选项卡→"剪贴板"组→"格式刷"按钮,如图7-20所示。

当鼠标指针形状变成刷子形状时,按住鼠标左键,刷过所有要使用该格式的文字,即可完成格式的复制。如果要将该格式复制到多处,可以在选中带格式内容时,双击"格式刷"按钮,使格式复制可以多次使用。当不再需要复制格式时,再次单击"格式刷"按钮,鼠标指针恢复原状即可。

图 7-20　"格式刷"按钮

2. 查找替换

输入好一篇文档后,往往要对其进行校核和订正,如果文档的错误较多,用传统的手工方法一一检查和纠正,不但麻烦而且效率较低,但利用Word的查找替换功能则非常便捷。

（1）查找

查找就是在文档一定范围中找出指定的字符串。操作方法为:选择"开始"选项卡→"编辑"组→"查找"命令,调出查找导航。也可以选择"开始"选项卡→"编辑"组→"查找"→"高级查找"命令,调出"查找与替换"对话框,即可对查找的内容进行进一步的设置,如按格式、特殊符号查找,还有允许设置区分大小写等设置。

（2）替换

替换就是在文档一定范围中用指定的新字符串替换原有的旧字符串。操作方法为:选择"开始"选项卡→"编辑"组→"查找"命令,调出"替换"对话框,设置好查找和替换的内容后,单击"替换"按钮,即可将当前找到的文字进行替换。

视频

查找和替换

3. 快捷键

① 创建、查看和保存文档。

Ctrl+O：打开文档。

Ctrl+S：保存文档。

Ctrl+W：关闭文档。

Alt+Ctrl+S：拆分文档窗口。

Alt+Shift+C：撤销拆分文档窗口。
② 撤销和恢复操作。
Ctrl+Z：撤销操作。
Ctrl+Y：恢复或重复操作。
Esc：取消操作。
③ 文本编辑。
Ctrl+Shift+Space：创建不间断空格。
Ctrl+ 连字符：创建不间断连字符。
Ctrl+B：加粗字母。
Ctrl+I：使字母倾斜。
Ctrl+U：为字符添加下画线。
Ctrl+[：将字号减小 1 磅。
Ctrl+]：将字号增大 1 磅。
Ctrl+Space：删除段落或字符的格式。
Ctrl+C：复制所选文本或对象。
Ctrl+X：剪切所选文本或对象。
Ctrl+V：粘贴文本或对象。
Ctrl+Alt+V：选择性粘贴。
Ctrl+Shift+<：将字号减小一个值。
Ctrl+Shift+>：将字号增大一个值。
Ctrl+Shift+V：仅粘贴格式。
Ctrl+Shift+G：打开"字数统计"对话框。

项目 2　"伟大精神"宣传手册内容编辑

项目引入	宣传手册已完成了基本的文档格式化工作，但整体效果较为单调，现在需为宣传手册添加图片、艺术字、图表等元素，使其更加美观专业。
项目分析	文档的美化是利用图片、表格、艺术字、图形等元素，使文档的版面更美观，内容更生动，这需要使用 Word 2016 的插入对象和图文混排功能。
项目目标	☑ 掌握表格、图表、SmartArt 以及其他对象的插入和编辑； ☑ 掌握图文混排的技巧。

任务　插入和编辑对象

在文档的设计制作过程中，纯文本的内容总是过于单调，在文档中嵌入适当的图片、艺术字、表格等元素可以使文档更美观，内容更生动。本任务将使用 Word 2016 为"伟大精神"宣传手册添加效果元素，效果如图 7-21 所示。

1. 插入封面或空白页

任务描述：为文档插入封面或空白页。
（1）插入封面或空白页的方法
① 插入封面：有时编辑一些比较正规的文档，往往需要一个文档封面用于呈现文章标题、摘要、作者、时间、单位等关键信息，Office 为文档编辑者提供了各类封面样式，只需插入封面，修改关键

视频
如何插入封面或空白页

字词即可快速完成封面制作。操作方法为：

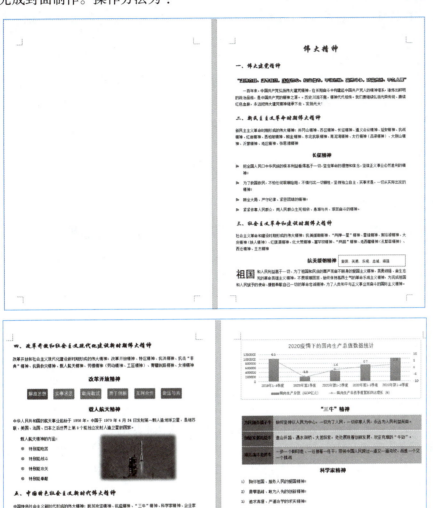

图 7-21　插入效果元素效果图

在 Word 文档主界面，点击"插入"选项卡→"页面"组→"封面"命令，在打开的封面下拉列表中选择需要的封面模板，就会自动把该封面自动插入到 Word 文档第一页，然后单击编辑模板中的文字，既可以完成封面制作。

② 插入空白页：编辑文档过程中，通常需要在文档中部或开头插入一页空白页，用于填写设计的文档内容。具体操作为：定位光标位置后，选择"插入"选项卡→"页面"组→"空白页"命令，即可完成空白页的插入。

（2）实操步骤

方法 1：将光标定位到第 1 段"伟大精神"开头处，选择"插入"选项卡→"页面"组→"空白页"命令，即可插入空白页。

方法 2：将光标定位到第 1 段"伟大精神"开头处，选择"插入"选项卡→"页面"组→"分页"命令，如图 7-22 所示，插入分页符。

图 7-22　插入"分页符"

视频
如何插入艺术字

2. 插入艺术字

任务描述：在"伟大精神"文档最后一页，为最后一行文字设置艺术字效果，并设置字体格式和布局。

（1）插入艺术字的方法

艺术字是以普通文字为基础，经过专业的字体设计师艺术加工的变形字体。选择"插入"选项卡→"文本"组→"艺术字"命令，从下拉列表中选择一种合适的艺术字效果，输入文本即可。文本框插入后，可以在新出现的"绘图工具 - 形状格式"选项卡中修改艺术字的效果设置。

（2）实操步骤

① 选择文字"自主创新、开放融合、万众一心、追求卓越"，选择"插入"选项卡→"文本"组→"艺术字"命令，在下拉列表中选择"渐变填充：蓝色，主题色 5；映像"（第 2 行第 2 列），如图 7-23 所示，插入艺术字。

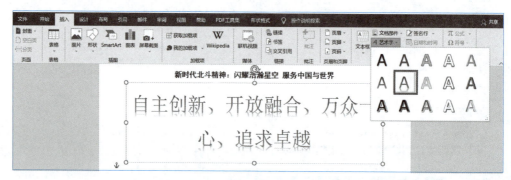

图 7-23　插入艺术字

② 选中艺术字，在"开始"选项卡下，设置字体为微软雅黑，字号为三号，字形为加粗。

③ 选中插入的艺术字，选择"绘图工具 - 形状格式"选项卡→"排列"组→"环绕文字"命令，选择"嵌入型"，如图 7-24 所示；在"开始"选项卡"段落"组设置对齐方式为居中，完成艺术字对齐方式的设置。

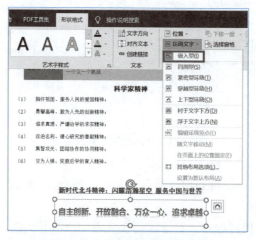

图 7-24　设置艺术字对齐方式

视频
如何插入图片

3. 插入图片

任务描述：在"载人航天精神的内涵"右侧插入"航天.jpg"图片并设置图片大小、位置和样式等效果。

（1）插入图片的方法

Word 不但具有强大的文字处理功能，还可在文档中插入图片、艺术字、文本框等，甚至提供了一个图片工具让用户绘制自己喜欢的图形，使文档图文并茂、美观有趣。图片的来源可以是本机存放的图片或联机图片。选择"插入"选项卡→"插图"组→"图片"命令，可插入图片，如图 7-25 所示。图片插入后，可以在新出现的"图片工具 - 格式"选项卡中修改图片的效果设置。

图 7-25 "插图"组

（2）实操步骤

① 插入图片。将光标定位到"载人航天精神的内涵"右侧，选择"插入"选项卡→"插图"组→"图片"命令→"此电脑"，在打开的"插入图片"对话框中找到素材文件夹下对应的"航天 .jpg"的照片，如图 7-26 所示。

图 7-26 插入图片

② 设置图片大小。选中图片，在新出现的"图片工具"选项卡→"图片格式"→"大小"组单击"高级版式：大小"按钮 ，打开"布局"对话框。在"大小"选项卡下，取消勾选"锁定纵横比"，设置高度绝对值为 4.5 厘米、宽度绝对值为 7.5 厘米，如图 7-27 所示。

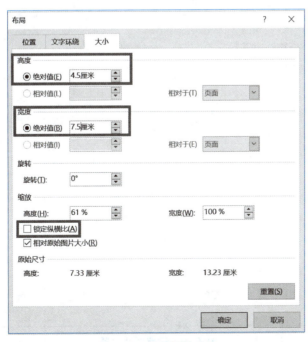

图 7-27 设置图片大小

③ 设置图片环绕方式。在上述步骤的"布局"对话框的"文字环绕"选项卡设置环绕方式为"紧密型"。或者选中图片,选择"图片工具"→"图片格式"选项卡→"排列"组→"环绕文字"选项,在下拉列表中选择"紧密型环绕",如图 7-28 所示。

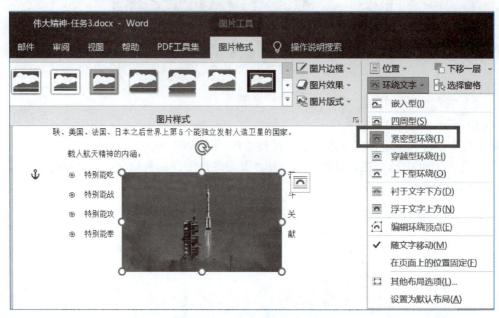

图 7-28　设置环绕文字方式

④ 设置图片位置。同样打开"布局"对话框,选择"位置"页面,水平位置绝对于右侧页边距 8 厘米,垂直位置绝对于下侧页面 11 厘米,设置好后单击"确定"按钮,如图 7-29 所示。

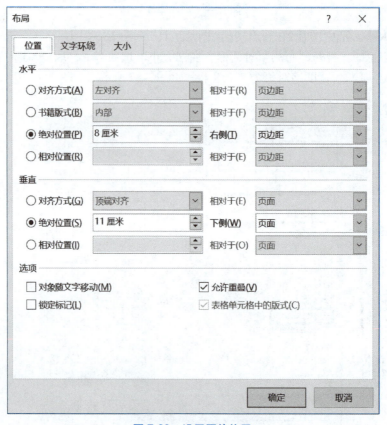

图 7-29　设置图片位置

⑤ 设置图片样式。选中图片,选择"图片工具"→"图片格式"选项卡→"图片样式"组中选择"柔滑边缘矩形"。完成效果如图 7-30 所示。

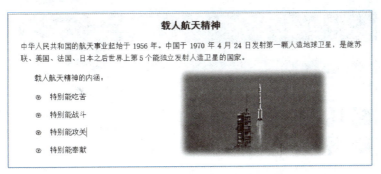

图 7-30 插入"航天"效果图

4. 插入文本框

任务描述:在"抗美援朝精神"标题右侧添加横排文本框,并在输入文字后完成文本框效果设置。

(1)插入文本框方法

文本框是一个能够容纳文本的容器,其中可放置各种文字、图形和表格等。选择"插入"选项卡→"文本"组→"文本框"命令即可完成文本框的插入,如图 7-31 所示。文本框插入后,可以在新出现的"绘图工具"→"形状格式"选项卡中修改文本框的效果设置。

图 7-31 "文本"工作组

视频
如何插入文本框

(2)实操步骤

① 插入横排文本框并输入文字。选择"插入"选项卡→"文本"组→"文本框"命令,在下拉列表中选择"绘制横排文本框"命令,输入文字"爱国、英勇、乐观、忠诚、顽强",如图 7-32 所示,适当调整文本框大小、文本框位置和字体大小。

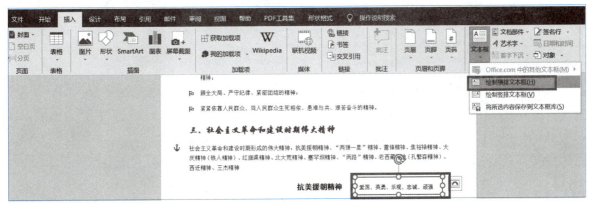

图 7-32 绘制横排文本框并录入文字

② 设置文本框形状样式。选中文本框,选择"绘图工具"→"形状格式"选项卡→"形状样式"组,在"形状样式"下拉列表中选择"彩色轮廓 - 蓝色,强调颜色 1",如图 7-33 所示,完成文本框的插入和格式设置。

5. 插入超链接

任务描述:为文段"新时代北斗精神:闪耀浩瀚星空 服务中国与世界"添加超链接。

(1)插入超链接的方法

超级链接简单来讲,就是指按内容链接。超级链接在本质上属于一个网页的一部分,它是一种允许用户同其他网页或站点之间进行连接的元素。超链接的对象,可以是一段文本或者是一个图片。操作方法为:

视频
如何插入超链接

单击"插入"选项卡"链接"组中的"链接"按钮,在弹出的"插入超链接"对话框中添加链接的对象即可。

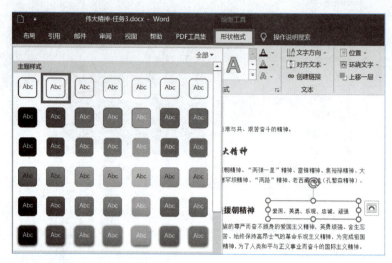

图7-33 设置文本框颜色

(2)实操步骤

① 选中文字"新时代北斗精神:闪耀浩瀚星空 服务中国与世界",单击"插入"选项卡→"链接"组→"链接"按钮,如图7-34所示。

② 打开"编辑超链接"对话框,在"地址"文本框中输入"https://www.xuexi.cn/lgpage/detail/index.html?id=18118184498119780453&item_id=18118184498119780453",如图7-35所示,单击"确定"按钮,完成网页的链接。

图7-34 "链接"工作组

图7-35 链接到网页

6. 插入图表

任务描述:利用2020疫情下的国内生产总值数据,在"伟大抗疫精神"内容最后插入"2020年疫情下国内生产总值数据统计"簇状柱形图和带数据标记的折线图的组合图表,并完成图表效果设置。

(1)插入图表方式

在文档中插入图表可以更直观地以图形的方式来观察数据,提高浏览数据的速度,插入图表后与图表关联的数据会用Excel的简易窗口来显示。

图表生成后可以利用"图表工具-图表设计"选项卡对图表进行修改。

① "图表布局"组中的命令可以添加图标元素以及进行布局修改;

② "图表样式"组中的命令可以应用内置图表样式,并进行颜色更改;

视频 如何插入图表

③ "数据"组中的命令可以进行"切换行/列""选择数据""编辑数据""刷新数据";

④ "类型"组的命令可以更改图表类型。

（2）实操步骤

① 插入图表。光标定位到"伟大抗疫精神"内容正文最后空行,选择"插入"选项卡→"插图"组→"图表"命令,如图 7-36 所示,弹出"插入图表"对话框,选择插入"组合图",系列 1 的图表类型为"簇状柱形图",系列 2 为"带数据标记的折线图",勾选"次坐标轴"复选框,如图 7-37 所示。

图 7-36　"插图"组"图表"命令

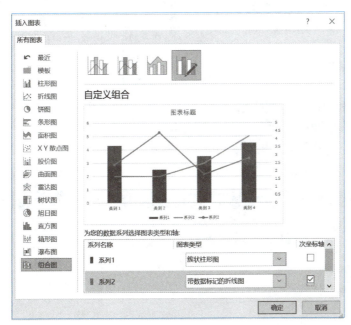

图 7-37　插入组合图

② 添加数据。剪切数据内容,粘贴到 Excel 的简易窗口中,删除 D 列"系列 3"内容,如图 7-38 所示。完成后关闭 Excel 窗口。

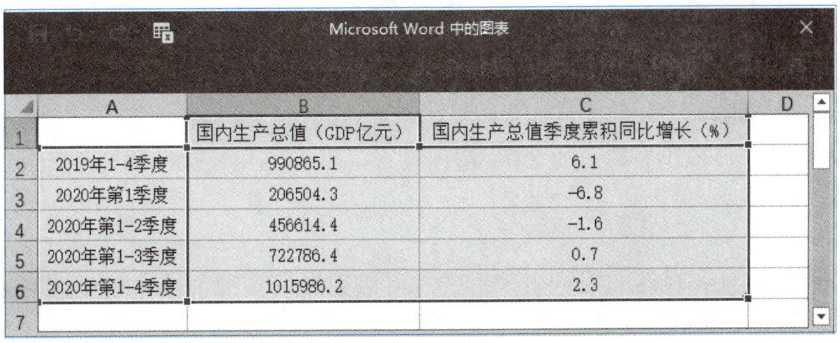

	A	B	C	D
1		国内生产总值（GDP亿元）	国内生产总值季度累积同比增长（%）	
2	2019年1-4季度	990865.1	6.1	
3	2020年第1季度	206504.3	-6.8	
4	2020年第1-2季度	456614.4	-1.6	
5	2020年第1-3季度	722786.4	0.7	
6	2020年第1-4季度	1015986.2	2.3	
7				

图 7-38　编辑图表数据

③ 添加图标题。选中图表,选择"图表工具 - 图表设计"选项卡→"图表布局"组→"添加图表元素",在下拉列表中选择"图表标题"→"图表上方",在新增的标题处输入文字"2020年疫情

下的国内生产总值数据统计"。

④ 添加数据标签。选中图表中的折线图,选择"图表工具 - 设计"选项卡→"图表布局"组→"添加图表元素",在下拉列表中选择"数据标签"→"上方",完成图表的布局设置,如图 7-39 所示。

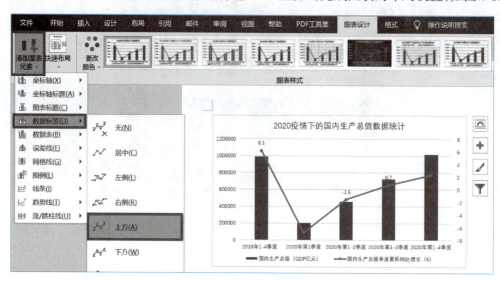

图 7-39　添加图表元素

⑤ 设置图表样式和颜色。选中图表,选择"图表工具 - 图表设计"选项卡→"图表样式"组,选中"样式 3";更改颜色为"彩色调色板 3"。

⑥ 设置图表大小。选中图表,选择"图表工具 - 格式"选项卡→"大小"组,设置高度为 5.43 厘米,宽度为 17 厘米,完成效果如图 7-40 所示。完成图表设计后,删除原数据表格。

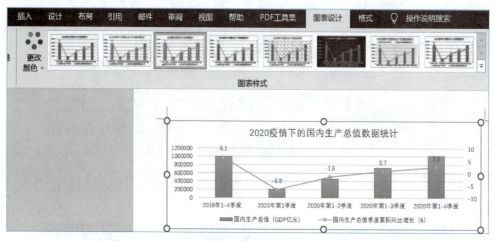

图 7-40　图表效果

7. 插入 SmartArt 图形

视频
如何插入 SmartArt 图形

任务描述:将"改革开放精神"下的 24 字精神设置为用"层次结构列表"的 SmartArt 图形呈现,并完成图形效果设置。

(1) 插入图形方法

SmartArt 图形是信息和观点的视觉表现形式。可以通过从多种不同布局中选择来创建 SmartArt 图形,从而快速、轻松、有效地传达信息。

通过 SmartArt 图形可以非常直观地说明层级关系、附属关系、并列关系及循环关系等各种常见关系,而且制作出来的图形漂亮精美,具有很强的立体感和画面感。

SmartArt 图形类型包括列表、流程、循环、层次结构、关系、矩阵、棱锥图和图片等,不同类型的 SmartArt 图形表示了不同的关系。选择"插入"选项卡→"插图"组→"SmartArt"命令，打开"选择 SmartArt 图形"对话框，选择需要的图形插入即可，如图 7-41 所示。

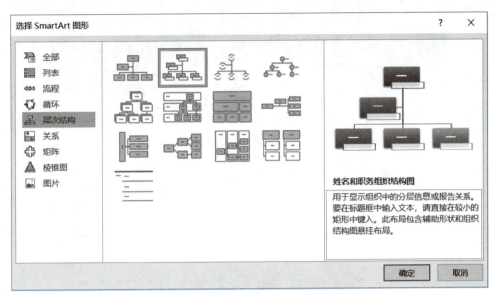

图 7-41 "选择 SmartArt 图形"对话框

列表：通常用于显示无序信息。
流程：通常用于在流程或日程表中显示步骤。
循环：通常用于显示连续的流程。
关系：通常用于显示信息或内容的某种关系。
层次结构：通常用于显示层级关系。
矩阵：通常用于显示各个部分如何与整体关联。
棱锥图：通常用于显示与顶部或底部最大部分的比例关系。
图片：通常用于居中显示以图片表示的构思，相关的构思显示在旁边。

（2）实操步骤

① 插入 SmartArt 图形并录入内容。光标定位到 24 字精神所在段落最后，选择"插入"选项卡→"插图"组→"SmartArt"命令，弹出"选择 SmartArt 图形"对话框，如图 7-41 所示，选择插入"层次结构"类型中的"层次结构列表"，在文本窗格或图形内输入相应的文本，如图 7-42 所示。输入完成，删除原有的 24 字精神。

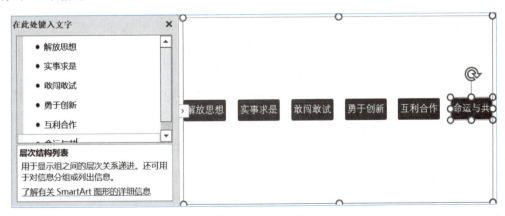

图 7-42 输入文本

提示：为了使得所有内容都为第一层次，将光标定位到第二次层内容输入框中，按 Shift+Tab 键，可将第二级内容升级为第一级。

② 设置 SmartArt 图形颜色和样式。选中图形，选择"SmartArt 工具 -SmartArt 设计"选项卡→"SmartArt 样式"组"更改颜色"命令，在下拉列表中选择"彩色范围 - 个性色 5 至 6"，样式为"白色轮廓"，如图 7-43 所示，完成 SmartArt 图形颜色与样式设置。

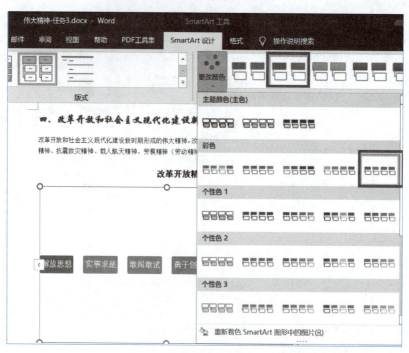

图 7-43　SmartArt 图形设计

③ 设置 SmartArt 图形大小和对齐。选中图形，选择"SmartArt 工具 - 格式"选项卡，在"大小"组中设置图形高为 1.15 厘米，宽度为 14.65 厘米，完成大小设置。插入的 SmartArt 图形为嵌入型，将光标定位到 SmartArt 图形所在段落最后，在"开始"选项卡下设置段落对齐方式为居中。完成效果如图 7-44 所示。

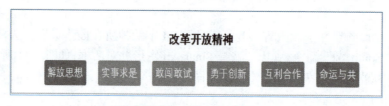

图 7-44　SmartArt 效果

8. 插入表格

任务描述：利用三行两列的表格直观呈现"'三牛'精神"的具体内容，并设置表格样式。

（1）插入表格的方法

表格是一种简明扼要的表达方式。它以行和列的形式组织信息，结构严谨，效果直观。往往一张简单的表格就可以代替大篇的文字叙述，所以各种科技、经济等书刊越来越多地使用表格。

表格的操作主要是建立表格、编辑表格、表格格式的设置、表格与文字转换、表格中数据的计算与排序等。

① 建立表格。使用"插入"选项卡"表格"组中的命令可以选择多种不同的方法创建表格。

方法 1：直接拖动鼠标选择行列数目来建立表格，如图 7-45 所示。

方法 2：选择"插入表格"按钮，弹出"插入表格"对话框，如图 7-46 所示，输入表格的列数和行数，单击"确定"按钮建立表格。

视频
如何插入表格

 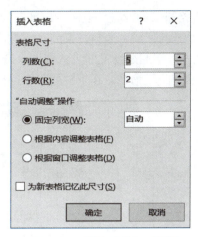

图 7-45 "插入表格"下拉列表　　　　　图 7-46 "插入表格"对话框

② 编辑表格。表格创建成功后，就可以进行表格的编辑，包括表格对象的选定，调整表格列宽与行高，插入或删除行或列，合并或拆分单元格。

表格对象的选中可以分为部分单元格选中和整个表格选中，其中整个表格选中可以选中任一个单元格，单击表格左上角的 ⊞ 即可选中整个表格。

调整表格的列宽与行高。将光标定位到表格内，在新出现的"表格工具 - 布局"选项卡→"单元格大小"组中进行设置，如图 7-47 所示，也可以选中要设置的表格部分，右击弹出快捷菜单，选择"表格属性"命令，打开"表格属性"对话框，在其中的行和列的选项卡中进行设置，如图 7-48 所示。"表格属性"对话框也可以通过选择"表格工具 - 布局"→"表"→"属性"命令打开。还可以利用鼠标调整表格列的行高宽度。将鼠标移动到表格列的边界，按住鼠标左键左右拖动边界线，调整列的宽度，同样的方法可以对行高进行调整。

图 7-47 "单元格大小"组

图 7-48 "表格属性"对话框

③ 表格格式的设置。表格结构确定好以后，为了美观可以适当地对格式进行设置，例如自动套用格式、边框与底纹、表格位置与对齐方式的设置。

内置表格样式是设置好边框和底纹效果的表格样式。选中表格，选择"表格工具-设计"选项卡→"表格样式"命令，在下拉列表中选择合适的表格样式即可，如图7-49所示。

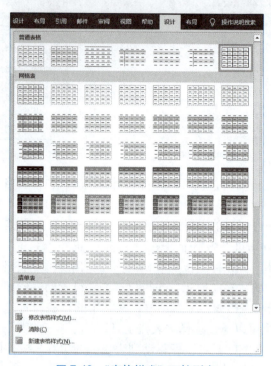

图7-49 "表格样式"下拉列表

如果对于内置的表格需要调整，可以选中要修改的表格样式，右击，在弹出的快捷菜单中选择"修改表格样式"命令，弹出"修改样式"对话框，如图7-50所示，进行修改即可。也可以在快捷菜单中选择"新建表格样式"命令，在打开的"根据格式化创建新样式"对话框中设置自己需要的表格样式，如图7-51所示。

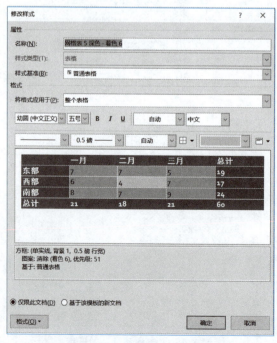

图7-50 "修改样式"对话框

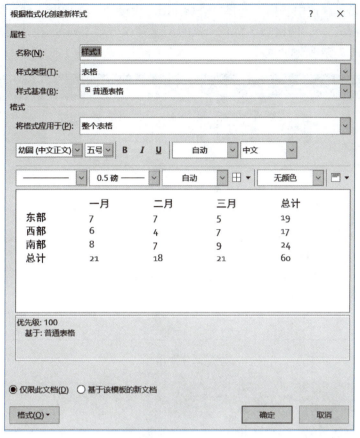

图 7-51 "根据格式化创建新样式"对话框

（2）实操步骤

① 建立表格。选中"三牛"精神的具体内容"为民服务孺子牛……战胜一个又一个挑战"段落文本，选择"插入"选项卡→"表格"组→"文本转换成表格"命令，弹出"文字转换成表格"对话框，如图 7-52 所示，选择"文字分割位置"→"制表符"，单击"确定"按钮完成表格建立。

② 编辑表格行高列宽。在"表格工具-布局"选项卡→"单元格大小"组中设置列宽以及行高，如图 7-53 所示。选中整个表格，设置行高为 1.4 厘米。选中第 1 列，设置的列宽为 3 厘米；选中第 2 列，设置的列宽为 14 厘米。

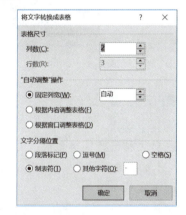

图 7-52 "将文字转换成表格"对话框

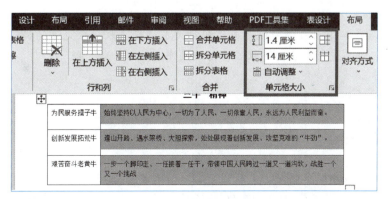

图 7-53 编辑表格行高列宽

③ 表格样式的设置。选中表格，选择“表格工具 - 表设计”选项卡→“表格样式”选项，在下拉列表中选择“网格表”→“网格表 5 深色 - 着色 6”（第 5 行第 7 列），在“表格样式选项”组取消勾选“标题行”，如图 7-54 所示。

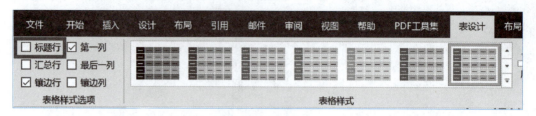

图 7-54　表设计

④ 设置表格内所有项目格式中部左对齐。选中整个表格，选择“表格工具 - 布局”选项卡→“对齐方式”组，如图 7-55 所示，选择“中部左对齐”。

设置表格居中对齐。选中整个表格，选择“表格工具 - 布局”选项卡→“表”→“属性”命令，在弹出的对话框中选择“表格”选项卡→“对齐方式”→“居中”，设置完成后单击“确定”按钮。完成效果如图 7-56 所示。

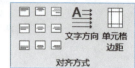

图 7-55　设置对齐方式

“三牛”精神

为民服务孺子牛	始终坚持以人民为中心，一切为了人民、一切依靠人民，永远为人民利益而奋。
创新发展拓荒牛	逢山开路、遇水架桥、大胆探索，处处展现着创新发展、攻坚克难的“牛劲”。
艰苦奋斗老黄牛	一步一个脚印走、一任接着一任干，带领中国人民跨过一道又一道沟坎，战胜一个又一个挑战

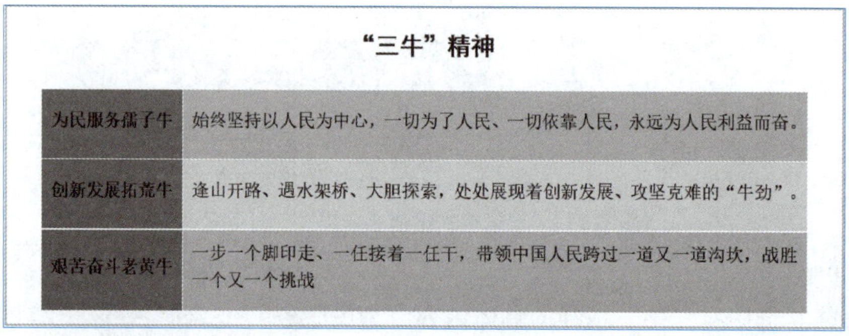

图 7-56　表格完成效果

知识拓展

1. 对象选定

在对文档进行编辑之前，首先要对文本进行选定。选定文本是各种编辑工作的基础，而定位是选定文本的必要步骤。

（1）定位

快速定位：选择“开始”选项卡→“编辑”组→“查找”→“转到”命令，打开“查找与替换”对话框的“定位”选项卡。

（2）选定

找到选取目标后，接下来可以用键盘或鼠标对文本进行选取。在文档的编辑操作中需要选定相应的文本之后，才能对其进行删除、复制、移动等操作。

2. 快捷键

（1）查找、替换和浏览文本

Ctrl+F：查找内容、格式和特殊项。

Alt+Ctrl+Y：重复查找。

Ctrl+H：替换文字、特定格式和特殊项。

Ctrl+G：转至某页、书签、脚注、表格、注释、图形或其他位置。

Alt+Ctrl+Z：在最后 4 个已编辑过的位置之间进行切换。
Ctrl+Page Up：移至上一编辑位置。
Ctrl+Page Down：移至下一编辑位置。
（2）切换视图
Alt+Ctrl+P：切换到普通视图。
Alt+Ctrl+O：切换到大纲视图。
Alt+Ctrl+N：切换到草稿视图。
（3）大纲视图
Alt+Shift+ 向左键：提升段落级别。
Alt+Shift+ 向右键：降低段落级别。
Ctrl+Shift+N：降级为正文。
Alt+Shift+ 向上键：上移所选段落。
Alt+Shift+ 向下键：下移所选段落。
Alt+Shift+ 加号：扩展标题下的文本。
Alt+Shift+ 减号：折叠标题下的文本。
Alt+Shift+A：扩展或折叠所有文本或标题。
数字键盘上的斜杠 (/)：隐藏或显示字符格式。
Alt+Shift+L：显示首行正文或所有正文。
Ctrl+Tab：插入制表符。
（4）打印和预览文档
Ctrl+P: 打印文档。
Alt+Ctrl+I：切换至或退出打印预览。
箭头键：在放大的预览页上移动。
Page Up/Down：缩小显示比例时逐页翻阅预览页。
Ctrl+Home：缩小显示比例时移至预览首页。
Ctrl+End：缩小显示比例时移至最后一张预览页。

项目 3　"伟大精神"宣传手册排版设计

项目引入	宣传手册的美化工作已完成，为使文档整体风格统一，需设置文档主题、背景、底纹等样式。同时，为页数较多的长文档添加页码、目录、索引等元素，可方便读者阅读。
项目分析	文档样式的设置包括边框、底纹、主题样式、背景等方面，目的在于使文档的色调和谐、风格统一。内容较多的长文档，如毕业论文、报告等文档，还应加入页码、页眉页脚、批注脚注、目录、索引等，使读者在阅读时更方便。
项目目标	☑ 掌握底纹、边框、主题和背景的设置和应用； ☑ 掌握长文档编辑技巧。

任务1　设计宣传手册样式

　　图文混排的文档中，文字和图片相辅相成，是版面产生秩序、形成美感的关键，通过应用边框、底纹、文档主题样式，可以使表格、图表颜色协调一致。本任务将为"伟大精神"宣传手册应用边框底纹、主题、背景等文档样式，效果如图 7-57 所示。

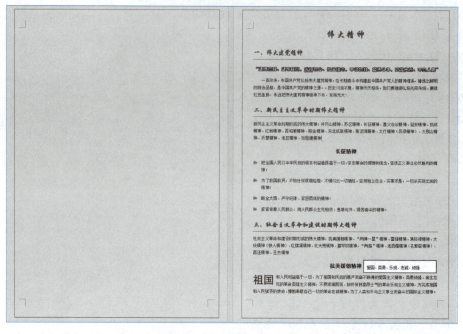

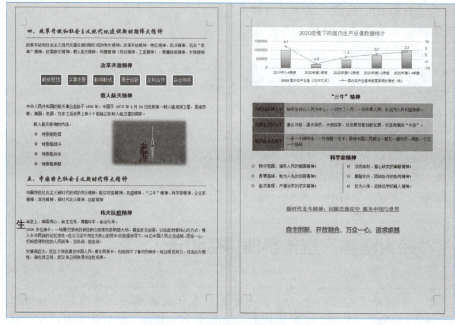

图 7-57　设计文档样式效果图

1. 页面设置

任务描述：对文档进行页面设置。

文档的页面设置是指每页的行数和每行的字数、页边距、纸张大小、版式、页面方向和文档网格等的设置。可通过"布局"选项卡"页面设置"组快速设置页边距、纸张方向和纸张大小；也可以单击"页面设置"组对话框启动器按钮，打开"页面设置"对话框对页面进行设置，如图 7-58 所示。

2. 边框与底纹

任务描述：为"一、伟大建党精神"5 个标题段落添加 1.5 磅的标准色为深红色的单实线下边框；为整篇文档添加同样样式、颜色和粗细的页面边框。

（1）设置边框与底纹的方法

在 Word 中进行文档编辑时，需要让文档中的某些部分重点突出，这时就可以通过对文档添加边框和底纹来实现。Word 可以为文字、段落、表格和页面加上边框和底纹。

视频

如何设置边框与底纹

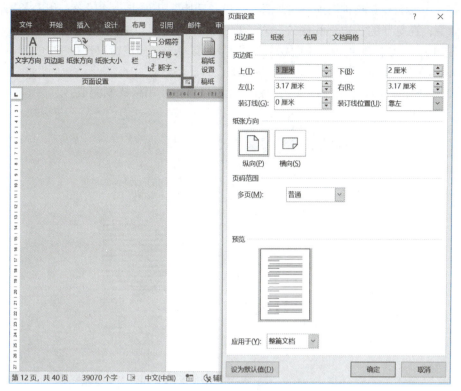

图 7-58　页面设置

选中要进行设置的内容，选择"设计"选项卡→"页面背景"组→"页面边框"命令，如图 7-59 所示，打开"边框和底纹"对话框，在此进行相应的设置。也可以选择"开始"选项卡→"段落"组→"边框"→"边框和底纹"命令，如图 7-60 所示。"边框和底纹"对话框中有"边框""页面边框""底纹" 3 个选项卡。其中"边框"选项卡可以设置边框的样式、颜色、宽度以及应用于文字还是段落的应用范围等；"页面边框"选项卡可以设置页面边框的样式、颜色、宽度、艺术型以及应用范围等；"底纹"选项卡主要设置底纹的填充（颜色）、图案以及应用范围等。

图 7-59　"页面背景"组

图 7-60　"边框和底纹"命令

（2）实操步骤

①选中"一、伟大建党精神"所在的段落，选择"开始"选项卡→"段落"组→"边框"→"边框和底纹"命令，在打开的"边框和底纹"对话框中选择"边框"选项卡，选择"自定义"，设置样式为"单实线"（第一类），颜色为标准色深红，宽度为1.5磅，在预览窗口选中下边框，应用于段落，如图7-61所示，单击"确定"按钮，完成段落边框设置。

②同样的方法完成其他标题边框样式设置，也可以直接使用格式刷完成。

图7-61　应用于段落的"边框"设置

③设置页面边框。选择"设计"选项卡→"页面背景"组→"页面边框"命令，选择"页面边框"选项卡，选择页面边框类型为"标准色 - 深红"，1.5磅实线边框，应用于整篇文档，如图7-62所示。

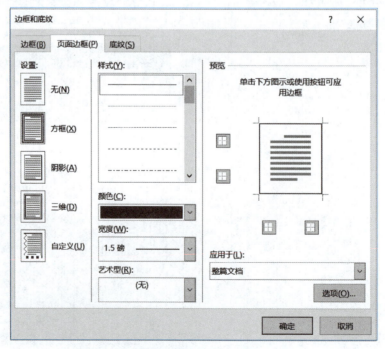

图7-62　"页面边框"选项卡

3. 主题和背景

任务描述：为文档设计主题效果为"离子会议室"，页面背景色为"橙色，个性色4，淡色80%"。

（1）设置主题和背景的方法

① 设置主题。主题提供多种样式的集合，可以随时选择不同的主题，再应用不同的样式集合，快速更改文档的外观。主题颜色将根据主题的不同而改变。在本项目中，可先把主题更改为"框架"，再对效果元素的颜色及样式进行设置。

设置主题的方法是：在"设计"选项卡"文档格式"组中选择各种主题的内置样式，也可以利用右侧的颜色、字体、段落间距和效果命令修改样式效果，如图7-63所示。

② 设置背景。设置页面背景的方法是：选择"设计"选项卡→"页面背景"组→"页面颜色"选项。页面颜色可以采用主题颜色和标准色、其他颜色，以及渐变、纹理、图案、图片的填充效果，如图7-64所示。水印可以利用内置水印，也可以利用自定义的文字和图案水印。

图7-63 "框架"主题

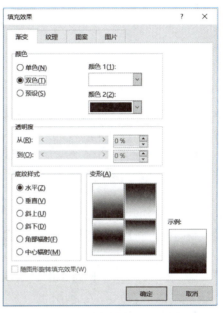

图7-64 "填充效果"对话框

（2）实操步骤

① 选择"设计"选项卡→"文档格式"组→"主题"命令，在下拉列表中选择"离子会议室"主题，如图7-65所示，完成主题设置。

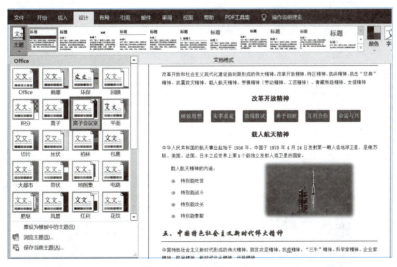

图7-65 主题设置效果

② 选择"设计"选项卡→"页面背景"组→"页面颜色"命令，在下拉列表中选择"主题颜色"为"橙色，个性色4，淡色80%"，如图7-66所示，完成背景设置。

视频

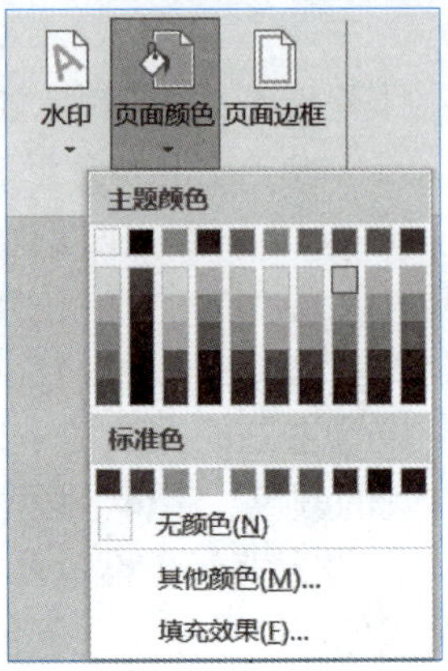

如何设置分隔符

4. 分隔符/分栏操作

任务描述：将"科学家精神"下的6点具体精神划分为间距为2个字符的两栏，且显示分割线。

（1）插入分隔符

在编辑文档时，除了要求文字没有错漏之外，还要对文档做某些修饰美化工作，使文档看起来更加美观、整洁、赏心悦目。

Word中常用的分隔符有三种：分页符、分节符、分栏符。

① 分页符：是插入文档中的表明一页结束而另一页开始的格式符号。当文本或图形等内容填满一页时，Word会插入一个自动分页符，并开始新的一页。如果要在某个特定位置强制分页，可插入"手动"分页符，这样可以确保章节标题总在新的一页开始。

图 7-66 "页面颜色"下拉列表

② 分节符：插入分节符，可以将Word文档分成多个部分。每个部分可以有不同的页边距、页眉页脚、纸张大小等不同的页面设置。分节符是为在一节中设置相对独立的格式页插入的标记。

③ 分栏符：是一种将文字分栏排列的页面格式符号。有时为了将一些重要的段落从新的一栏开始，可以插入一个分栏符，把在分栏符之后的内容移至另一栏。

插入分隔符的操作为：将插入点置于要插入分隔符的位置，选择"布局"选项卡→"页面设置"组→"分隔符"命令，在下拉列表中选择相应的分隔符，即可插入分隔符，如图7-67所示。

（2）分栏操作

分栏排版就是将文档设置成多栏格式，从而使版面变得生动美观。分栏排版常在类似报纸或实物公告栏、新闻栏等排版中应用，既美化了页面，又方便阅读。

（3）实操步骤

选中"科学家精神"下的6点具体精神内容，选择"布局"选项卡→"页面设置"组→"栏"→"更多栏"命令，在弹出的"栏"对话框中选择"两栏"，间距为2字符，勾选"分隔线"复选框，应用于"所选文字"，如图7-68所示。完成效果如图7-69所示。

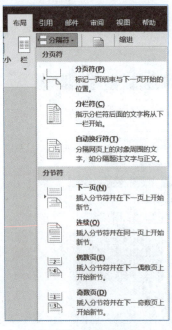

图 7-67 选择分隔符

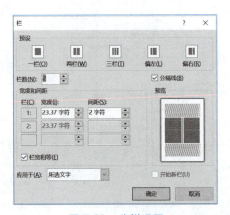

图 7-68 分栏设置

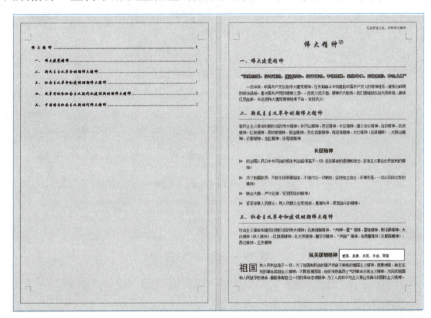

图 7-69 分栏操作效果图

任务2　编辑长文档

毕业论文、宣传手册、活动计划等长文档，由于内容和页面较多，其中还包含各种图表，读者阅读起来比较吃力。为文档设置页眉页脚、目录、索引、批注等，可帮助读者快速定位文档内容。本任务将为"民族精神"宣传手册设置相应的页眉页脚、目录、索引、批注等，效果如图 7-70 所示。

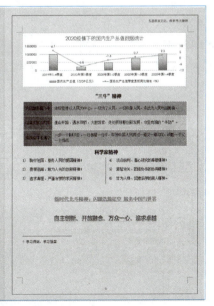

图 7-70　编辑长文档效果图

视频

如何设置页码

1. 页码设置

任务描述：从第 2 页正文开始，在页面底端为宣传手册添加样式为"普通数字 2"的页码，注意目录页没有页码。

（1）设置页码的方法

页码是书籍或者文档的每一页面上标明次序的号码或其他数字。页码主要是为了便于阅读和读者检索，尤其是长文档，应在文档中设置合适的页码。设置页码的方式是：

选择"插入"选项卡→"页眉页脚"组→"页码"命令，在下拉列表中可以选择页码的插入位置，也可以设置页码格式。

（2）实操步骤

① 首先将光标定位于标题"伟大精神"开头处，选择"布局"选项卡→"页面设置"组→"分隔符"命令，如图 7-71 所示，选择"分节符"→"下一页"命令，使正文成为新一节。

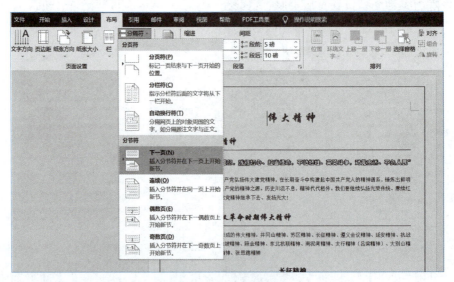

图 7-71　插入分隔符

② 将光标定位到第 2 页，选择"插入"选项卡→"页眉页脚"组→"页码"→"页面底端"→"普通数字 2"命令，如图 7-72 所示，对全文插入页码。

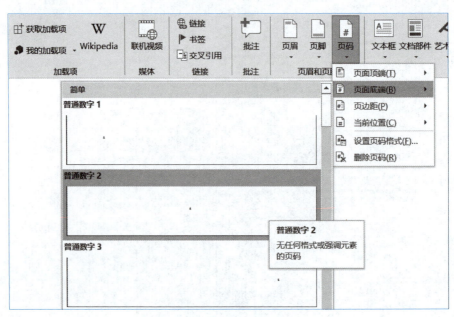

图 7-72　插入页码

③ 选中第 2 页页码中的数字"2",选择"页眉和页脚工具 - 设计"选项卡→"页眉页脚"组→"页码"→"设置页码格式"命令,打开"页码格式"对话框,将"页码编号"设置为起始页码为"1",如图 7-73 所示,完成正文和目录页码的分隔。

④ 选择"页眉和页脚工具 - 设计"选项卡→"导航"组,"链接到前一节"命令,关闭链接,将底端页脚位置设置为 0 厘米,如图 7-74 所示,删除首页页码。

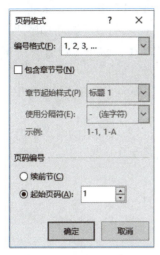
图 7-73 设置页码格式

图 7-74 "导航"组

2. 页眉与页脚

任务描述:为"伟大精神"宣传手册添加空白页眉,页眉内容为"弘扬民族文化,传承伟大精神",并设置页眉效果。

(1)设置页眉页脚的方法

页眉和页脚是指在文档每页的顶部或者底部所做的标记,通常是页码、章节名、日期或者公司徽标等文字或图形。在"插入"选项卡"页眉页脚"组中即可设置页眉页脚。插入后可以双击页眉页脚,打开"页眉和页脚工具 - 设计"选项卡,进行页眉页脚的修改与设置。

(2)实操步骤

① 选择"插入"选项卡→"页眉页脚"组→"页眉"→"空白"命令,进入页眉编辑状态。输入文字"弘扬民族文化,传承伟大精神",设置格式为"华文楷体,10 号,右对齐,无框线",如图 7-75 所示。

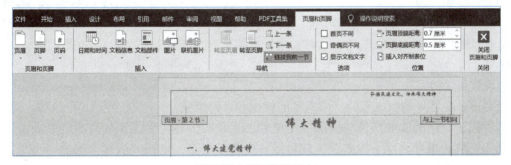
图 7-75 页眉编辑状态

② 选中第一页页眉,选择"页眉和页脚工具 - 设计"选项卡→"选项"组→"首页不同"命令,如图 7-76 所示,完成页眉的设置。

3. 脚注与尾注

任务描述:为标题"伟大精神"添加尾注,格式为①,②,③…,内容为"学习网站:学习强国"。

图 7-76 "选项"工作组

（1）设置脚注尾注的方法

很多学术性的文档在引用别人的叙述时需要给出资料来源，一般都采用脚注或尾注的方式来对引用进行补充说明。脚注一般位于页面的底部，可以作为文档某处内容的注释，如术语解释或背景说明等；尾注一般位于文档的末尾，通常用来列出书籍或文章的参考文献。一般情况下，脚注的标号采用每页单独编号的方式，而尾注采用整个文档统一编号的方式。

方法1：将光标定位到文字结尾处，选择"引用"选项卡→"脚注"组→"插入脚注"命令。

方法2：单击"引用"选项卡"脚注"组中的对话框启动器按钮 ，打开"脚注和尾注"对话框，对尾注进行进一步设置，可以设置尾注的位置为文档结尾或节的结尾，也可以设置脚注布局、格式和应用更改范围。

设置完尾注后，当光标定位到相应位置时，即可出现设置的注释内容。

（2）实操步骤

① 将光标定位到标题"伟大精神"结尾处，单击"引用"选项卡"脚注"组的对话框启动器按钮，打开"脚注和尾注"对话框。尾注位置设置为"文档结尾"，编号格式为①，②，③…，如图7-77所示。设置完成点击"插入"。

② 光标自动跳转到尾注编辑处，完成尾注的录入，如图7-78所示。

图7-77 "脚注和尾注"设置

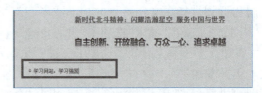

图7-78 录入尾注效果图

4. 目录与索引

任务描述：在文档首页为"伟大精神"宣传手册自定义2级目录，其中"伟大精神"为1级，"一、伟大建党精神"等5个标题为2级。

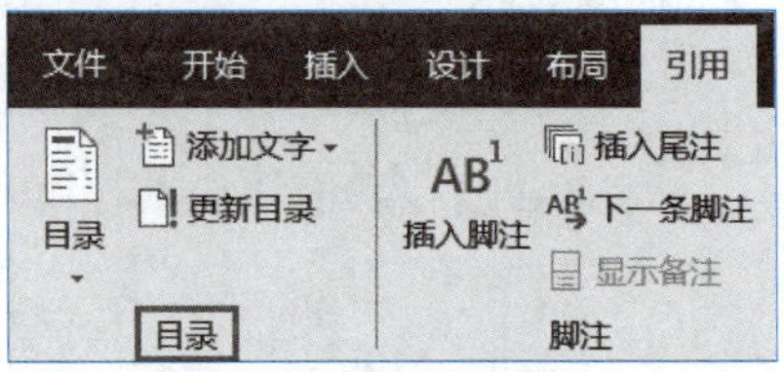

（1）设置目录的方法

目录是书稿中常见的组成部分，由文章的标题和页码组成。

图7-79 "目录"组

目录的作用在于方便阅读者快速地检阅或定位到感兴趣的内容，手工添加目录既麻烦又不利于以后的修改，一般采用自动目录的方式生成目录。操作方法是：选择"引用"选项卡→"目录"组→"目录"→"自定义目录"命令即可设置目录，如图7-79所示。

系统默认采用的目录是三级目录，如果文档标题超过三级，并且希望均在目录中显示，则需要调整显示的级别。如果希望目录中显示的级别低于三级，也可以通过调整显示级别来完成。另外，还提供了多种目录的格式，可以在"目录"对话框"格式"下拉列表中进行选择，如图7-80所示。

在长文档写作过程中，目录与文档的正文不采用相同的页码编排，因此，我们经常在文档的开始插入目录，以保证目录中页码的顺序正常。同时，Word插入的页码是以域的方式实现的，它与正文之间有链接关系，要将目录与文档之间进行分隔，必须采用取消链接的方式。

（2）实操步骤

①为标题设置"大纲级别"。选中文档标题"伟大精神"，单击"开始"选项卡"段落"组的对话框启动器按钮 ，在弹出的"段落"对话框"缩进和间距"选项卡中选择"常规"→"大纲级别"，在下拉列表中选择"1级"，以同样的方式设置"一、伟大建党精神"等5个标题的大纲级别为2级，如图7-81所示。

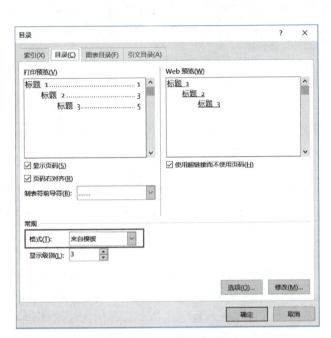

图7-80 "目录"对话框

图7-81 设置大纲级别

②引用自定义目录。将光标定位到首页第一行，选择"引用"选项卡→"目录"组→"目录"→"自定义目录"命令，设置制表符前导符为长虚线（第2种），格式为正式，显示级别为2。单击"选项"按钮，打开"目录选项"对话框，设置有效样式为标题1的目录级别为1，有效样式为标题2的目录级别为2，如图7-82所示，设置完成后单击"确定"按钮，即可完成目录引用。

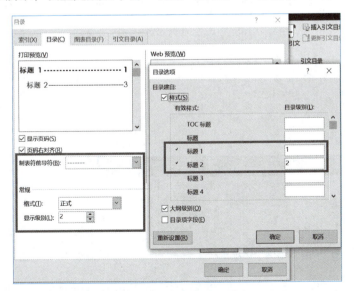

图7-82 引用自动目录

③设置目录字体格式。选择全部目录内容，设置字号为小四号，效果如图7-83所示。

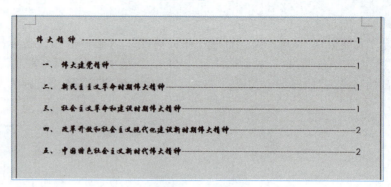

图 7-83　目录效果

知识拓展

1. 修订批注

"审阅"功能区包括校对、语言、中文简繁转换、批注、修订、更改、比较和保护等几个组，主要用于对 Word 文档进行校对和修订等操作，适用于多人协作处理 Word 长文档。

（1）修订

修订用于标注文档进行的各种更改。在"审阅"选项卡"修订"组中有进行修订的各种命令，如图 7-84 所示。阅读者看到修订后，可以选择"审阅"选项卡"更改"组中的命令来接受或者拒绝修订。

（2）批注

用户在修改别人的文档，且需要在文档中加上自己的修改意见，但又不能影响原有文章的排版时，可以插入批注。选中要添加批注的文本，单击"审阅"选项卡→"批注"组→"新建批注"按钮，在窗口右侧将建立一个标记区，为选定的文本添加批注框，并通过连线将文本与批注框连接起来，此时可在批注框中输入批注内容。添加批注后，若要将其删除，应先将批注选中并右击，在弹出的快捷菜单中选择"删除批注"命令即可。

2. 字数统计

字数统计功能是 Word 提供的统计当前文档字数的功能，统计结果包括字数、字符数（不计空格）、字数（记空格）的三种类型。

选择"审阅"选项卡→"校对"组→"字数统计"命令，如图 7-85 所示，在弹出的"字数统计"对话框中显示字数统计结果。

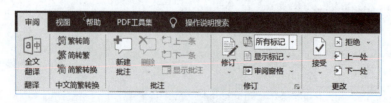

图 7-84　"审阅"选项卡

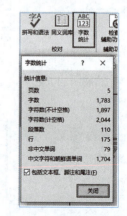

图 7-85　"字数统计"对话框

3. 在线翻译

中/英文在线翻译可以将文档中的某一段文字或者整篇文字翻译成其他各国语言，包括整篇翻译、选择性内容翻译和实时翻译。

操作方法为：选中所需翻译的文字，选择"审阅"选项卡→"语言"组→"翻译"→"翻译所选文字"命令，在右侧窗口中设置要转换的语言为英文，单击转换，即可完成中英文翻译。

4. 邮件合并

邮件合并可将数据与文档合并批量生成文档。邮件合并中主要有主文档和数据源，主文档是共有的固定内容，数据源则是所有的数据来源，通常在 Excel 数据表、Word 表格和 Access 数据表中存放。

该功能在"邮件"选项卡中，如图 7-86 所示。

图 7-86 "邮件"选项卡

邮件合并的操作方法为：

① 创建一个新文档，录入邮件共有的信息（如邀请函，除了被邀请人姓名和称呼不同，其他部分都相同的信息），作为邮件合并主文档；

② 准备数据源，新建 Excel 文档录入数据信息，如邀请函的姓名和称呼（先生/女生），并将 Excel 文档与邮件合并主文档保存在一个文件夹下；

③ 确定邮件类型。选择"邮件"选项卡→"开始邮件合并"组→"开始邮件合并"命令下的一种，如信函（默认是普通 Word 文档）；

④ 把数据源合并到文档中。选择"邮件"选项卡→"开始邮件合并"组→"选择收件人"→"使用现有列表"，打开步骤②的数据源。如果开始没有准备数据源，可以选择"键入新列表"录入收件人信息；

⑤ 插入合并域。将光标定位到需要插入合并域的位置，如邀请函中被邀请人的名字位置，选择"邮件"选项卡→"编写和插入域"组→"插入合并域"命令，选择对应的字段名，如姓名。

⑥ 邮件合并。选择"邮件"选项卡→"完成"组→"完成并合并"命令，在弹出对话框中，根据需要选择合并效果，点击确定完成邮件合并。

5. 快捷键

（1）审阅文档

Alt+Ctrl+M：插入批注。

Ctrl+Shift+E：打开或关闭修订。

Alt+Shift+C：如果审阅窗格打开，则将其关闭。

（2）访问和使用任务窗格和库

F6：从程序窗口中的一个任务窗格移动到另一个任务。

Ctrl+Tab：菜单活动状态时，移到任务窗格。

Tab 或 Shift+Tab：任务窗格活动状态，选择该任务窗格中的下一个或上一个选项。

Ctrl+Space：显示任务窗格菜单上的整个命令集。

Shift+F10：打开选中库项目的下拉菜单。

Space 或 Enter：执行分配给所选按钮的操作。

Home：选择库中的第一个项目。

End：选择库中的最后一个项目。

Page Up：在选中的库列表中向上滚动。

Page Down：在选中的库列表中向下滚动。

6. 样式

样式是具有名称的一系列排版指令集合，使用样式可以轻松、快捷地将文档中的正文、标题和段落统一成相同的格式。简单的理解就是：如果一篇文档有 10 个标题，而这 10 个标题都是相同的字段格式，如果应用了样式，就不需要每次单独对 10 个标题进行 10 次字段格式设置，只需要修改应用的样式就可以一次性修改 10 个标题的格式。

样式的使用包括"应用预设样式""修改样式""新建样式"等，具体操作如下：

① 应用预设样式，就是引用已有的样式。选择需要应用样式的字段，在"开始"选项卡→"样式"组，选择适合的样式即可完成已有样式的应用，如图 7-87 所示。

② 修改样式，就是对已有样式进行修改。在"样式"组中，选择需要修改的样式，右击，选择"修改"命令，在弹出的"修改样式"对话框对样式效果进行修改，如图 7-88 所示。

③ 新建样式。当已有样式不能满足需求，可新建样式进行文档排版。选择"样式"组中的其他样式，单击"创建样式"按钮，在弹出的"根据格式化创建新样式"对话框中输入样式名称，如图 7-89 所示。单击"修改"按钮，可在弹出的对话框中设置样式效果。

图 7-87　应用已有样式

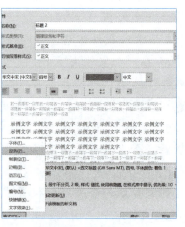
图 7-88　修改样式

图 7-89　创建新样式

实操实训

实训项目一：毕业论文的排版

一、项目背景

毕业论文是每一位在校学生的必修课，而论文排版则是完成毕业论文的重要环节。王明是某高职院校的一名大三学生，临近毕业，他按照指导教师发放的毕业设计任务书要求，前期完成了论文内容的书写，下一步他将使用 Word 对毕业论文进行编辑排版，请按照论文格式要求，帮助王明同学完成毕业论文的排版。

二、实训目的

① 掌握 Word 2016 文本格式化和段落格式化的方法。
② 掌握样式的创建及应用。
③ 掌握 Word 2016 页码、页眉与页脚、分栏等长文档的基本编辑方法。
④ 掌握封面首页无页码、脚注尾注、题注等实用编辑方法。

三、实训内容

1. "毕业论文"页面设置

① 纸张大小：A4。

② 页边距：上、下为2.50厘米，左、右为3.20厘米。

2. 在"毕业论文"文稿的基础上设置文本、段落格式化

① 全文：中文字体为宋体、西文字体为新罗马体（Times New Roman）。

② 封面页

标题：宋体、三号、加粗。

标题下的个人信息及时间：宋体、四号。

③ 除封面页外，论文中英文摘要和正文内容的行距为1.5倍行距，字号为小四，段落均为首行缩进2字符。

④ 中文摘要

"摘要"二字：黑体、小三、居中、一级标题，两字间空一格（注："一格"的标准为一个汉字，以下同）。

摘要内容：宋体、小四、段落设置"首行缩进"2字符。

摘要内容后下空一行。

"关键词："文字：黑体、四号。

其后关键词内容：宋体、小四。

⑤ 英文摘要

"ABSTRACT"单词：黑体、小三、居中、一级标题。

摘要内容每段开头留4个字符空格。

摘要内容：Times New Roman、小四。

摘要内容后下空一行。

"KEY WORDS："单词：黑体、小四。

其后关键词内容：Times New Roman、小四。

⑥ 正文脚注：中文字体为宋体，西文字体为Times New Roman，字号为小五。

⑦ "参考文献"四字：黑体、小三、居中、一级标题。

⑧ 参考文献内容：宋体、小四、1.5倍行距，段落设置"悬挂缩进"2字符。

3. 插入分节符

在封面、中文摘要、英文摘要、目录、正文中每一章内容开头处插入分节符"下一页"。

4. 创建新样式

① 章标题：应用在每章标题中。

命名：章标题1。

样式类型：链接段落和字符。

样式基准：标题1。

后续段落样式：正文。

字体格式：宋体、三号、加粗。

段落格式：居中对齐、段前段后间距各1行。

② 节标题：应用在每节标题。

命名：节标题1。

样式类型：链接段落和字符。

样式基准：标题2。

后续段落样式：正文。

字体格式：宋体、四号、加粗。

段落格式：左对齐、段前段后间距各 0.5 行。
③ 条标题：应用在每条标题。
命名：条标题 1。
样式类型：链接段落和字符。
样式基准：标题 3。
后续段落样式：正文。
字体格式：宋体、小四、加粗。
段落格式：左对齐、段前段后间距各 0.5 行。

5. 引用目录
① 英文摘要内容下空一行插入分节符"下一页"。
② 在新的空白页插入文章目录。
③ 显示级别设置为 3（自动生成论文目录）。
④ "目录"二字：黑体、小三、页首居中、一级标题、两字间空一格、下空一行。
⑤ 第一层级：宋体、四号、1.5 倍行距。
⑥ 第二层级和第三层级：宋体、小四、1.5 倍行距。

6. 设置页码
论文页码在页面底端居中位置。字体格式：Times New Roman、小五。
① 封面无页码。
② 中英文摘要、目录共 3 页：用罗马数字（Ⅰ、Ⅱ…）编排。
③ 正文部分：用阿拉伯数字（1、2…）编排。

7. 设置页眉
① 从正文第 1 页开始，取消页眉菜单栏上的"链接到前一节"，并取消正文第 1 页前的页眉框线。
② 页眉内容统一为论文题目：大学生信息素养的现状调查和提升策略研究。
③ 字体格式：宋体、五号、居中。

8. 设置表格样式
① 将第三章第一节的表格样式设置为"普通表格 - 无格式表格 2"。
② 表内所有内容取消加粗。

9. 插入题注
为第三章的表格和图片按照章节插入题注：
① 表格题注设置为"表 3-1"，即标签为"表 3-"、编号为"1"，表格题注位于表的上方，居中对齐。
② 图片题注设置为"图 3-1"，即标签为"图 3-"、编号为"1"，图片题注位于图的下方，居中对齐。

四、实训平台
高校计算机公共基础课教学服务平台——5Y 学习平台

实训项目二：个人简历的制作

一、项目背景
整洁美观的个人简历是每位毕业同学找工作必备的文件材料。某学校通知近期在体育馆将举办一场毕业生双选会，于杰是一名应届毕业生，他希望在该双选会上找到一份心仪的工作，于是他打算利用 Word 精心制作一份简洁而醒目的个人简历，投递给自己满意的公司。请按照简历的要求，帮助于杰完成个人简历的制作。

二、实训目的
① 掌握 Word 2016 的基本文稿输入操作方法。
② 掌握 Word 2016 文本格式化和段落格式化的方法。

③ 掌握 Word 2016 表格、艺术字以及其他对象的插入和编辑。

三、实训内容

1. 建立空白文档

以"个人简历"命名保存在目录文件夹下。

2. "个人简历"页面设置

① 纸张大小：A4。

② 页边距：上、下为 1.27 厘米；左、右为 1.50 厘米。

3. 插入艺术字

① 首行居中。

② 插入"个人简历"艺术字，样式为"填充:白色;边框:蓝色，主题色 1;发光:蓝色，主题色 1"（第二行第四列）。

③ 字体格式：微软雅黑、20 号，环绕方式为"嵌入型"。

4. 插入表格

① "个人简历"艺术字下一行插入一个 10 行 5 列的表格。

② 表格行高：1.3 厘米。

5. 合并表格

① 第 5 列中的第 1~3 行。

② 第 4 行中的第 4~5 列。

③ 第 5 行中的第 4~5 列。

④ 分别合并第 6~10 行中的第 2~5 列。

6. 设置表格样式

设置表格样式为"清单表 6 彩色 - 着色 1"。

7. 插入图片

① 在第五列的 1~3 行插入素材文档中的"证件照 .jpg"照片。

② 图片高度：3.56 厘米，宽度：2.53 厘米。

③ 环绕方式：嵌入式。

④ 对齐方式：单元格内水平垂直居中对齐

8. 输入关键参数

① 在第 1 列从上至下依次填入"姓名""年龄""邮箱""专业""毕业时间""主修课程""校园经历""荣誉证书""专业技能""个人评价"。

② 在第 3 列 1~5 行依次填入"性别""民族""手机号""学历""毕业院校"。

③ 字体格式：宋体、五号、加粗，单元格内水平垂直居中对齐。

9. 录入个人信息

打开目录文件夹下的"素材文档 .docx"，根据对应关键参数依次填入个人基本信息。

① 第 1~5 行：宋体、五号、单元格内水平垂直居中对齐。

② 第 6~10 行：宋体、五号、水平两端对齐，垂直居中对齐。

③ 将表格中所有内容的行距设置为 1.5 倍行距。

10. 插入项目符号

为表格第 10 行第 2 列的内容添加圆形项目符号，其中第 7 行中第 2 列的首行"校信息化办公室助理 2019.06-2019.09"加粗，不添加项目符号。

四、实训平台

高校计算机公共基础课教学服务平台——5Y 学习平台。

单元 8 电子表格处理——经济数据统计分析

引言

本单元通过制作数据统计分析表的项目案例，学习如何利用 Excel 2016 进行数据统计、分析、数据可视化，涉及的内容包括工作表格式化、函数统计、数据筛选、图表插入、数据透视表等多个方面。通过项目案例的实践，熟练掌握使用 Excel 2016 进行数据处理及分析的方法。

内容结构图

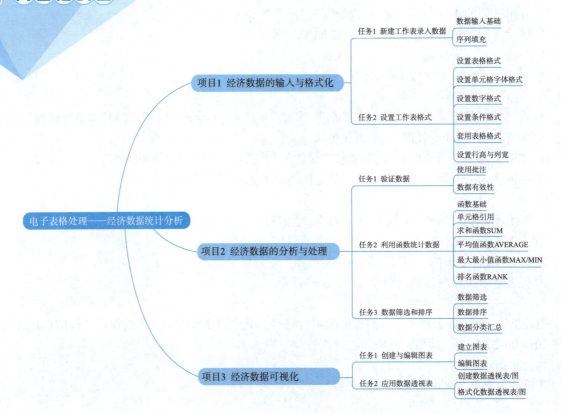

单元 8 电子表格处理——经济数据统计分析

学习目标

通过"中国经济"数据统计任务的完成，达到如下学习目标：
- 了解工作簿、工作表、单元格、活动单元格、相对引用、绝对引用、自动填充等术语。
- 掌握工作表的基本操作、各种输入方法。
- 掌握工作表格式化的方法。
- 掌握数据验证、排序、筛选、分类汇总、数据透视表的使用方法。
- 掌握基本函数的使用方法。
- 掌握图表插入、设置方法。

项目 1 经济数据的输入与格式化

项目引入	明宇正在编写关于国内经济分析方面的毕业论文，整理了2016~2020年我国各产业的经济情况，现在需要制作成Excel表格，便于后期的数据分析。
项目分析	Excel表格的制作主要包括数据录入和工作表格式化两方面的工作。数据的录入可以通过手工录入、自动填充等方法实现，利用序列填充的方法可以加快录入的速度。工作表格式化主要包括设置单元格格式、套用表格样式、突出显示某些特定数据等，可以使原本单调的表格更加美观、数据清晰可见。
项目目标	☑ 了解工作簿、工作表、单元格、活动单元格、相对引用、绝对引用、自动填充等术语； ☑ 掌握工作表的基本操作、各种输入方法； ☑ 掌握工作表格式化的方法。

任务1 新建工作表录入数据

人们在面对大量杂乱无章的数据时，需要通过Excel对数据进行整理、统计、分析等处理，为了使制作的表格更加美观整洁，用户可对工作表中的单元格进行编辑、整理。本任务将创建"中国经济"工作表，并完成基础数据信息的录入，效果如图8-1所示。

	A	B	C	D	E	F	G	H	I	J
1	国内生产总值统计									
2	序号	年度	统计时间	第一产业增加值（亿	第一产业增加值季度累计同比增长（%	第二产业增	第二产业增	第三产业增	第三产业增	国内生产总值（亿元）
3	1	2016年	2016第1-4	60139.2	3.3	295427.8	6	390828.1	8.1	
4	2	2017年	2017第1季	8205.9	3	69315.5	6.1	104346.3	8	
5	3	2017年	2017第1-2	20850.8	3.5	151638.4	6.2	211328.7	8	
6	4	2017年	2017第1-3	39106.6	3.7	236212.5	6	321288.2	8.2	
7	5	2017年	2017第1-4	62099.5	4	331580.5	5.9	438355.9	8.3	
8	6	2018年	2018第1季	8575.7	3.2	76598.2	6.2	116861.8	7.8	
9	7	2018年	2018第1-2	21579.5	3.3	167698.8	6.1	236719.7	7.9	
10	8	2018年	2018第1-3	39806.4	3.4	260811.3	5.8	359854.5	8.1	
11	9	2018年	2018第1-4	64745.2	3.5	364835.2	5.8	489700.8	8	
12	10	2019年	2019第1季	8769.4	2.7	81806.5	6.1	127486.9	7	
13	11	2019年	2019第1-2	23207	3	179122.1	5.8	258307.5	7	
14	12	2019年	2019第1-3	43005	2.9	276912.5	5.6	392927.9	7	
15	13	2019年	2019第1-4	70466.7	3.1	386165.3	5.7	534233.1	6.9	
16	14	2020年	2020第1季	10186.2	-3.2	73638	-9.6	122680.1	-5.2	
17	15	2020年	2020第1-2	26053	0.9	172759	-1.9	257802.4	-1.6	
18	16	2020年	2020第1-3	48122.5	2.3	274266.7	0.9	400397.1	0.4	
19	17	2020年	2020第1-4	77754.1	3	384255.3	2.6	553976.8	2.1	
20										

图8-1 数据录入效果图

1. 数据输入基础

任务描述：完成新建工作簿、输入数据、插入行和列等操作。

（1）新建工作簿

新建 Excel 2016 文档的常用方法有以下几种：

方法 1：双击桌面 Excel 快捷按钮，启动 Excel 程序，单击"新建"菜单下的"空白工作簿"。

方法 2：桌面空白处右击，在弹出的快捷菜单中选择"新建"→"XLSX 工作表"命令。

方法 3：如果正在编辑 Excel 表格，需要新建空白工作簿，选择"文件"→"新建"→"空白工作簿"命令（或直接使用【Ctrl+N】组合键）。

（2）输入数据

数据处理的基础是准备好数据，首先需要将数据输入 Excel 工作表中。向 Excel 工作表输入数据有以下几种方法：

方法 1：利用已有数据。复制数据后，选中目标位置，右击，在弹出的快捷菜单中选择"粘贴选项"命令，即可直接通过复制、剪贴、粘贴等命令将数据输入到指定位置。

方法 2：获取外部数据。选择"数据"选项卡→"获取外部数据"组→"获取数据"命令，在下拉列表中选择一个外部数据来源，如图 8-2 所示，完成外部数据的获取。

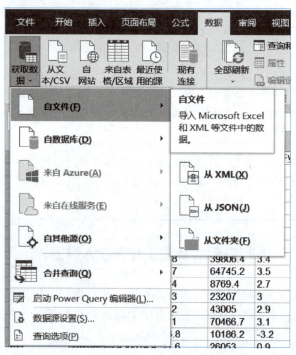

图 8-2　获取数据

方法 3：直接输入。选中指定工作表，选中指定单元格，双击单元格，使单元格处于编辑状态，然后输入指定内容。也可以选中指定单元格后，直接在编辑栏输入指定内容。

（3）插入行和列

工作表编辑过程中，常常需要插入行或列满足数据输入要求。插入行列的常用方法有以下几种：

方法 1：选择指定单元格，右击，在弹出的快捷菜单中选择"插入"命令，打开"插入"对话框，如图 8-3 所示，选中"整行"单选按钮，即可在选中单元格的上方插入 1 行。

方法 2：选中整行，右击，在弹出的快捷菜单中选择"插入"命令，如图 8-4 所示，即可在选中行的上方插入 1 行。

（4）实操步骤

① 选中列 B，右击，在弹出的快捷菜单中选择"插入"命令，使插入列成为列 B，在 B1 输入文本"年度"，在 B2:B18 输入相应的年度信息。

② 选中列 D，右击，在弹出的快捷菜单中选择"剪切"命令，选中最后一列 L 列，右击，在弹出的快捷菜单中选择"插入剪切的单元格"命令。

③ 选中 K2:K18 单元格区域，右击，在弹出的快捷菜单中选择"清除内容"命令。
④ 选中列 D，右击，在弹出快捷菜单中选择"删除"命令。
⑤ 插入首行：选中第 1 行，右击，在弹出的快捷菜单中选中"插入"命令，完成首行的插入，并在 A1 单元格输入文本"国内生产总值统计"。

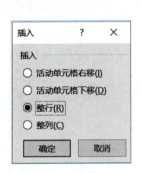

图 8-3 插入行列

图 8-4 右键快捷菜单

2. 序列填充

任务描述：利用填充功能完成数据表的数据快速填充。

（1）序列填充

文本一般是指字符型数据，可以是英文、中文、符号、数字等。默认情况下，输入的文本是左对齐的。当输入的文本较长时，会延伸显示，即超过当前单元格的范围，且其后的单元格非空时，超出部分会被截断，隐藏显示。

除了通常的数据输入方式以外，还可以用 Excel 提供的填充功能快速批量地录入数据。单元格的右下角有一个小方块，称为填充柄。当鼠标光标移到填充柄上时，会显示为实心的十字形，拖动填充柄可快速输入数据，如图 8-5 所示。填充柄可向上、下、左、右四个方向拖动。

视频
如何快速填充序列

（2）快速填充

输入文本，拖动填充柄，文本内容不变，只是复制文本内容。

输入纯数值，拖动填充柄，数值不变，只是简单复制。因此需要连续输入两个数，同时选定指定的两个单元格，拖动填充柄，产生等差数列，差值为两数值之差。

以上填充为系统默认方式，如果想修改填充方式，当填充拖动结束时，系统在填充柄右下方显示"自动填充选项"图标，可在下拉列表中选择填充方式，如图 8-6 所示。

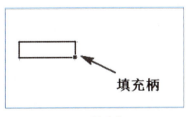

图 8-5 填充柄

图 8-6 自动填充选项

（3）实操步骤

① 在 A4 单元格输入数字"2"。
② 同时选中"1""2"，向下拖动填充柄完成 A5 至 A19 的序列填充。

任务2　设置工作表格式

录入数据后的表格不仅要内容翔实,还要页面美观。在工作表内设置单元格格式、套用表格样式、突出显示某些特定数据等,可以使原本单调的表格更加美观、数据清晰可见。本任务将为"中国经济"表格设置单元格及表格样式,效果如图8-7所示。

序号	年度	统计时间	第一产业增加值（亿元）	第一产业增加值季度累计同比增长（%）	第二产业增加值（亿元）	第二产业增加值季度累计同比增长（%）	第三产业增加值（亿元）	第三产业增加值季度累计同比增长（%）	国内生产总值（亿元）
1	2016年	2016第1-4季	¥60,139.20	3.3	¥295,427.80	6	¥390,828.10	8.1	
2	2017年	2017第1季	¥8,205.90	3	¥69,315.50	6.1	¥104,346.30	8	
3	2017年	2017第1-2季	¥20,850.80	3.5	¥151,638.40	6.2	¥211,328.70	8	
4	2017年	2017第1-3季	¥39,106.60	3.7	¥236,212.50	6	¥321,288.20	8.2	
5	2017年	2017第1-4季	¥62,099.50	4	¥331,580.50	5.9	¥438,355.90	8.3	
6	2018年	2018第1季	¥8,575.70	3.2	¥76,598.20	6.2	¥116,861.80	7.8	
7	2018年	2018第1-2季	¥21,579.50	3.3	¥167,698.80	6.1	¥236,719.70	7.9	
8	2018年	2018第1-3季	¥39,806.40	3.4	¥260,811.30	5.8	¥359,854.50	8.1	
9	2018年	2018第1-4季	¥64,745.20	3.5	¥364,835.20	5.8	¥489,700.80	8	
10	2019年	2019第1季	¥8,769.40	2.7	¥81,806.50	6.1	¥127,486.90	7	
11	2019年	2019第1-2季	¥23,207.00	3	¥179,122.10	5.8	¥258,307.50	7	
12	2019年	2019第1-3季	¥43,005.00	2.9	¥276,912.50	5.6	¥392,927.90	7	
13	2019年	2019第1-4季	¥70,466.70	3.1	¥386,165.30	5.7	¥534,233.10	6.9	
14	2020年	2020第1季	¥10,186.20	-3.2	¥73,638.00	-9.6	¥122,680.10	-5.2	
15	2020年	2020第1-2季	¥26,053.00	0.9	¥172,759.00	-1.9	¥257,802.40	-1.6	
16	2020年	2020第1-3季	¥48,122.50	2.3	¥274,266.70	0.9	¥400,397.10	0.4	
17	2020年	2020第1-4季	¥77,754.10	3	¥384,255.30	2.6	¥553,976.80	2.1	

图8-7　设置工作表格式效果图

视频

如何设置表格格式

1. 设置表格格式

任务描述:完成工作表内容对齐及单元格合并等格式设置。

（1）设置对齐方式

在"开始"选项卡"对齐方式"组中可快速设置对齐方式、自动换行等。打开"设置单元格格式"对话框,选择"对齐"选项卡,可设置文本对齐方式、文本控制等,如图8-8所示。

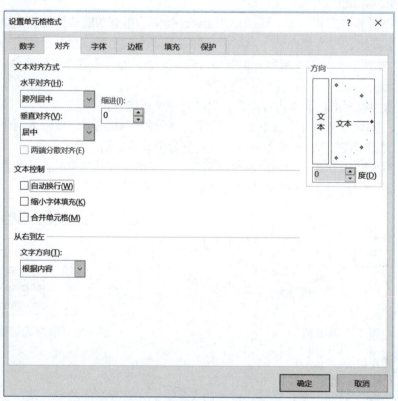

图8-8　"设置单元格格式"对话框

在"水平对齐"下拉列表中,Excel 有一个特殊的对齐,即跨列居中,在所选的单元格区域中,有以下几种情况:

① 如果某行只有第 1 个单元格中有内容,其他所选单元格为空,则先将该行所选单元格合并,然后居中对齐。

② 如果某行所有单元格全部有内容,则该行所有单元格居中对齐。

③ 如果某行有部分单元格有内容,则有内容的单元格与其后的空值单元格合并,然后居中对齐。

(2)合并单元格

Excel 中比较特殊的对齐方式,即合并后居中,其有多个子选项:

① 合并后居中,可对多行单元格进行合并。

② 跨越合并,将相同行所选单元格合并到一个较大单元格中。

③ 合并单元格,将所选的单元格合并为一个单元格,对多行单元格进行合并。

④ 取消单元格合并,将当前单元格拆分为多个单元格。

特别注意,跨列居中对齐方式与合并后居中对齐不是同一种对齐方式,一定要按要求,选择相应的对齐方式。

(3)实操步骤

① 选中 A1:J1,对单元格进行合并后居中,如图 8-9 所示。

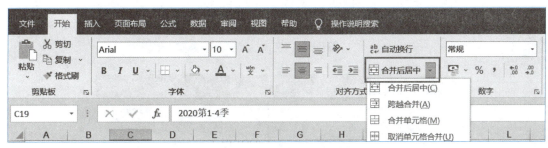

图 8-9 "合并后居中"命令

② 选中第 2 行,在"开始"选项卡"对齐方式"组中选择相应的对齐方式命令:设置自动换行,水平垂直居中对齐。

③ 选中第 3~19 行,设置垂直居中对齐,水平对齐方式如下:

A~B 列:居中对齐;C 列:左对齐;D~J 列:右对齐。

2. 设置单元格字体格式

任务描述:完成工作表标题和其他单元格字体效果的设置。

(1)设置单元格字体的方法

选定单元格,可对单元格的所有内容进行字体格式设置,如果只想对单元格内部分内容进行字体设置,需双击单元格,使该单元格处于编辑状态,再选择指定的部分内容进行字体设置。在 Excel 中,设置字体的常用方法有以下几种:

方法 1:在"开始"选项卡"字体"组中选择相应的字体属性命令,快速完成字体设置。

方法 2:单击"字体"组对话框启动器按钮,打开"设置单元格格式"对话框,默认选中"字体"选项卡,如图 8-10 所示,然后完成相应的字体设置。

方法 3:选中单元格,右击,在弹出的快捷菜单中选择"设置单元格格式"命令,打开"设置单元格格式"对话框,完成相应的字体设置。

视频

如何设置单元格字体格式

(2)实操步骤

① 选中 A1 单元格,在"开始"选项卡"字体"组中设置字体格式:字体为"微软雅黑",字号为"28",字形为"加粗",如图 8-11 所示。

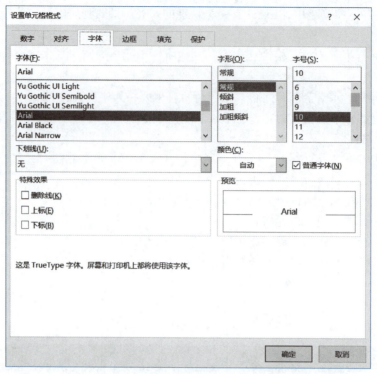

图 8-10 "字体"选项卡

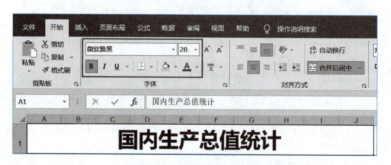

图 8-11 设置字体格式

② 选中 A2:J19，设置字体格式为：楷体、14 号。

3. 设置数字格式

任务描述：为"中国经济"工作表中的经济数值转换数字格式。

（1）设置数字格式的方法

在"开始"选项卡"数字"组中选择相应的数字格式属性命令，如增加小数位、减少小数位等。

打开"设置单元格格式"对话框，单击"数字"选项卡，可设置数值、货币、日期、时间、百分比、科学记数、文本格式等。

（2）实操步骤

① 选择 D2:D19、F2:F19、H2:H19、J2:J19，右击，在弹出的快捷菜单中选择"设置单元格格式"命令。

② 在"设置单元格格式"对话框中选择"数字"选项卡，设置单元格的数字格式为货币、小数位数为 2，如图 8-12 所示。

4. 设置条件格式

任务描述：利用条件格式突出显示工作表中小于 -0.65 的单元格。

（1）设置条件格式的方法

在 Excel 中，可根据条件设置不同的格式，操作方法为：选中指定单元格区域，选择"开始"

视频

如何设置数字格式

选项卡→"样式"组→"条件格式"命令，在下拉列表中选择相应的规则，如图 8-13 所示，在弹出的规则对话框中输入条件及设置单元格格式，如图 8-14 所示。也可在下拉列表中选择"新建规则"命令，在"新建格式规则"对话框中设置相应的规则，如图 8-15 所示。

视频

如何设置条件格式

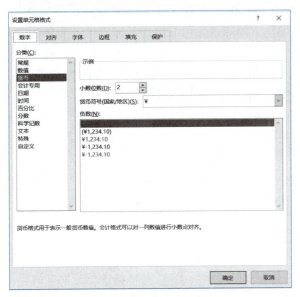

图 8-12 "数字"选项卡　　　　　　图 8-13 "条件格式"命令

图 8-14 设置条件

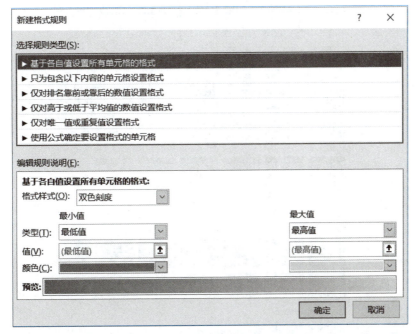

图 8-15 "新建格式规则"对话框

常用规则有以下几种：

① 突出显示单元格规则：可以通过改变颜色、字形、特殊效果等格式使某一类具有共性的单元格突出显示，如大于、小于、文本包含、重复值等规则。

② 设置最前 / 最后规则：可以标记前 10 项、前 10%、高于平均值等内容。

③ 设置数据条：数据条规则可使数据图形化，添加带颜色的数据条可以代表某个单元格的值，值越大，数据条越长。

④ 设置色阶：为单元格区域添加颜色渐变，颜色指明每个单元格值在区域内的位置。

⑤ 设置图标集：通过图标来表示每个单元格的值在区域中的位置。

（2）实操步骤

① 选中设置区域：E3:E19、G3:G19、I3:I19。

② 选择"开始"选项卡→"样式"组→"突出显示单元格规则"→"小于"命令。

③ 显示"小于"对话框，在文本框中输入"-0.65"，在"设置为"下拉列表中选择"浅红填充色深红色文本"，如图 8-14 所示，完成条件格式的设置。

5. 套用表格格式

如何快速设置表格格式

任务描述：为"中国经济"工作表套用指定的表格样式。

（1）设置表格格式方法

套用表格格式可将单元格区域快速转换为具有自己样式的表格。选择指定单元格区域后，选择"开始"选项卡→"样式"组→"套用表格格式"命令，显示系统的表格样式列表，选择所需的表格样式。

（2）实操步骤

① 选择"开始"选项卡→"样式"组→"套用表格格式"命令，如图 8-16 所示，在下拉列表中选择"中等色 - 金色，表样式中等深浅 7"。

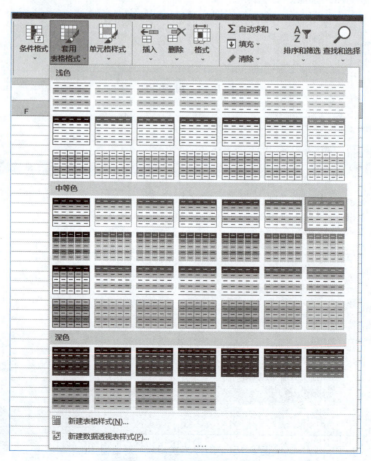

图 8-16 "套用表格格式"命令

② 在弹出的"创建表"对话框中，确定"表数据的来源"为 A2:J19，单击"确定"按钮，如图 8-17 所示。

③ 在"表格工具 - 设计"选项卡"表格样式选项"组中，取消"筛选按钮"复选框。

6. 设置列宽和行高

任务描述：为"中国经济"数据工作表设置指定的列宽、行高。

（1）设置列宽和行高的方法

方法 1：选定一列或多列，在列标位置右击，在弹出的快捷菜单中选择"列宽"命令，弹出"列宽"对话框，输入指定的列宽值，单击"确定"按钮。

方法 2：选定一列或多列，在列标的分割线位置双击，可自动调整非空列的列宽。

注：行高和列宽的设置一致。

（2）实操步骤

① 选中 A~B 列，右击，在弹出的快捷菜单中选择"列宽"命令，在弹出的"列宽"对话框中输入值"10"，如图 8-18 所示。

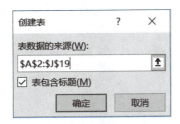

图 8-17 "创建表"对话框

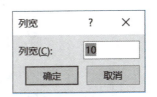

图 8-18 设置列宽

② 以同样方式设置 C~J 列的列宽为 22。

③ 选中第 2~19 行，在行标的分割线位置双击，自动调整行高，如图 8-19 所示。

	A	B	C	D	E	F	G	H	I	J
1					国内生产总值统计					
2	序号	年度	统计时间	第一产业增加值（亿元）	第一产业增加值季度累计同比增长（%）	第二产业增加值（亿元）	第二产业增加值季度累计同比增长（%）	第三产业增加值（亿元）	第三产业增加值季度累计同比增长（%）	国内生产总值（亿元）
3	1	2016年	2016第1-4季	¥60,139.20	3.3	¥295,427.80	6	¥390,828.10	8.1	
4	2	2017年	2017第1季	¥8,205.90	3	¥69,315.50	6.1	¥104,346.30	8	
5	3	2017年	2017第1-2季	¥20,850.80	3.5	¥151,638.40	6.2	¥211,328.70	8	
6	4	2017年	2017第1-3季	¥39,106.60	3.7	¥236,232.00	6	¥321,288.20	8.2	
7	5	2017年	2017第1-4季	¥62,099.50	4	¥331,580.50	5.9	¥438,355.90	8.3	
8	6	2018年	2018第1季	¥8,575.70	3.2	¥76,598.20	6.2	¥116,861.80	7.8	
9	7	2018年	2018第1-2季	¥21,579.50	3.3	¥167,698.70	6.1	¥236,719.70	7.9	
10	8	2018年	2018第1-3季	¥39,806.40	3.4	¥260,811.30	5.8	¥359,854.50	8.1	
11	9	2018年	2018第1-4季	¥64,745.20	3.5	¥364,835.20	5.8	¥489,700.80	8	
12	10	2019年	2019第1季	¥8,769.40	2.7	¥81,806.50	6.1	¥127,486.90	7	
13	11	2019年	2019第1-2季	¥23,207.00	3	¥179,122.10	5.8	¥258,307.50	7	
14	12	2019年	2019第1-3季	¥43,005.00	2.9	¥276,912.50	5.6	¥392,927.90	7	
15	13	2019年	2019第1-4季	¥70,466.70	3.1	¥386,165.30	5.7	¥534,233.10	6.9	
16	14	2020年	2020第1季	¥10,186.20	-3.2	¥73,638.00	-9.6	¥122,680.10	-5.2	
17	15	2020年	2020第1-2季	¥26,053.00	0.9	¥172,759.00	-1.9	¥257,802.40	-1.6	
18	16	2020年	2020第1-3季	¥48,122.50	2.3	¥274,266.70	0.9	¥400,397.10	0.4	
19	17	2020年	2020第1-4季	¥77,754.10	3	¥384,255.30	2.6	¥553,976.80	2.1	

图 8-19 自动调整行高后的效果

④ 选中 A2:J19 区域，在"开始"选项卡"字体"组中设置表格框线，在"边框"下拉列表中选择"所有框线"，如图 8-20 所示。

知识拓展

1. 设置工作表标签颜色

工作表标签的颜色可以自行设定，通过设置工作表标签的颜色可突出显示指定的工作表。操作方法为：选定工作表后，右击，在弹出的快捷菜单中选择"工作表标签颜色"命令，显示颜色列表，选中指定颜色，即可修改当前工作表标签的背景颜色。

图 8-20　设置表格框线

2. 设置单元格样式

通过样式可快速设置单元格格式。Excel 内置了很多样式，用户还可以自定义样式。选中要设置格式的单元格区域，选择"开始"选项卡→"样式"组→"单元格样式"命令，在下拉列表中选择所需的样式，如图 8-21 所示。

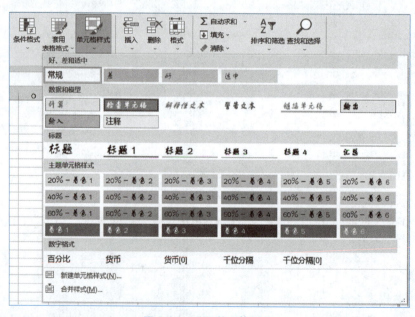

图 8-21　设置单元格样式

若没有所需样式，可单击"新建单元格样式"按钮，在"样式"对话框中输入新样式名称，单击"格式"按钮，在"设置单元格格式"对话框中，分别设置数字、对齐、字体、边框、填充、保护各个选项卡的格式。

样式可应用于工作簿内各个工作表，如果样式设置不符合要求，可修改样式。在样式列表中，选中要修改的样式，右击，在弹出的快捷菜单中选择“修改”命令。在“样式”对话框中修改样式名称、格式。

项目 2　经济数据的分析与处理

项目引入	明宇已完成了数据分析表的基本数据录入，为便于后期分析，需要对数据进行处理，包括数据的验证、处理和分析两部分。
项目分析	数据的筛选是对单元格进行数据有效性的验证，并将对特殊的内容添加批注进行标识和说明。数据的处理和分析是利用函数对数据进行统计，如计算平均值、求最大值、求和等；同时利用排序和筛选的方法，对数据进行排列，便于对比分析。
项目目标	☑ 掌握数据验证、排序、筛选、分类汇总的使用方法； ☑ 掌握基本函数的使用方法。

任务1　验证数据

制作表格的目的是方便使用者查看各种数据，例如多人共享一个文件时，在不影响表格数据的情况下，对单元格进行标注和注解；对单元格输入的数据从内容到范围进行限制，让我们在整理表格的时候可以避免一些错误。本任务将对“中国经济”表格进行数据验证、添加批注，效果如图 8-22 所示。

国内生产总值统计

序号	年度	统计时间	第一产业增加值（亿元）	第一产业增加值季度累计同比增长（%）	第二产业增加值（亿元）	第二产业增加值季度累计同比增长（%）	第三产业增加值（亿元）	第三产业增加值季度累计同比增长（%）	国内生产总值（亿元）
1	2016年	16第1-4季	¥60, 139. 20	3. 3	¥295, 427. 80	6	¥390, 828. 10	8. 1	
2		17第1季	¥8, 205. 90	3	¥69, 315. 50	6. 1	¥104, 346. 30	8	
3		17第1-2季	¥20, 850. 80	3. 5	¥151, 638. 40	6. 2	¥211, 328. 70	8	
4		17第1-3季	¥39, 106. 60	3. 7	¥236, 212. 50	6	¥321, 288. 20	8. 2	
5	2017年	2017第1-4季	¥62, 099. 50	4	¥331, 580. 50	5. 9	¥438, 355. 90	8. 3	
6	2018年	2018第1季	¥8, 575. 70	3. 2	¥76, 598. 20	6. 2	¥116, 861. 80	7. 8	
7	2018年	2018第1-2季	¥21, 579. 50	3. 3	¥167, 698. 80	6. 1	¥236, 719. 70	7. 9	
8	2018年	2018第1-3季	¥39, 806. 40	3. 4	¥260, 811. 30	5. 8	¥359, 854. 50	8. 1	
9	2018年	2018第1-4季	¥64, 745. 20	3. 5	¥364, 835. 20	5. 8	¥489, 700. 80	8	
10	2019年	2019第1季	¥8, 769. 40	2. 7	¥81, 806. 50	6. 1	¥127, 486. 90	7	
11	2019年	2019第1-2季	¥23, 207. 00	3	¥179, 122. 10	5. 8	¥258, 307. 50	7	
12	2019年	2019第1-3季	¥43, 005. 00	2. 9	¥276, 912. 50	5. 6	¥392, 927. 90	7	
13	2019年	2019第1-4季	¥70, 466. 70	3. 1	¥386, 165. 30	5. 7	¥534, 233. 10	6. 9	
14	2020年	2020第1季	¥10, 186. 20	-3. 2	¥73, 638. 00	-9. 6	¥122, 680. 10	-5. 2	
15	2020年	2020第1-2季	¥26, 053. 00	0. 9	¥172, 759. 00	-1. 9	¥257, 802. 40	-1. 6	
16	2020年	2020第1-3季	¥48, 122. 50	2. 3	¥274, 266. 70	0. 9	¥400, 397. 10	0. 4	
17	2020年	2020第1-4季	¥77, 754. 10	3	¥384, 255. 30	2. 6	¥553, 976. 80	2. 1	

2016年
2017年
2018年
2019年
2020年

GDP：指一个国家所有常住单位在一定时期内生产活动的最终成果。

图 8-22　新建批注效果图

1. 使用批注

任务描述：为“中国经济”数据工作表的指定单元格添加批注并设置显示或隐藏效果。

（1）新建 / 删除 / 显示批注的方法

在查看数据的过程中，若针对某些单元格需要添加意见或提示，可对其添加批注。以下几种是批注的基本功能：

① 新建批注。新建批注有以下几种方式：

- 选择“审阅”选项卡→“批注”组→“新建批注”命令。
- 选中单元格，右击，在弹出的快捷菜单中选择“插入批注”命令。
- 选中单元格，按【Shift+F2】组合键直接新建批注。

视频
如何添加批注

②删除批注。删除批注有以下几种方式：
- 选中有批注的单元格，选择"审阅"选项卡→"批注"组→"删除"命令。
- 选中批注，按【Delete】键删除。
- 选中批注，选择"开始"选项卡→"编辑"组→"清除"命令，在下拉列表中选择"清除批注"。

③显示与隐藏批注。选择"审阅"选项卡→"批注"组→"显示/隐藏批注"或"显示所有批注"命令。

（2）实操步骤

①选中A1单元格，选择"审阅"选项卡→"批注"组→"新建批注"命令，如图8-23所示，输入文本"GDP:指一个国家所有常住单位在一定时期内生产活动的最终成果。"。

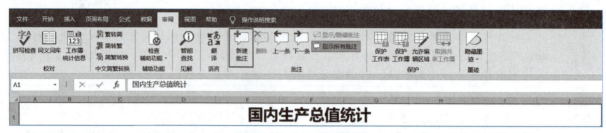

图8-23 "新建批注"命令

②选择"审阅"选项卡→"批注"组→"显示/隐藏批注"命令。

③以同样的方式可以对D2、F2、H2三个单元格新建批注，输入相应的文本，并隐藏批注。

2. 数据有效性

任务描述：为"中国经济"数据表设置指定的数据序列。

（1）数据有效性的设置方法

数据有效性可设置单元格输入值的范围，可提示输入范围是否合适，当超过范围时，会提醒用户。

选择"数据"选项卡→"数据工具"组→"数据验证"命令，如图8-24所示，打开"数据验证"对话框。

视频

如何校验数据有效性

图8-24 "数据验证"命令

其中"设置"选项卡可设置验证条件，"输入信息"和"出错警告"都是对验证内容进行提示，两者的设置方法几乎相同，前者是对正确数据的提示，后者是对错误数据的提示。各选项卡设置方法如下：

①设置验证条件。

"序列"验证的方法：选择"设置"选项卡，在"允许"下拉列表中选择"序列"，设置从指定名单中选择姓名。在"来源"框中选择单元格区域，如A1:A4。"来源"框中不仅可引用单元格的值，也可以直接输入选项文本，各选项间用英文逗号隔开，如图8-25所示。

"整数"验证的方法：选择"设置"选项卡，在"允许"下拉列表中选择"整数"，设置数据为介于0~100之间的整数，如图8-26所示。

②设置输入信息。选择"输入信息"选项卡，设置标题内容和输入信息内容，如图8-27所示，选定指定区域的单元格将显示设置好的信息。

图 8-25 "序列"验证

图 8-26 "整数"验证

③ 设置出错警告。选择"出错警告"选项卡，设置"样式""标题""错误信息"的内容，如图 8-28 所示。

图 8-27 "输入信息"选项卡

图 8-28 "出错警告"选项卡

（2）实操步骤

① 选中 B3:B19，选择"数据"选项卡→"数据工具"组→"数据验证"命令，在打开的"数据验证"对话框中选择"设置"选项卡，将"允许"设置为"序列"。

② 在"来源"处依次输入 2016 年，2017 年，2018 年，2019 年，2020 年，各年度之间用英文逗号隔开。

任务2　利用函数统计数据

众所周知，Excel 具有强大的数据分析和处理功能，公式起了非常重要的作用。公式是一种对工作表中的数据进行计算的等式，它可以帮助用户快速完成各种复杂的运算。要想有效地提高 Excel 应用水平和工作效率，熟练掌握函数的使用是非常有效的途径之一。本任务将利用各种常用函数对表格中的数据进行统计分析，效果如图 8-29 所示。

	A	B	C	D	E	F	G	H	I	J	K	L
1						国内生产总值统计					GDP：指一个国家所有常住单位在一定时期内生产活动的最终成果。	
2	序号	年度	统计时间	第一产业增加值（亿元）	第一产业增加值季度累计同比增长（%）	第二产业增加值（亿元）	第二产业增加值季度累计同比增长（%）	第三产业增加值（亿元）	第三产业增加值季度累计同比增长（%）	国内生产总值（亿元）		
3	1	2016年	2016第1-4季	¥60,139.20	3.3	¥295,427.80	6	¥390,828.10	8.1	¥746,395.10	5	
4	2	2017年	2017第1季	¥8,205.90	3	¥69,315.50	6.1	¥104,346.30	8	¥181,867.70	17	
5	3	2017年	2017第1-2季	¥20,850.80	3.5	¥151,638.40	6.2	¥211,328.70	8	¥383,817.90	13	
6	4	2017年	2017第1-3季	¥39,106.60	3.7	¥236,212.50	6	¥321,288.20	8.2	¥596,607.30	9	
7	5	2017年	2017第1-4季	¥62,099.50	4	¥331,580.50	5.9	¥438,355.90	8.3	¥832,035.90	4	
8	6	2018年	2018第1季	¥8,575.70	3.2	¥76,598.20	6.2	¥116,861.80	7.8	¥202,035.70	16	
9	7	2018年	2018第1-2季	¥21,579.50	3.3	¥167,698.80	6.1	¥236,719.70	7.9	¥425,998.00	12	
10	8	2018年	2018第1-3季	¥39,806.40	3.4	¥260,811.30	5.8	¥359,854.50	8.1	¥660,472.20	8	
11	9	2018年	2018第1-4季	¥64,745.20	3.5	¥364,835.20	5.8	¥489,700.80	8	¥919,281.20	3	
12	10	2019年	2019第1季	¥8,769.40	2.7	¥81,806.50	6.1	¥127,486.90	7	¥218,062.80	14	
13	11	2019年	2019第1-2季	¥23,207.00	3	¥179,122.10	5.8	¥258,307.50	7	¥460,636.60	10	
14	12	2019年	2019第1-3季	¥43,005.00	2.9	¥276,912.50	5.6	¥392,927.90	7	¥712,845.40	7	
15	13	2019年	2019第1-4季	¥70,466.70	3.1	¥386,165.30	5.7	¥534,233.10	6.9	¥990,865.10	2	
16	14	2020年	2020第1季	¥10,186.20	-3.2	¥73,638.00	-9.6	¥122,680.10	-5.2	¥206,504.30	15	
17	15	2020年	2020第1-2季	¥26,053.00	0.9	¥172,759.00	-1.9	¥257,802.40	-1.6	¥456,614.40	11	
18	16	2020年	2020第1-3季	¥48,122.50	2.3	¥274,266.70	0.9	¥400,397.10	0.4	¥722,786.30	6	
19	17	2020年	2020第1-4季	¥77,754.10	3	¥384,255.30	2.6	¥553,976.80	2.1	¥1,015,986.20	1	
20			平均值	¥37,216.04	2.68	¥222,531.98	4.08	¥312,770.34	5.65	¥572,518.36		
21			最大值	¥77,754.10	4.00	¥386,165.30	6.20	¥553,976.80	8.30	¥1,015,986.20		
22			最小值	¥8,205.90	-3.20	¥69,315.50	-9.60	¥104,346.30	-5.20	¥181,867.70		

图 8-29　函数统计效果图

1. 函数基础

Excel 中提供了很多函数，这些函数有明确的功能，有唯一的函数名称，而且与数学函数一样。很多函数需要提供自变量的值来计算函数值。在 Excel 中，自变量称为函数参数，而且参数要放在函数名称后面的一对圆括号内。因此，在 Excel 中使用函数，也需在函数名称后输入一对圆括号，如"=NOW()"。

输入函数的常用方法有以下几种：

① 直接在"编辑栏"输入函数名称及参数。在输入函数时，输入函数名称前几个字母时，系统会自动提示以此开头的函数，供用户选择，如图 8-30 所示。

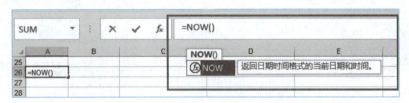

图 8-30　输入函数

② 单击"开始"选项卡→"编辑"组→"自动求和"下拉按钮，如图 8-31 所示，在下拉列表中直接引用函数。

图 8-31　"自动求和"命令

③ 单击"编辑栏"前面的"插入函数"按钮 f_x，打开"插入函数"对话框，如图 8-32 所示。以下几种方法可搜索函数，然后在"选择函数"列表框中选中指定函数。

- 在"搜索函数"框中输入函数名称，单击"转到"按钮。
- 在"或选择类别"下拉列表中选择函数类型。
- 在"选择函数"列表框中输入某个字母可快速找到对应字母开头的函数。

在"选择函数"列表框下面，显示所选函数语法格式和函数功能。选择函数后，单击"确定"按钮，显示对应函数的"函数参数"对话框。

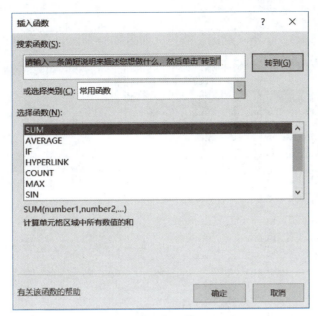

图 8-32 "插入函数"对话框

④ 单击"公式"选项卡,在"函数库"组中显示各类常用函数下拉列表,如图 8-33 所示。若对函数分类比较熟悉,可快速从对应的下拉列表中选择函数。

图 8-33 "函数库"组

2. 单元格引用

一般情况下,公式填充时地址会变化,这种地址称为相对引用,如 A1。如果不想在公式填充时地址自动改变,即使用固定地址,成为绝对引用,需要在地址前加 "$",如 $A$1。如果需要行地址不自动改变但列自动改变,或行地址自动改变但列地址不自动改变,则使用混合引用,需要在不自动改变的行或列前加 "$",如 A$1。

3. 求和函数 SUM

任务描述:计算 J 列国内生产总值的总和。

(1) 求和函数 SUM 的使用方法

求和函数 SUM 求和公式表达式为"=SUM（number1,[number2],…）",SUM() 函数的功能是计算单元格区域内 number1、number2、… 所有数值之和。可以使用工具自动求和按钮,也可以通过手动数据求和公式完成求和。

方法 1:利用自动求和公式。选择"开始"选项卡→"编辑"组→"自动求和"命令,选中计算的单元格区域,即可得到所选区域的总和。

方法 2:手动输入公式。将鼠标指针定位到存放求和数值的单元格,手动输入公式,按【Enter】键即可看到计算结果。

例如:"=SUM（A1:A5）"是将 A1 至 A5 中的所有数值相加,"=SUM（A1,A3,A5）"是将单元格 A1、A3 和 A5 三个单元格中的数值相加。

(2) 实操步骤

① 选中 J3 单元格,单击"编辑栏"前面的"插入函数"按钮 ,打开"插入函数"对话框,

选择"SUM"函数。

② 输入参数：D3,F3,H3，单击"确定"按钮，如图 8-34 所示，自动填充 J3:J19 的结果。

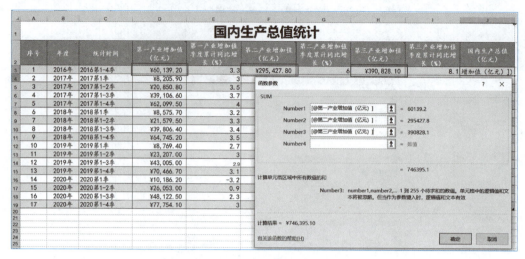

图 8-34　SUM 函数参数

4. 平均值函数 AVERAGE

任务描述：在 C20 单元格输入文本"平均值"，利用 AVERAGE 函数计算第一产业平均增加值，并填充完成 D20:J20 的结果。

（1）平均值函数 AVERAGE 的使用方法

公式表达式为"=AVERAGE(number1,[number2],...)"，AVERAGE() 函数的功能是返回其参数 number1、number2、... 的算术平均值，参数可以是数值或包含数值的名称、数组或引用。

单击"开始"选项卡→"编辑"组→"自动求和"下拉按钮，在下拉列表中选择"平均值"命令，选中计算的单元格区域，即可得到所选区域的平均值。同样，也可以通过手动输入公式的形式完成平均值计算。

例如："=AVERAGE(A1:A5)"是将 A1 至 A5 中的所有数值求平均值，"=AVERAGE(A1,A3,A5)"是将单元格 A1、A3 和 A5 三个单元格中的数值求平均值。

（2）实操步骤

① 在 C20 单元格输入文本：平均值。

② 选中 D20 单元格，单击"编辑栏"前面的"插入函数"按钮 fx，显示"插入函数"对话框，选择"AVERAGE"函数。

③ 输入参数：D3:D19，单击"确定"按钮，如图 8-35 所示，向右填充完成 D20:J20 的结果。

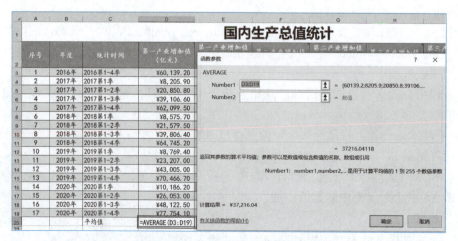

图 8-35　AVERAGE 函数参数

5. 最大最小值函数 MAX/MIN

任务描述：分别利用 MAX、MIN 函数计算第一产业最大增加值和最小值，并填充完成 D21:J21、D22:J22 的结果。

（1）最大最小值函数 MAX/MIN 的使用方法

最大值函数 MAX()，表达式为"=MAX(number1,[number2],...)"，其功能是返回一组数据值中的最大值，忽略逻辑值和文本。MAX() 函数可设置多个参数，表示从多个区域中选择最大值。

最小值函数 MIN()，表达式为"=MIN(number1,[number2],...)"，其功能是返回一组数据值中的最小值，忽略逻辑值和文本。

单击"开始"选项卡→"编辑"组→"自动求和"下拉按钮，在下拉列表中选择"最大值/最小值"命令，选中计算的单元格区域，即可得到所选区域的最大值/最小值。同样，可以通过手动输入公式的方式完成计算。

例如："=MAX(A1:A5)"是将 A1 至 A5 中的所有数值求最大值，"=MAX（A1,A3,A5）"是将单元格 A1、A3 和 A5 三个单元格中的数值求最大值。

（2）实操步骤

① 在 C21 单元格输入文本：最大值。

② 选中 D21 单元格，单击"编辑栏"前面的"插入函数"按钮，打开"插入函数"对话框，选择"MAX"函数。

③ 输入参数：D3:D19，单击"确定"按钮，如图 8-36 所示，向右填充完成 D21:J21 的结果。

④ 以同样的方式在 C22:J22 完成最小值的计算。

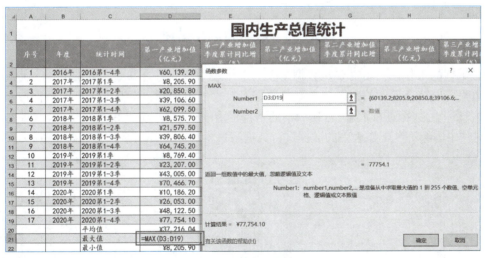

图 8-36 MAX 函数参数

6. 排名函数 RANK

任务描述：以"国内生产总值"为数据源，利用 RANK 函数完成 K3:K19 国内生产总值排序。

（1）排名函数 RANK 的使用方法

RANK 函数计算表达式为"=RANK(number,ref,[order])"，RANK() 函数的功能是返回某数字在一列数字中相对于其他数值的大小排名。RANK() 函数需要输入以下三个参数：

① 查找排名的数字 Number。

② 一组数或对一个数据列表的引用 Ref。

③ 列表中排名的数字 Order（如果为 0 或忽略，降序；非零值，升序）。

操作方法：单击"开始"选项卡→"编辑"组→"自动求和"下拉按钮，在下拉列表中选择"其他函数"命令，在打开的"插入函数"窗口中搜索 rank 函数，输入相应的参数，即可完成所选区域的数值排名。

例如："=RANK("6",A1:A6,1)"表示求数值6在单元格区域A1:A6的数值列表中的升序排名。
RANK.EQ(number,ref,[order]) 返回实际排名；RANK.AVG(number,ref,[order]) 返回平均排名。

（2）实操步骤

① 在K2单元格输入文本：排行。

② 选中K3单元格，单击"编辑栏"前面的"插入函数"按钮，显示"插入函数"对话框，选择"RANK"函数，单击"确定"按钮。

③ 输入参数：J3,$J$3:$J$19，单击"确定"按钮。如图8-37所示，自动填充K3:K19的结果。

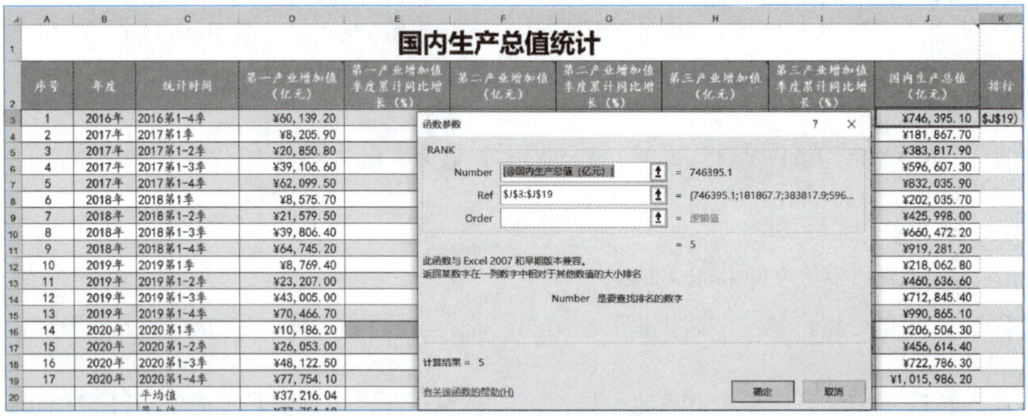

图 8-37　RANK 函数参数

任务3　数据筛选和排序

在处理数据的工作中，若需要从数据繁多的工作表中查找符合某些条件的数据，使用筛选功能可以轻松地筛选出符合条件的数据。在浏览数据量较大的数据时，对杂乱无章的数据按照条件进行排序，或对表格中的数据进行汇总，可使表格的结构更清晰，使用户能更好地掌握表格中重要的信息。本任务将对"中国经济"工作表中的数据进行数据筛选、排序、分类汇总，效果如图8-38所示。

图 8-38　筛选与排序效果图

1. 数据筛选

任务描述：在"GDP国内生产总值"工作表中，筛选出2017、2018、2019、2020年的年度数据。

（1）数据筛选方法

数据筛选就是在源数据中筛选出所需的数据。Excel提供了自动筛选和高级筛选两种方式。

① 自动筛选。在数据区域任何位置单击选定一个单元格,选择"数据"选项卡→"排序和筛选"组→"筛选"命令,数据区域第一行即标题行,每列都在单元格右侧显示下拉按钮,单击该按钮打开下拉列表,可直接选择所需的数据,也可在"数字筛选"下拉列表中设置条件,筛选数据。

② 高级筛选。高级筛选的关键是设置筛选条件。如筛选出三个产业"增加值季度累计同比增长（%）"都大于2.7的季度。

根据需求可知,有三个条件,而且这三个条件需要同时成立,所以条件之间是"与"关系。在Excel高级筛选中,条件之间的"与"关系要求放在同一行,"或"关系放在不同行。

条件一般包括两部分,第1行输入条件对象,即数据源第1行的数据,最好直接从数据源中复制,减少人为输入失误,在第2行输入具体条件,如图8-39所示。

设置好条件区域后,选择数据源,单击"高级"按钮,显示"高级筛选"对话框,如图8-40所示,选中"将筛选结果复制到其他位置"单选按钮,检查列表区域是不是所期望的原数据,选择"条件区域"和"复制到"的位置。

图8-39 高级筛选条件区域

图8-40 "高级筛选"对话框

（2）实操步骤

① 在数据表格内选中任意一个单元格,选择"数据"选项卡→"排序和筛选"组→"筛选"命令,如图8-41所示。

② 在B2"年度"单元格右侧点击下拉按钮,取消"2016年度"选择。

图8-41 "筛选"命令

2. 数据排序

任务描述：按年度对数据进行降序排序,当年度相同时,按国内生产总值升序排序。

（1）数据排序方法

将光标移动到数据区,打开"数据"选项卡,在"排序和筛选"分组中,单击"升序"或"降序"按钮,以当前单元格所在列为基础进行升序或降序排列。单击"排序"按钮,显示"排序"对话框,可更精确地设置排序。

（2）实操步骤

① 在数据表格内选中任意一个单元格,选择"数据"选项卡→"排序和筛选"组→"排序"命令,如图8-42所示。

视频

如何进行数据排序

图 8-42 "排序"命令

② 显示"排序"对话框,设置主要关键字为"年度",降序;单击"添加条件"按钮,设置次要关键字为"国内生产总值"升序,如图 8-43、图 8-44 所示。

图 8-43 "排序"对话框

图 8-44 排序结果

视频

如何进行数据分类汇总

3. 数据分类汇总

任务描述:利用分类汇总对各年度国内生产总值进行计数统计。

(1) 数据分类汇总方法

分类汇总之前要对数据进行排序。先排序即先对某个字段进行分类,再汇总是按照所分之类对指定的数值型字段进行某种方式的汇总。汇总结果可分级显示,一般分 3 级。

(2) 实操步骤

① 由于套用表格工具的区域无法进行分类汇总,因此需要先选择"表格工具-设计"选项卡 → "工具"组 → "转换为区域"命令,如图 8-45 所示。

图 8-45 "转换为区域"命令

② 选择区域 A2:K18，选择“数据”选项卡→“分级显示”组→“分类汇总”命令，在显示的“分类汇总”对话框中设置分类字段、汇总方式、选定汇总项，如图 8-46、图 8-47 所示。

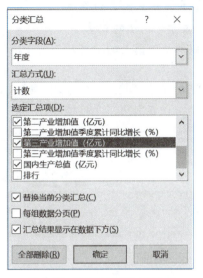

图 8-46 “分类汇总”对话框

国内生产总值统计

序号	年度	统计时间	第一产业增加值（亿元）	第一产业增加值季度累计同比增长（%）	第二产业增加值（亿元）	第二产业增加值季度累计同比增长（%）	第三产业增加值（亿元）	第三产业增加值季度累计同比增长（%）	国内生产总值（亿元）	排行
14	2020年	2020第1季	¥10, 186. 20	-3. 2	¥73, 638. 00	-9. 6	¥122, 680. 10	-5. 2	¥206, 504. 30	17
15	2020年	2020第1-2季	¥26, 053. 00	0. 9	¥172, 759. 00	-1. 9	¥257, 802. 40	-1. 6	¥456, 614. 40	13
16	2020年	2020第1-3季	¥48, 122. 50	2. 3	¥274, 266. 70	0. 9	¥400, 397. 10	0. 4	¥722, 786. 30	9
17	2020年	2020第1-4季	¥77, 754. 10	3	¥384, 255. 30	2. 6	¥553, 976. 80	2. 1	¥1, 015, 986. 20	4
2020年 计数			4		4		4		4	
10	2019年	2019第1季	¥8, 769. 40	2. 7	¥81, 806. 50	6. 1	¥127, 486. 90	7	¥218, 062. 80	16
11	2019年	2019第1-2季	¥23, 207. 00	3	¥179, 122. 10	5. 8	¥258, 307. 50	7	¥460, 636. 60	12
12	2019年	2019第1-3季	¥43, 005. 00	2. 9	¥276, 912. 50	5. 6	¥392, 927. 90	7	¥712, 845. 40	8
13	2019年	2019第1-4季	¥70, 466. 70	3. 1	¥386, 165. 30	5. 7	¥534, 233. 10	6. 9	¥990, 865. 10	3
2019年 计数			4		4		4		4	
6	2018年	2018第1季	¥8, 575. 70	3. 2	¥76, 598. 20	6. 2	¥116, 861. 80	7. 8	¥202, 035. 70	14
7	2018年	2018第1-2季	¥21, 579. 50	3. 3	¥167, 698. 80	6. 1	¥236, 719. 70	7. 9	¥425, 998. 00	10
8	2018年	2018第1-3季	¥39, 806. 40	3. 4	¥260, 811. 30	5. 8	¥359, 854. 50	8. 1	¥660, 472. 20	7
9	2018年	2018第1-4季	¥64, 745. 20	3. 5	¥364, 835. 20	5. 8	¥489, 700. 80	8	¥919, 281. 20	2
2018年 计数			4		4		4		4	
2	2017年	2017第1季	¥8, 205. 90	3	¥69, 315. 50	6. 1	¥104, 346. 30	8	¥181, 867. 70	15
3	2017年	2017第1-2季	¥20, 850. 80	3. 5	¥151, 638. 40	6. 2	¥211, 328. 70	8	¥383, 817. 90	11
4	2017年	2017第1-3季	¥39, 106. 60	3. 7	¥236, 212. 50	6	¥321, 288. 20	8. 2	¥596, 607. 30	6
5	2017年	2017第1-4季	¥62, 099. 50	4	¥331, 580. 50	5. 9	¥438, 355. 90	8. 3	¥832, 035. 90	1
2017年 计数			4		4		4		4	
总计数			16		16		16		16	

图 8-47 分类汇总效果图

知识拓展

Excel 常用函数

（1）数值单元格计数函数 COUNT

函数通俗表达式：=COUNT(value1,[value2],…)

功能：统计指定区域中包含数值的个数。只对数字单元格进行计数。

（2）非空单元格计数函数 COUNTA

函数通俗表达式：=COUNTA(value1,[value2],…)

功能：统计指定区域不为空的单元格的个数。

（3）条件计数函数 COUNTIF

函数的通俗表达式：=COUNTIF(Range,Criteria)

COUNTIF() 函数的功能是计算区域中满足给定条件的单元格数目。

COUNTIF() 函数有 2 个参数：

- Range：要计算其中非空单元格的区域。
- Criteria：以数字、表达式或文本形式定义的条件。

例如：在 D23:J23 计算出各列大于平均值的数量。

① 选中 D23 单元格，单击“编辑栏”前面的“插入函数”按钮 *fx*，打开“插入函数”对话框，选择“COUNTIF”函数。

② 输入参数：D3:D19，">" &D20，单击“确定”按钮，如图 8-48 所示，向右填充 E23:J23 的结果。（COUNTIF 函数可以引用单元格值，但在引用单元格值时，一定要用 & 连接）。

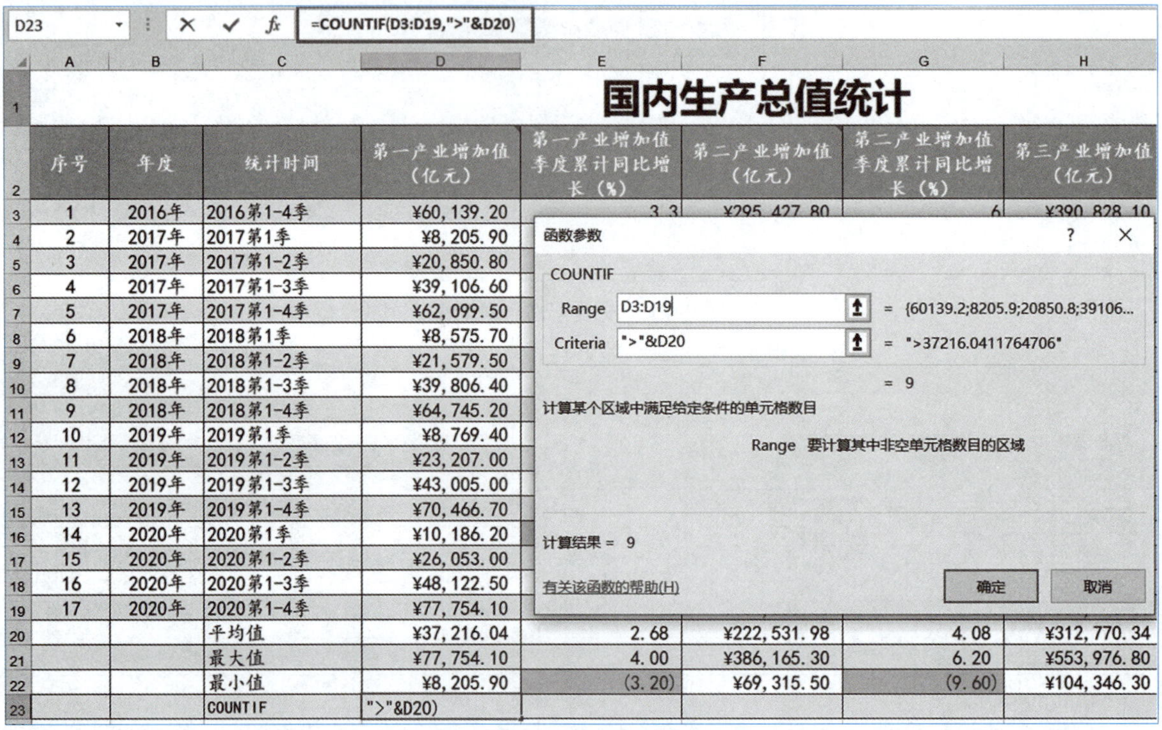

序号	年度	统计时间	第一产业增加值（亿元）	第一产业增加值季度累计同比增长（%）	第二产业增加值（亿元）	第二产业增加值季度累计同比增长（%）	第三产业增加值（亿元）
1	2016年	2016第1-4季	¥60, 139. 20	3. 3	¥295, 427. 80	6	¥390, 828. 10
2	2017年	2017第1季	¥8, 205. 90				
3	2017年	2017第1-2季	¥20, 850. 80				
4	2017年	2017第1-3季	¥39, 106. 60				
5	2017年	2017第1-4季	¥62, 099. 50				
6	2018年	2018第1季	¥8, 575. 70				
7	2018年	2018第1-2季	¥21, 579. 50				
8	2018年	2018第1-3季	¥39, 806. 40				
9	2018年	2018第1-4季	¥64, 745. 20				
10	2019年	2019第1季	¥8, 769. 40				
11	2019年	2019第1-2季	¥23, 207. 00				
12	2019年	2019第1-3季	¥43, 005. 00				
13	2019年	2019第1-4季	¥70, 466. 70				
14	2020年	2020第1季	¥10, 186. 20				
15	2020年	2020第1-2季	¥26, 053. 00				
16	2020年	2020第1-3季	¥48, 122. 50				
17	2020年	2020第1-4季	¥77, 754. 10				
		平均值	¥37, 216. 04	2. 68	¥222, 531. 98	4. 08	¥312, 770. 34
		最大值	¥77, 754. 10	4. 00	¥386, 165. 30	6. 20	¥553, 976. 80
		最小值	¥8, 205. 90	(3. 20)	¥69, 315. 50	(9. 60)	¥104, 346. 30
		COUNTIF	">"&D20)				

图 8-48 COUNTIF 函数参数

（4）搜索元素函数 VLOOKUP

函数表达式：=VLOOKUP(lookup_value,table_array,col_index_num,[range_lookup])

VLOOKUP() 函数的功能是搜索表区域首列满足条件的元素，确定待检索单元格区域中的行序号，再进一步返回选定单元格的值。默认情况下，表是以升序排序的。

COUNTIF() 函数有 4 个参数：

- Lookup_value：需要在数据表首列进行搜索的值，可以是数值、引用或字符串。
- Table_array：要在其中搜索数据的文字、数字或逻辑表。
- Col_index_num：应返回其中匹配值的 Table_array 中的列序号，表中首值列序号为 1。
- Range_lookup：一个逻辑值，若要在第一列中查找大致匹配，请使用 TRUE 或忽略；若要查找精确匹配，请使用 FALSE。

在 N2:O19 匹配出各季度的国内生产总值。

① 选中 O3 单元格，单击“编辑栏”前面的“插入函数”按钮 *fx*，显示“插入函数”对话框，选择“VLOOKUP”函数。

② 输入参数：N3,$C$2:$J$19,8，单击“确定”按钮，如图 8-49 所示。

（5）逻辑条件函数 IF

函数表达式：=IF(Logical_test,[Value_if_true],[Value_if_false])

IF() 函数的功能是判断是否满足某个条件，如果满足返回一个值，如果不满足返回另一个值。找出判断条件，条件为真时该如何处理，条件为假时该如何处理。

IF() 函数需要输入以下三个参数：

- 任何可能被计算为 TRUE 或 FALSE 的数值或表达式 Logical_test。
- Logical_test 为 TRUE 时的返回值 Value_if_true。
- Logical_test 为 FALSE 时的返回值 Value_if_false。

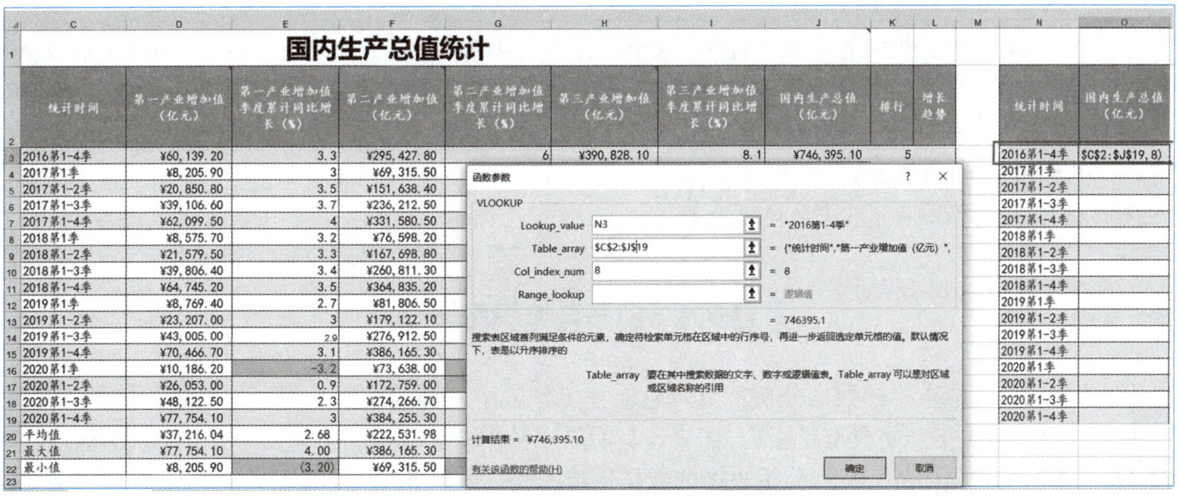

图 8-49　VLOOKUP 函数参数

例如：利用 IF 函数判断第三产业增长趋势

① 选中 L3 单元格，单击"编辑栏"前面的"插入函数"按钮 f_x，打开"插入函数"对话框，选择"IF"函数。

② 输入参数：I3>0，"正增长"，"负增长"，单击"确定"按钮，如图 8-50 所示，自动填充 K3:K19 的结果。

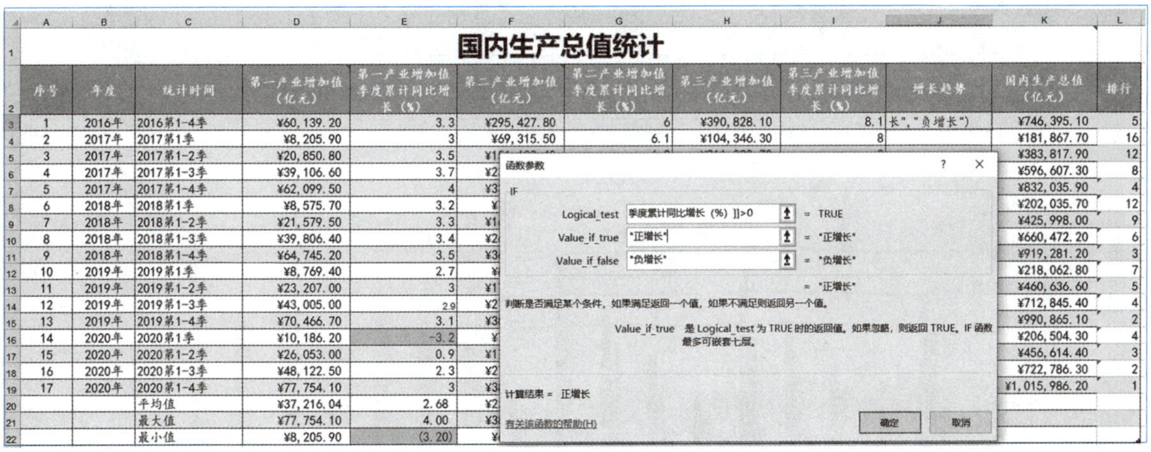

图 8-50　IF 函数参数

（6）日期时间函数 YEAR、NOW

YEAR() 函数的功能是返回日期的年份值，一个 1900 到 9999 之间的数字。

NOW() 函数的功能是返回日期时间格式的当前日期和时间，不需要参数。

例如，根据出生年月计算年龄，可用 YEAR 函数获得年份值，然后两个年份值相减。例如，出生年月在 A2，指定日期在 D2，计算年龄的两种公式如下：

① 因为指定日期单元格固定，要将 D2 转为绝对引用：=YEAR($D$2)-YEAR(A2)。

② 没有截止时间可以用 NOW 函数获取当前日期：=YEAR(NOW())-YEAR(A2)。

项目 3　经济数据可视化

项目引入	明宇在完成了数据表的处理和分析后，数据表的制作基本完成，但枯燥的数据难以生动地将数据的差异、趋势等方面表现出来。为了使数据显示更清晰明了，需要将数据表制作成图表的形式，使数据可视化。
项目分析	数据可视化主要是通过制作图表和数据透视表来实现，图表是通过图形的方式将数据表现出来，常用的有柱状图、折线图等；数据透视表通过将数据重新排列，使数据之间的对比和关系更直观。
项目目标	☑ 掌握图表插入、设置方法； ☑ 掌握数据透视表的使用方法。

任务1　创建与编辑图表

图表是 Excel 中重要的数据分析工具，它能使工作表中枯燥的数据显得更加清晰，使数据更易于理解，从而使数据分析更具有说服力，图表还具有展示数据差异、分析走势和预测发展趋势等功能。本任务将利用"中国经济"数据分析表中的数据创建图表，效果如图 8-51 所示。

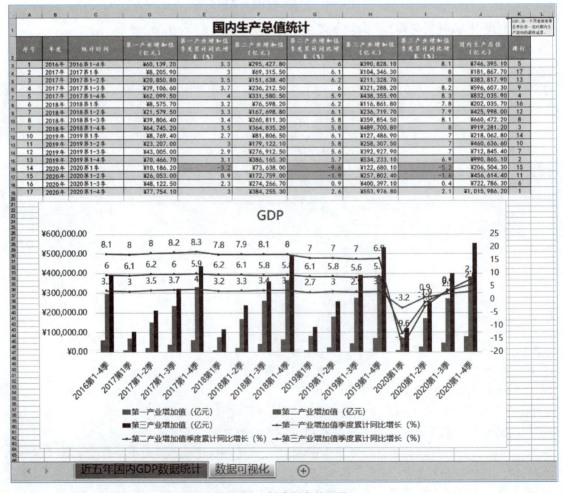

图 8-51　创建图表效果图

1. 建立图表

任务描述：为"中国经济"数据添加可视化图表。

（1）建立图表方法

Excel 通过图表为用户提供数据展示方式，直观地表现工作表数据关系。在 Excel 中，将表格数据转为图表，操作非常简单，而且表格数据（即图表的数据源）与图表是动态关联的，表格数据的修改会自动、实时地反映在图表中。

Excel 提供了多种类型的图表，如柱形图、折线图、饼图、条形图、面积图、XY 散点图、曲面图、雷达图、树状图、组合图等，很多类型都包括较多的子类。

建立图表包括以下两种方法：

① 选择指定的单元格区域，在"插入"选项卡"图表"组中显示了常用的图表大类，单击相应的图标，在下拉列表中选择需要的子类。

② 单击"插入"选项卡"图表"组的对话框启动器按钮 ，打开"插入图表"对话框，选择相应的图表。

（2）实操步骤

① 选中 C2:I19 区域，单击"插入"选项卡→"图表"组的对话框启动器按钮 ，打开"插入图表"对话框，选择"所有图表"→"组合"。

② 根据相应的系列名称选择图表类型，如图 8-52 所示，其中：

簇状柱形图：第一产业增加值（亿元）、第二产业增加值（亿元）、第三产业增加值（亿元）。

带标记的堆积折线图 - 次坐标轴：第一产业增加值季度累计同比增长（%）、第二产业增加值季度累计同比增长（%）、第三产业增加值季度累计同比增长（%）。

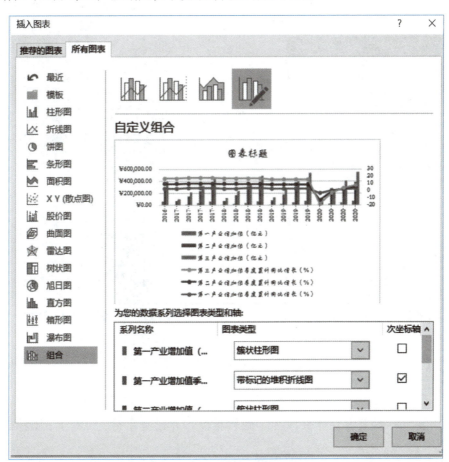

图 8-52 "插入图表"对话框

如何编辑图表

2. 编辑图表

任务描述：为"中国经济"可视化图表设计样式。

（1）编辑图表的方法

在创建图表后，用户往往需要对图表及其中的数据或元素等进行编辑修改，使图表符合不同的要求，达到满意的效果。美化图表不仅可增强图表的吸引力，而且能更清晰地展示数据，从而帮助读者更好地理解数据。

编辑图表包括以下几个知识：

① 应用图表样式：选中图表，在"图表工具 - 设计"选项卡"图表样式"组的样式下拉列表中选择相应的样式。

② 更改表颜色：选中图表，选择"图表工具 - 设计"选项卡→"图表样式"组→"更改颜色"命令，在颜色样式下拉列表中选择相应的颜色组。

③ 添加坐标轴标题：选中图表，选择"图表工具 - 设计"选项卡→"图表布局"组→"添加图表元素"→"坐标轴标题"命令，在打开的子列表中选择相应的轴标题，如图 8-53 所示。

④ 添加图例：选中图表，选择"图表工具 - 设计"选项卡→"图表布局"组→"添加图表元素"→"图例"命令，如图 8-53 所示。

⑤ 添加数据标签：选中图表，选择"图表工具 - 设计"选项卡→"图表布局"组→"添加图表元素"→"数据标签"→"其他数据标签"命令。右侧弹出"设置数据标签格式"窗格，在"标签选项"和"文本选项"选项卡中设置相应的标签格式，如图 8-54 所示。

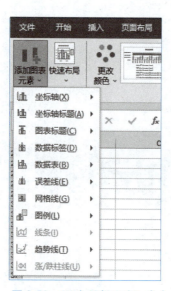

图 8-53 "添加图标元素"命令

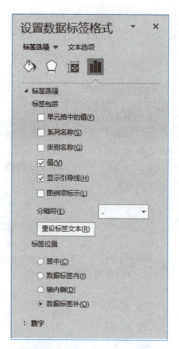

图 8-54 设置数据标签格式

（2）实操步骤

① 选中图表，选择"图表工具 - 设计"选项卡→"图表样式"组→"更改颜色"按钮，选择"彩色调色板 2"；选择"图表样式"组中的"样式 1"。

② 选中图表标题，将内容修改为：GDP。

③ 选中图表，将图表内字体修改为：微软雅黑，并设置字号为 18 号；图标题"GDP"字号为 28 号。

④ 分别选中"第一、二、三产业增长值季度累计同比增长（%）"折线图，选择"图表工具 - 设计"→"图表布局"组→"添加图标元素"→"数据标签"命令，如图 8-55 所示，在打开的子列表

中选择"上方"选项。

图 8-55 "数据标签"命令

任务2 应用数据透视表

"中国经济"数据表格需统计各年度各产业的增加值,对其结果进行分析,从而针对结果制定相应的计划。普通图表并不能很好地展示出数据间的关系。这时,使用数据透视表来展示工作表中的数据,便于对数据做出精确和详细的分析。本任务将利用"中国经济"表格中的数据创建数据透视表,效果如图 8-56 所示。

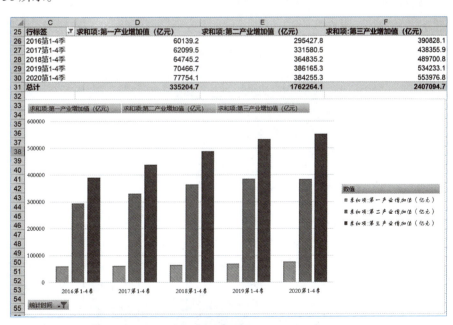

图 8-56 创建数据透视表效果图

视频
如何建立数据透视表

1. 创建数据透视表/图

任务描述：利用数据透视图表对经济数据进行统计分析。

（1）创建数据透视表的方法

数据透视表是一种交互式的表，可以进行某些计算，如求和与计数等。所进行的计算与数据在数据透视表中的排列有关。之所以称为数据透视表，是因为可以动态地改变它们的版面布置，以便按照不同方式分析数据，也可以重新安排行号、列标和页字段。每一次改变版面布置时，数据透视表会立即按照新的布置重新计算数据。另外，如果原始数据发生更改，则可以更新数据透视表。

数据透视图是另一种数据展示形式，与数据透视表不同的地方在于它可以选择适合的图形、多种色彩来描述数据特性。

操作方法为：

① 选择数据区域，创建空白的数据透视表。

② 添加字段，包括报表筛选、行标签、列标签、值字段等。

③ 设置值汇总方式。

④ 单击数据透视表，右击，在弹出的快捷菜单中选择"数据透视表选项"命令，打开"数据透视表选项"对话框，设置数据透视表名称等信息。

⑤ 选择数据透视表，在窗口标题栏显示"数据透视表工具"，选择"分析"选项卡→"工具"组→"数据透视图"命令，打开"插入图表"对话框，选择相应的图表即可创建数据透视图。

（2）实操步骤

① 选择区域 A2:J19，选择"插入"选项卡→"图表"组→"数据透视图"命令，如图 8-57 所示。打开"创建数据透视表"对话框，按要求设置好"表/区域"，放置数据透视表的位置为"现有工作表"，按要求设置好透视表在现有工作表的位置，如图 8-58 所示。

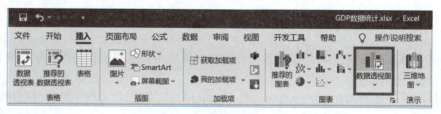

图 8-57 "数据透视表"命令

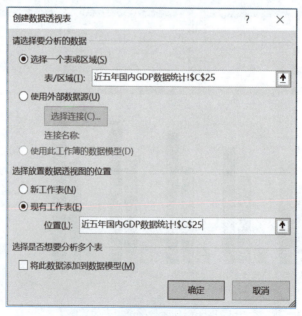

图 8-58 "创建数据透视表"对话框

② 在空白数据透视表右侧显示"数据透视表字段"窗格，在报表字段列表框中，选中"统计时间"复选框，将其拖动到"行"区域，然后分别单击"第一产业增加值（亿元）""第二产业增加值（亿元）""第三产业增加值（亿元）"，添加到"值"区域，如图 8-59 所示。

③ 单击数据透视表"行标签"右侧筛选按钮，如图 8-60 所示，筛选出 2016—2020 第 1~4 季度数据。

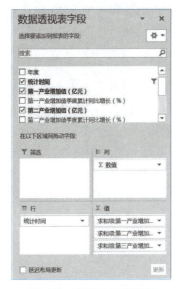

图 8-59　数据透视表字段

图 8-60　筛选行标签

2. 格式化数据透视表 / 图

任务描述：设置透视图颜色为"彩色调色板 4"，图表样式为"样式 6"；设计数据透视表样式为"浅橙色，数据透视表样式浅色 20"。

（1）格式化数据透视表 / 图的方法

对数据透视表 / 图进行格式化的方法与其他图表格式化方法一致。

① 数据透视表格式化包括布局、数据透视表样式选项、数据透视表样式等，具体操作为：单击数据透视表，选择数据透视表的"设计"选项卡，在该选项卡下可以完成数据透视表的格式化操作，如图 8-61 所示。

视频

如何格式化数据透视图表

图 8-61　设置数据透视表样式

② 数据透视图格式化包括图表布局、图表颜色、图表样式、图表类型等，具体操作为：单击数据透视图，选择数据透视图的"设计"选项卡，在该选项卡下可以完成数据透视图的格式化操作，如图 8-62 所示。

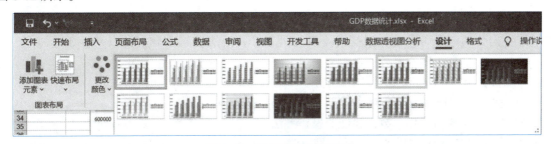

图 8-62　数据透视图格式化

（2）实操步骤

①单击数据透视图，选择"设计"选项卡→"图表样式"组选择"更改颜色"→"彩色调色板4"，在"图表样式"组选择"样式6"；

②单击数据透视表，在"设计"选项卡"数据透视表样式"组中选择透视表样式为"浅色-浅橙色，数据透视表样式浅色20"。

知识拓展 迷你图

迷你图是插入工作表单元格中直观表示数据的微型图表。迷你图一般与相关数据邻近，可以对一行或一列中的系列数据进行数据比较和趋势分析，类型包括折线图、柱形图和盈亏图。

生成迷你图的方法：选择【插入】选项卡→【迷你图】组下的任意类型，拖动鼠标选择数据范围和位置范围，单击"确定"按钮即可，如图8-63所示。完成迷你图的创建后，选择迷你图，在【迷你图】选项卡下方工具栏中可设置迷你图样式格式，如图8-64所示。

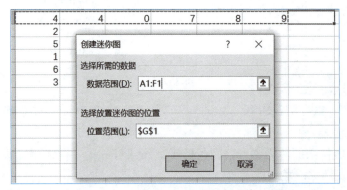

图 8-63 创建迷你图

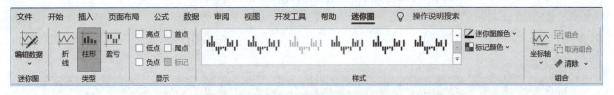

图 8-64 设置迷你图样式

实操实训

实训项目一：公司考勤表的制作

一、项目背景

刚刚大学毕业的小文应聘到乐美公司实习，考勤效率低下一直是公司的难题，公司HR希望小文制作一份公司电子考勤表，以提高考勤管理效率，解决公司难题。请以某年3月为例，参考sample.jpg，教会小文制作公司考勤表。

二、实训目的

①掌握 Excel 2016 单元格的各种输入方法、格式设置方法。

②掌握工作表的格式化、数据验证等操作方法。

③掌握 COUNTIF 函数以及公式的应用方法。

三、实训内容

1. 新建空白工作簿
① 将文档保存于目录文件下,命名为"公司考勤表"。
② 将工作表"sheet1"重命名为"3月乐美公司考勤表"。
③ 工作表标签颜色:绿色,个性色6,淡色40%。

2. 设置总标题
① 将A1:AR1单元格区域合并后居中,输入标题:乐美公司考勤表。
② 单元格样式:浅蓝60%-着色5。
③ 输入标题:乐美公司考勤表。
④ 字体格式:华文行楷、26磅、加粗,颜色为"白色,背景色1"。

3. 编辑表标题
① 合并单元格A2:A3、B2:B3、C2:C3,依次输入:部门、员工编号、员工姓名。
② 输入标题。
D2:D3:日期、星期。
E2:AI2:快速填充1~31(3月份31天)。
E3:EI3:快速填充每天对应的星期(3月1日为星期二)。
AJ2:AQ2:出勤、病假、事假、旷工、迟到、公休、值班、补休。
AI3:AQ3:√,B,S,K,C,G,Z,X。
③ 合并单元格AR2:AR3,填充内容:出勤率%。
⑤ 文字格式:宋体、12磅、加粗,居中对齐。
⑥ 调整行高列宽。

4. 录入基本信息
① 合并单元格A4:A9、A10:A15、A16:A19、A20-A23。
② 在A4:D23输入相应的部门信息、员工编号、员工姓名及"上午""下午"。
③ 部门名称文字方向:竖排文字方向。
④ 字体格式:宋体、12磅,部门名称字体加粗,自动调整行高列宽。
⑤ 合并单元格:A24:AR24,输入考勤说明。

5. 设置表格格式
① 周六、日所在列:橙色,个性色2,淡色80%。
② AJ2:AQ23填充色:蓝色,个性色1,淡色80%。
③ 为表格添加所有框线。

6. 设置数据有效性
为E4:AI23单元格设置数据有效性,数据来源AJ3:AQ3,通过下拉选项实现考勤。

7. 添加函数
① 统计AJ:AQ列中出勤到补休的天数:COUNTIF。
② 统计出勤率:出勤率=(实际出勤天数+值班天数)/应出勤天数*100%。
应出勤天数=当月天数-公休-补休。
将出勤率单元格格式设为"百分比"。

8. 录入考勤信息
如无特别说明,员工周末公休(G),上下午正常出勤(√)。
① 安琳(下午):19日值班(Z),21日事假(S),24日旷工(K)。
② 李雪(上午):1日旷工(K),3日迟到(C),5、6日值班(Z),22、23日补休(X)。

四、实训平台
高校计算机公共基础课教学服务平台——5Y学习平台。

实训项目二：学生成绩统计

一、实训背景

小李是广州某中学教学班主任，该学校已完成了期末考试，为更好地掌握班级学生学习的整体情况，教务处领导要求班主任尽快完成本班成绩的统计分析，但小李老师是第一次担任班主任，也是第一次接触成绩统计，请打开"原始数据.xlsx"文档，参考 sample.jpg，帮助小李完成学生期末成绩分析表的制作。

二、实训目的

① 掌握工作表行列的插入、复制、移动等操作。
② 掌握条件格式、数据验证、筛选、排序、批注的操作方法。
③ 掌握常用函数的应用方法。
④ 掌握图表的插入、设置方法。

三、实训内容

1. 设置工作表行列

① 将"班级"列移至"学生姓名"列之前。
② 在"学生姓名"列之前插入一列"学号"。
③ 插入列：在右侧依次插入"总分""班级排名""等级"。
④ 插入行：在下方依次插入"平均分""最高分""最低分"行。
⑤ 插入首行，将 A1:M1 合并单元格，输入表头标题：学生成绩统计分析。

2. 设置单元格格式

① 学号从"202001"开始，依次填充，将其数据格式设置为数值，小数位数为 0。
② 性别设置数据有效性：男、女。
③ 工作表表头：黑体、14 磅。
④ 表格其他内容：宋体、12 磅，居中对齐。

3. 设置表格样式

① 设置"自动调整行高""自动调整列宽"，并设置页面纸张大小为 A4、横向。
② 对班级成绩区域套用包含表标题的表格样式"浅蓝，表样式浅色 20"，取消筛选，表头行不做套用设置。

4. 成绩计算统计与可视化

① 利用求和函数 SUM 计算所有学生的成绩总分。
② 利用 AVERAGE、MAX、MIN 函数分别计算每个科目的平均分、最高分和最低分。
③ 利用 RANK 函数计算学生的班级排名。
④ 按总分进行降序排序。
⑤ 对学生单科成绩不及格（小于 60 分）的单元格突出显示为"红色文本"。
⑥ 为单元格 M2 添加批注并显示，批注内容为"根据成绩设定 ABCD 四个等级，A: 总分 >=510，B:450 < = 总分 < 510，C: 360 < = 总分 < 450，D: 总分 < 360"。
⑦ 利用批注内容规则，使用 IF 函数计算 M3:M35 单元格区域的学生等级，用 ABCD 表示。
⑧ 使用 COUNT 函数结合班级排名列和公式计算完成不同等级学生的计数统计；并根据计数统计结果插入学生等级计数二维图表，图例为等级，显示数据标注。
⑨ 利用高级筛选筛选出物理成绩大于 60 且总分大于 510 的学生。

四、实训平台

高校计算机公共基础课教学服务平台——5Y 学习平台。

单元 9
演示文稿处理——"国粹"演示文稿设计与制作

引言

本单元通过设计和制作"国粹"演示文稿的项目案例,学习如何利用 PowerPoint 2016 进行演示文稿的编辑,内容包括设计母版、录入内容、设计动画效果、设置放映效果、发布共享等多个方面。通过项目案例的实践,熟练掌握使用 PowerPoint 2016 创建、编辑和美化演示文稿的方法。

内容结构图

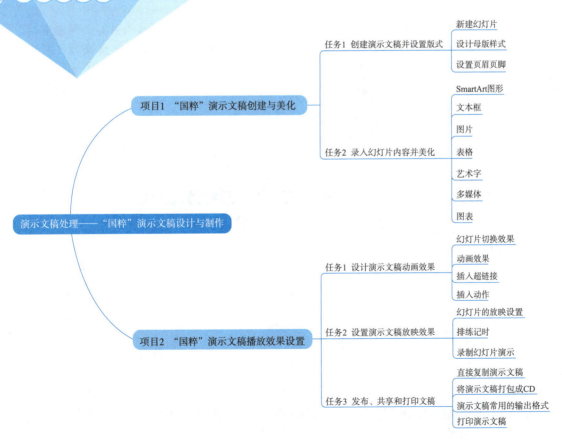

信息技术应用项目教程 ｜ (Windows 10+Office 2016)

学习目标

通过"国粹"演示文稿案例任务的制作，达到如下学习目标：
- 熟悉 PowerPoint 窗口界面及视图方式。
- 掌握演示文稿的基本知识。
- 掌握演示文稿的基本操作。
- 掌握演示文稿的编辑。
- 掌握演示文稿的插入元素操作。

项目 1　"国粹"演示文稿创建与美化

项目引入	张依近期将进行一次关于中国国粹的主题演讲，为此搜集了包括文字、图片、音视频在内的大量素材。为配合演讲，需要利用 PowerPoint 2016 将收集的素材设计制作成演示文稿，通过多种多样的素材使演讲更生动。
项目分析	PowerPoint 是制作演示文稿的重要工具，通过加入文字、图片、音视频等元素，可以使内容更加生动。同时，一致的版式可以使文稿风格统一，更加美观。在设计时，需要先设定好整体的版式，再通过插入的方式添加多媒体的元素。
项目目标	☑ 掌握演示文稿的创建； ☑ 掌握演示文稿的页面设置； ☑ 掌握幻灯片中各种元素的添加。

任务1　创建演示文稿并设置版式

制作演示文稿的首要任务是确定演示文稿要表达的主题内容以及展示的目的，根据主题设计风格统一的母版，其中包括背景颜色、字体样式、页面比例等多个方面。本任务将新建"国粹"演示文稿并设计页面样式和母版，效果如图 9-1 所示。

图 9-1　设计母版效果图

1. 新建幻灯片

任务描述：新建幻灯片大小为宽屏 16:9 的演示文稿，完成第 1 页幻灯片标题录入与效果设置。

（1）新建幻灯片的方法

演示文稿中的每一单页称为一张幻灯片。每张幻灯片在演示文稿中既是相互独立的，又是相互联系的。制作一个演示文稿的过程就是依次制作一张张幻灯片的过程，每张幻灯片既可以包含常用的文字和图表，也可以包含声音、视频和动画。

演示文稿中的每张幻灯片都是基于某种自动版式创建的。在新建幻灯片时，可以从 PowerPoint 提供的自动版式中选择一种。每种版式预定义了新建幻灯片的各种占位符的布局情况。

① 新建幻灯片之前需要新建演示文稿。

如果想建立一个个性化的演示文稿，可以选择新建一个空白演示文稿，从头开始设计演示文稿。

方法 1：打开 PowerPoint 2016，在开始或新建栏目选择"空白演示文稿"。

方法 2：选择"文件"→"新建"→"空白演示文稿"命令。

方法 3：使用快捷键【Ctrl+N】。

如果想节省时间，快速创建一个特定主题的演示文稿，可以选择内置或联机的模板完成演示文稿的创建。每一个模板通常包含了一定的主题和与主题相匹配的背景设计，用户只需要填入相应的文字、图片、视音频文件、动画等素材，即可快速完成演示文稿的创建。

② PowerPoint 2016 新建幻灯片的常用方法有以下几种：

方法 1：选择一张幻灯片，按【Enter】键，即可在所在幻灯片下方插入一张新的幻灯片。

方法 2：选择一张幻灯片右击，在弹出的快捷菜单中选择"新建幻灯片"命令，如图 9-2 所示。

方法 3：选择"开始"选项卡→"幻灯片"组→"新建幻灯片"命令，在下拉列表中选择合适的版式，如图 9-3 所示。

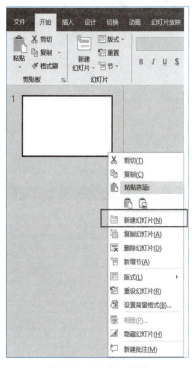

图 9-2　新建幻灯片

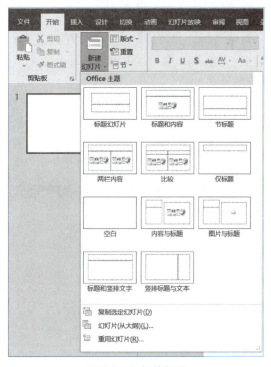

图 9-3　幻灯片版式

（2）实操步骤

① 新建演示文稿，默认第 1 页幻灯片的版式为"标题幻灯片"。在标题框录入标题文字"传承国粹　弘扬经典"，并设置标题字体格式为：隶书、60 号、加粗，添加文字阴影。

② 选择"绘图工具 - 格式"选项卡→"艺术字样式"组→"文本轮廓"命令，在下拉列表中选择"白色，背景 1"。

③ 选择"设计"选项卡→"自定义"组→"幻灯片大小"命令，选择"宽屏 16:9"完成幻灯片

大小设置，效果如图9-4所示。

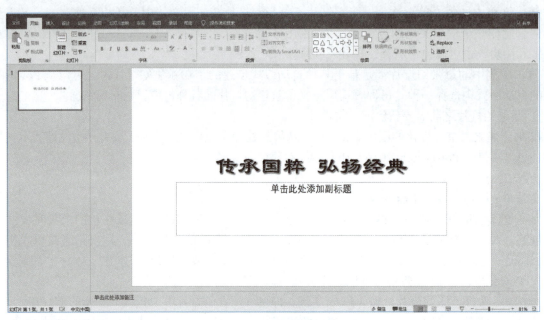

图9-4　幻灯片效果

2. 设计母版样式

任务描述：设计"中国国粹"演示文稿幻灯片的母版，并完成第1张幻灯片制作。

（1）母版的种类

① 幻灯片母版。幻灯片母版是存储模板信息的设计模板的一个元素。幻灯片母版中的信息包括字形、占位符大小和位置、背景设计和配色方案。用户通过更改这些信息，就可以更改整个演示文稿中幻灯片的外观。

视频

设计母版样式

选择"视图"选项卡→"母版视图"组→"幻灯片母版"命令，打开幻灯片母版视图，如图9-5所示。

幻灯片母版可以插入应用于幻灯片正文的背景图片、页脚及徽标等，并能调整文本位置、指定文本样式。

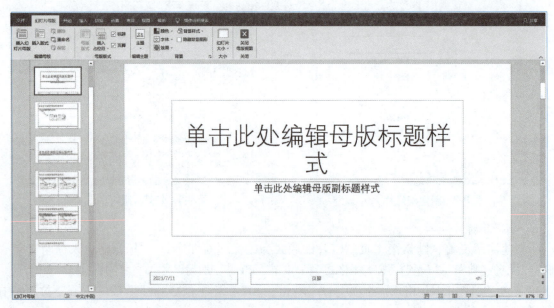

图9-5　幻灯片母版视图

② 讲义母版。因为讲义是分发给观众的材料，比起插入背景图片使界面看上去华丽漂亮的设计来说，输入标题、添加徽标或页脚的简洁设计更为合适。

讲义母版是为制作讲义而准备的，通常需要打印输出，因此讲义母版的设置大多和打印页面有关。它允许设置一页讲义中包含几张幻灯片，设置页眉、页脚、页码等基本信息。在讲义母版中插入新的对象或者更改版式时，新的页面效果不会反映在其他母版视图中。

选择"视图"选项卡→"母版视图"组→"讲义母版"命令，打开讲义母版视图，如图 9-6 所示。

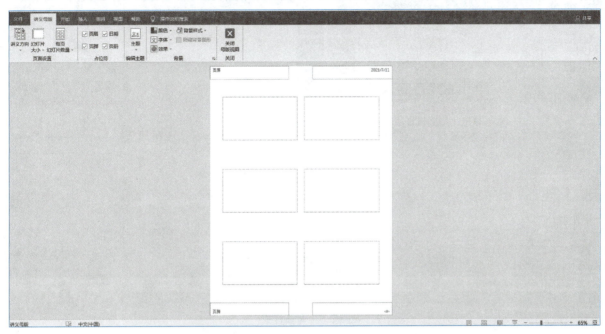

图 9-6　讲义母版视图

③ 备注母版。选择"视图"选项卡→"母版视图"组→"备注母版"命令，打开幻灯片母版视图，如图 9-7 所示。对备注内容进行打印后，既可用作演示时的参考文稿，也可发放给观众作为讲义。与其他母版一样，备注母版也能编辑背景、字体及插入对象等。

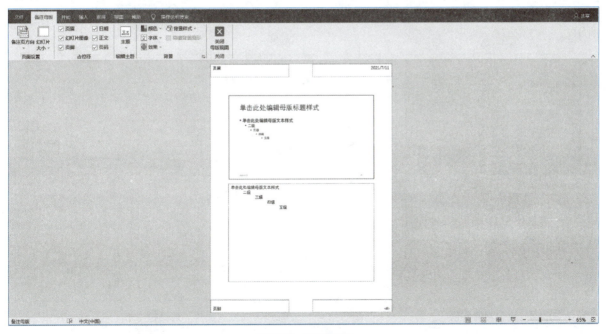

图 9-7　备注母版

（2）实操步骤

① 打开幻灯片母版视图。打开演示文稿，选择"视图"选项卡→"母版视图"组→"幻灯片母版"命令，打开幻灯片母版视图。

② 设置背景样式。选择左侧第一张幻灯片：幻灯片母版，在"背景"组"背景样式"的下拉列表中选择"设置背景格式"命令，打开"设置背景格式"窗格，如图9-8所示。

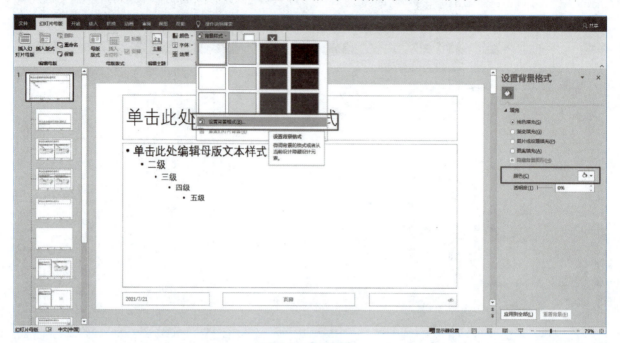

图9-8　背景样式

在窗格中选择"填充"→"颜色"→"其他颜色"命令，在"自定义"选项卡中"十六进制"栏输入"#FFF7DE"颜色值，单击"确定"按钮，如图9-9所示。

③ 设计幻灯片母版。

选择"插入"选项卡→"图像"组→"图片"→"此设备"命令。在打开的"插入图片"对话框中打开图片路径，选择"帆船.png"图片，将图片移至幻灯片左下角的位置，如图9-10、图9-11所示。

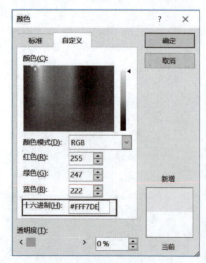

图9-9　设置背景颜色

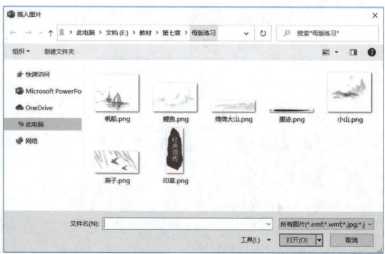

图9-10　"插入图片"对话框

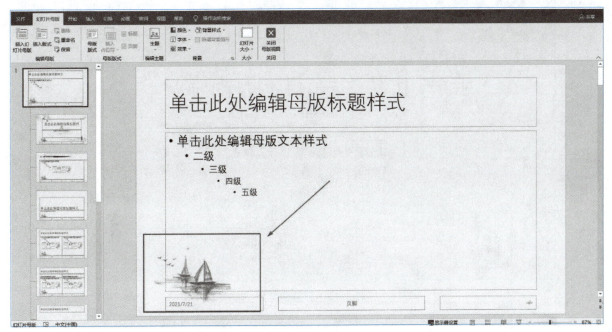

图 9-11　插入图片

④ 设计标题幻灯片。选择左侧视图的第二张幻灯片：标题幻灯片，如图 9-12 所示。

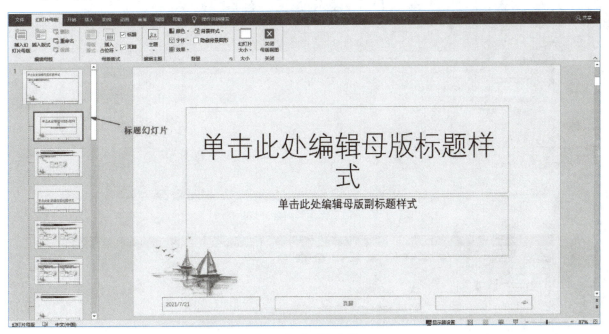

图 9-12　标题幻灯片

以同样的方法插入燕子、小山、鲤鱼、绵绵大山、印章等图片元素，标题幻灯片背景效果如图 9-13 所示。

⑤ 设计标题和内容幻灯片母版。选择左侧视图的第三张幻灯片：标题和内容幻灯片，如图 9-14 所示。

选择"插入"选项卡→"图像"组→"图片"→"此设备"命令。在打开的"插入图片"对话框中打开图片路径，选择"墨迹.png"图片，调整图片大小，移动至标题框位置，右击，在弹出的快捷菜单中选择"置于底层"命令，如图 9-15 所示。

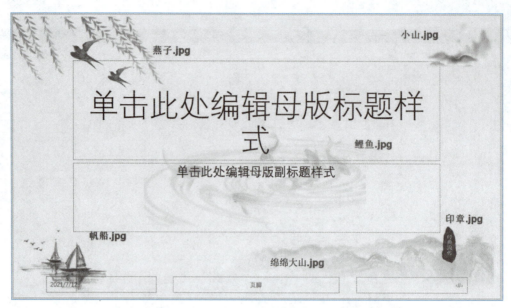

图 9-13　标题幻灯片

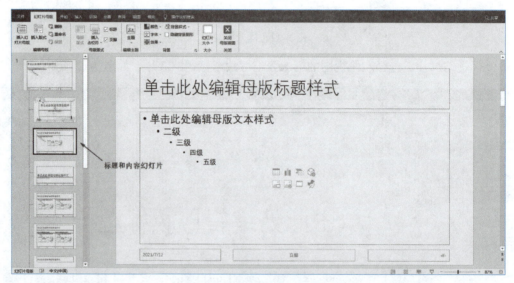

图 9-14　标题和内容幻灯片

图 9-15　置于底层

选择标题框，设置字体格式为：微软雅黑、字号 21 号、加粗、字体颜色白色，拖动标题框到合适位置，如图 9-16 所示。

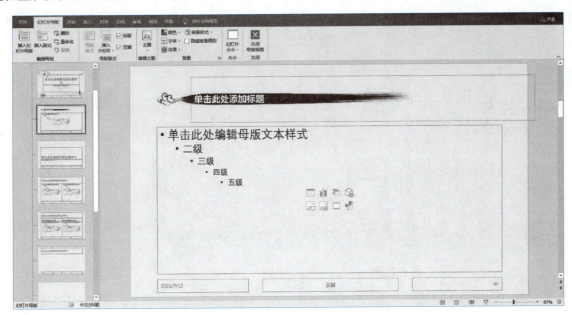

图 9-16　设置标题框字体格式

以相同步骤为"两栏内容""比较""标题和竖排文字"3 张幻灯片设计母版标题样式。

选择"幻灯片母版"选项卡→"关闭"组→"关闭母版视图"命令，返回普通视图界面。即可在新建幻灯片时选择相应的版式，如图 9-17 所示。

图 9-17　幻灯片版式设置

3. 设置页眉页脚

任务描述：为"中国国粹"演示文稿设置页眉页脚。

（1）设置页眉页脚的方法

在使用 PowerPoint 进行幻灯片的编辑后，通常会将幻灯片打印出来，但是有时会对整个幻灯片有个说明，或者标明日期、份数等，这就要在幻灯片最上方或最下方添加这些内容，然而添加一行有时会破坏整个幻灯片，此时可使用页眉和页脚的功能。为演示文稿添加页眉和页脚的方法为：

视频

设置页眉页脚

选择"插入"选项卡→"文本"组中的命令,在弹出的对话框中可设置日期和时间、幻灯片编号、页脚等,如图9-18所示。

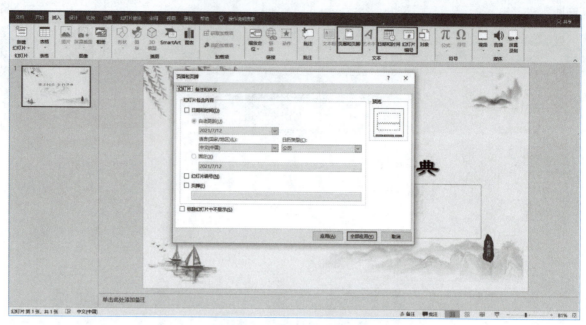

图9-18 "页眉和页脚"对话框

(2)实操步骤

选择"插入"选项卡→"文本"组→"幻灯片编号"命令,在弹出的"页眉和页脚"对话框中选中"幻灯片编号"复选框,效果如图9-19所示。

图9-19 添加幻灯片编号

任务2 录入幻灯片内容并美化

在设定好母版后就可以录入演示文稿的具体内容了,演示文稿的内容是多元化的,可以是文字、图片、表格、音视频、动画等,通过多元化的素材可以使文稿更精美。本任务将为"中国国粹"演示文稿新增不同版式的幻灯片,并在各幻灯片中插入多元化的素材,包括插入表格、图片、声音、视频、动画等素材,并设置相应的样式,效果如图9-20所示。

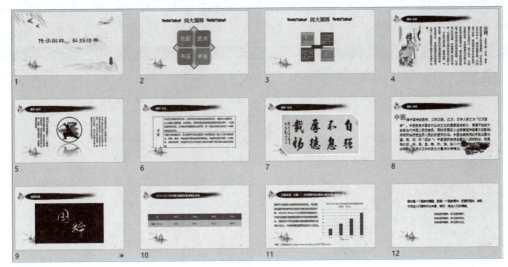

图 9-20　录入幻灯片内容效果图

1. 录入第 2 张幻灯片内容

任务描述:利用 SmartArt 图形呈现演示文稿目录内容,并设置图形样式。

(1)插入 SmartArt 图形的方法

SmartArt 图形可用于表达信息或观点之间的相互关系,通过不同形式和布局的图形代替枯燥的文字。选择"插入"选项卡→"插图"组→"SmartArt"命令,在弹出的"选择 SmartArt 图形"对话框中选择相应的图形即可。在 PowerPoint 2016 中常见的 SmartArt 图形包括列表、流程、循环、层次结构、关系等。如何选择合适的图形,对于增强图形可视化效果和数据的说服力极其重要。

选择 SmartArt 图形时,还要考虑文字量,因为文字量通常决定了所需图形中形状的个数。文字量太多或太少会导致形状个数太多或太少,这样会分散 SmartArt 图形的视觉吸引力,使图形难以直观地传达信息。

视频

在幻灯片中添加 SmartArt 图形

(2)实操步骤

① 新建幻灯片。选中第 1 张幻灯片,选择"开始"选项卡→"幻灯片"组→"新建幻灯片"命令,在下拉列表中选择"仅标题"版式,新建第 2 张幻灯片,如图 9-21 所示。

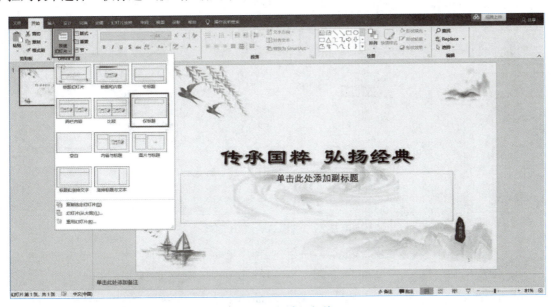

图 9-21　新建幻灯片

②设置标题。选择第2张幻灯片,单击标题框,输入标题:四大国粹。字体格式为:华文中宋,字号为44号,居中对齐。插入"花边.png",将图片复制并移至标题两侧,如图9-22所示。

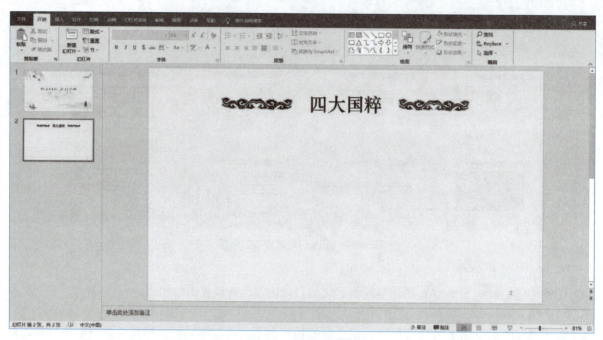

图 9-22　设置标题样式

③插入 SmartArt 图形。选择"插入"选项卡→"插图"组→"SmartArt"命令,在弹出的"选择 SmartArt 图形"对话框中选择"矩阵-基本矩阵",如图9-23所示。

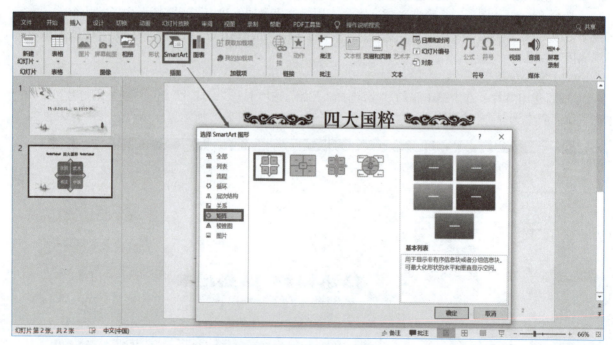

图 9-23　选择 SmartArt 图形

④录入文本。选中图形,选择"SmartArt 设计"选项卡→"创建图形"组→"文本窗格"命令,在弹出的文本窗格内依次输入"京剧""武术""书法""中医",如图9-24所示。

⑤设置 SmartArt 图形样式。选中图形,在"SmartArt 设计"选项卡"SmartArt 样式"组的下拉列表中选择"三维-卡通"样式。单击"更改颜色"按钮,在下拉列表中选择"彩色"→"彩色

范围-个性色 2-3",如图 9-25 所示。

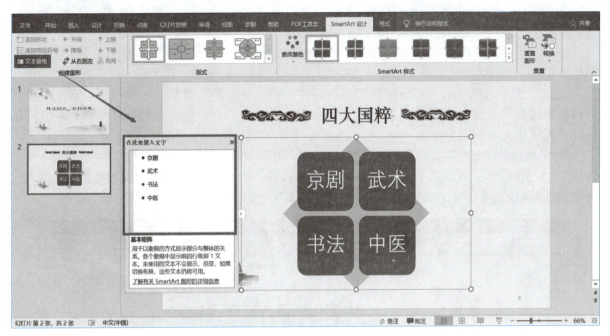

图 9-24　SmartArt 图形文本窗格

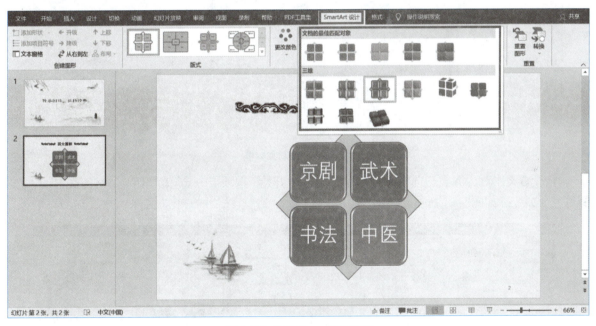

图 9-25　设置 SmartArt 样式

2. 录入第 3 张幻灯片内容

任务描述：利用文本框呈现四大国粹相关概述，并设置文本框效果。

（1）插入文本框的方法

打开新建的演示文稿，第一页呈现的是添加标题和副标题，第二页是添加标题和添加文本。于是很多初学者就只会在这些地方输入文本内容。然而精美的 PPT 制作只在这些固定区域输入文字往往是不够的，例如封面需要在副标题以外加上作者、日期，正文需要输入文字标志等。选择"插入"选项卡→"文本"组→"文本框"命令，插入文本框完美解决了这个问题，让用户能够根据自己的需求，在幻灯片页面任何位置轻松地输入文字。

视频……

幻灯片中文框的设置

（2）实操步骤

①新建幻灯片。选中第 2 张幻灯片，选择"开始"选项卡→"幻灯片"组→"新建幻灯片"命令，在下拉列表中选择"仅标题"版式，新建第 3 张幻灯片。

②设置标题。选择第 3 张幻灯片，单击标题框，输入标题"四大国粹"。字体格式为华文中宋，字号为 44 号，居中对齐。

选择"插入"选项卡→"图像"组→"图片"→"此设备"命令，在打开的"插入图片"对话框中选择"花边.png"，复制并移至标题两侧，如图 9-26 所示。（标题设置与第 2 张幻灯片一样，也可以直接复制）

③插入文本框。选择"插入"选项卡→"文本"组→"文本框"→"绘制横排文本框"命令，打开"文字素材.doc"，录入第 3 张幻灯片对应的文本内容。按照此步骤完成 5 个文本框内容的输入，并设置外围 4 个文本框文字字号为 14 号，中间文本框字号为 18 号，如图 9-26 所示。

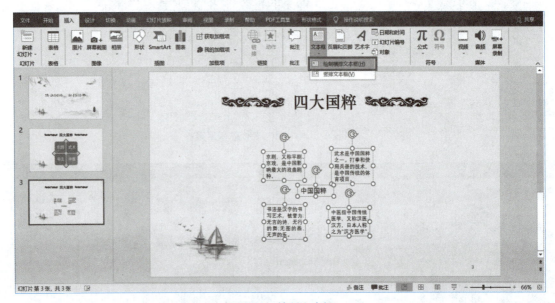

图 9-26　绘制文本框

④设置文本对齐方式。选中所有文本框，选择"开始"选项卡→"段落"组→"对齐文本"→"中部对齐"命令，如图 9-27 所示。

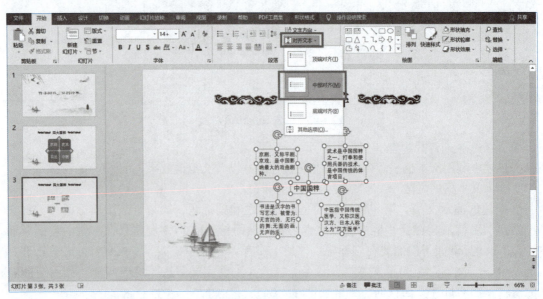

图 9-27　对齐文本

⑤ 设置文本框大小。选中文本框,在"绘图工具 - 格式"选项卡"大小"组中设置高度、宽度均为 4 厘米,中间的文本框为高度 1 厘米、宽度 3.5 厘米,如图 9-28 所示。

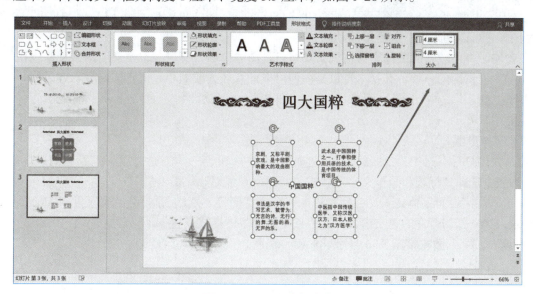

图 9-28　设置文本框大小

⑥ 设置文本框形状样式。选中文本框,在"形状格式"选项卡"形状样式"组的下拉列表中选择相应的样式,如图 9-29、图 9-30 所示。

图 9-29　设置文本框样式

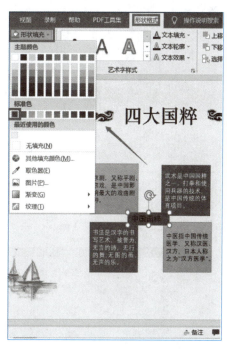

图 9-30　设置文本框形状样式

形状样式分别为"细微效果 - 橙色,强调颜色 2""彩色填充 - 蓝色,强调颜色 1"、"形状填充"的颜色为"标准色 - 深红"。

3. 录入第 4、5 张幻灯片内容

任务描述:新建第 4、5 张幻灯片,并按要求录入相关文字说明和图片,并设计图片效果。

(1)插入图片的方法

为了让演示文稿更加美观,经常需要在幻灯片中插入剪贴画和图片。剪贴画是由专业的美术家设计的,图片来源丰富,常用的格式有以下 4 种:

在幻灯片中插入图片

① JPG：其特点是图像色彩丰富，压缩率极高，节省存储空间，只是图片的精度固定，在拉大时清晰度会降低。

② GIF：其特点是压缩率不高，相对 JPG 格式文件，图像色彩也不够丰富，但是一张图片可以存多张图像，可以用来做一些简单的动画。

③ PNG：一种较新的图像文件格式，其特点是图像清晰，背景一般是透明的，文件也比较小。

④ AI：矢量图的一种，其基本特点是图像可以任意放大或缩小，但不影响显示效果。

选择"插入"选项卡→"图像"组→"图片"→"此设备"命令，在"插入图片"对话框中选择图片即可。

（2）实操步骤

① 新建幻灯片。选中第 3 张幻灯片，选择"开始"选项卡→"幻灯片"组→"新建幻灯片"命令，在下拉列表中选择"标题和竖排文字"版式，新建第 4 张幻灯片。

② 录入文字设置字体格式。在标题框录入标题"国粹·京剧"，打开"文字素材.doc"，在正文内容框录入第 4 张幻灯片的正文内容，并将正文内容字体格式设置如下：

"京剧"二字：微软雅黑、36 号字、加粗，颜色为"主题颜色 - 个性色 2，深色 25%"。

正文：微软雅黑、22 号字，1.4 倍行距，如图 9-31 所示。

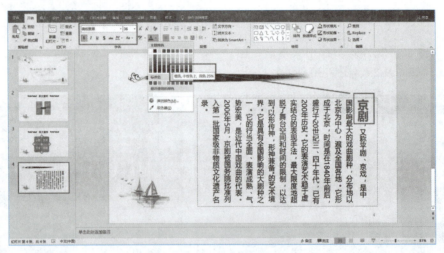

图 9-31　设置字体格式

③ 插入图片。选择"插入"选项卡→"图像"组→"图片"→"此设备"命令，在"插入图片"对话框中选择"国粹.京剧 2.jpg"，将图片调整至合适大小，移至文本框左侧，如图 9-32 所示。

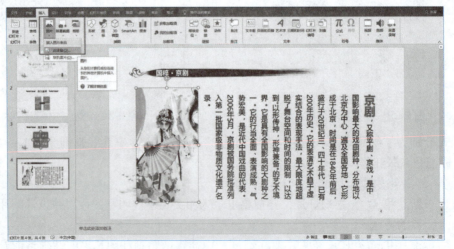

图 9-32　插入图片

④ 设置图片效果。

选中图片，选择"图片工具 - 格式"选项卡→"图片样式"组→"图片效果"命令，在下拉列表中选择"柔化边缘"→"柔化边缘变体"→"10 磅"，如图 9-33 所示。

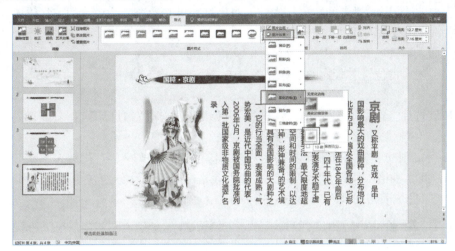

图 9-33　图片效果设置

以同样的操作步骤新建第 5 张幻灯片，并完成幻灯片内容录入与设计，如图 9-34 所示。
① 标题：国粹·武术。
② 版式为"两栏内容"。
③ 字体格式：
"武术"二字：微软雅黑、28 号字、颜色为"主题颜色"→"橙色，个性色 2"。
正文：微软雅黑、18 号字、1.2 倍行距。
④ 图片样式。

插入图片"国粹 . 武术 .jpg"，移至幻灯片中央。在"图片工具 - 格式"选项卡"图片样式"组下拉列表中选择"棱台形椭圆，黑色"，在"图片效果"中选择"映像"→"映像变体 - 半映像：8 磅 偏移量"。

图 9-34　设置图片映像效果

4. 录入第 6 张幻灯片内容

任务描述：新建第 6 张幻灯片，用表格形式呈现"国粹·书法"相关概述，并设计表格样式。
（1）插入表格的方法
在幻灯片中，有些信息或数据不能单纯用文字或图片来表示，在数据繁多的情况下，可以用表

视频

在幻灯片中插入表格

格将数据分门别类地存放，使数据显得清晰。

表格适用于罗列最基本的数据资料。在 PowerPoint 中插入和管理表格的方法基本和 Word 中的操作类似。但与 Word 不同的是：PowerPoint 幻灯片中的表格不宜太复杂，一张表格的大小最好能控制在七行、七列以内，因为过多的数据挤占在一张幻灯片里必然会影响信息的正常传递。

创建表格的方法有以下几种：

① 选择"插入"选项卡→"表格"组→"表格"命令。

② 在带有"内容占位符"版式的幻灯片中单击"插入表格"按钮。

（2）实操步骤

① 插入新幻灯片。选中第 5 张幻灯片，选择"开始"选项卡→"幻灯片"组→"新建幻灯片"命令，在下拉列表中选择"标题与内容"版式，新建第 6 张幻灯片。

② 插入 2 行 2 列的表格。选中第 6 张幻灯片，添加标题框文字为"国粹·书法"。在内容框的占位符中选择"插入表格"按钮，随即弹出"插入表格"对话框，分别在"列数"和"行数"的编辑栏中输入"2"，完成表格的插入，如图 9-35 所示。

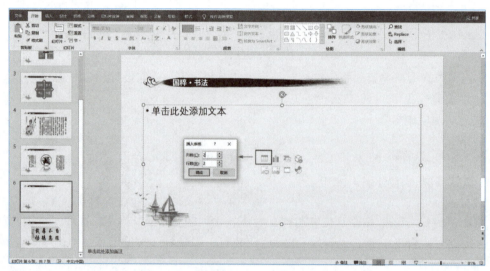

图 9-35　插入 2 行 2 列单元格

③ 设置表格宽度。选中表格第一列或第二列，选择"表格工具 - 布局"选项卡→"单元格大小"组，分别在"高度""宽度"的编辑栏中输入相应的度量值。

两列宽度分别为：第一列 3.2 厘米，第二列 22.5 厘米，如图 9-36 所示。

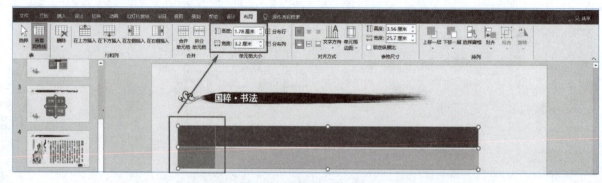

图 9-36　设置单元格大小

④ 设置表格布局。合并单元格：选中表格第一列，选择"表格工具 - 布局"选项卡→"合并"组→"合并单元格"命令，将第一列的 2 个单元格合并成 1 个，如图 9-37 所示。

演示文稿处理——"国粹"演示文稿设计与制作　单元9

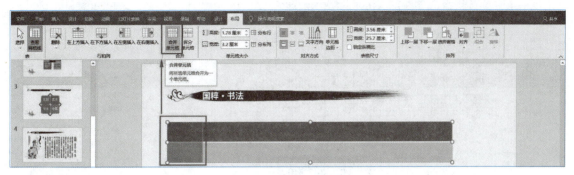

图 9-37　合并单元格

设置表格对齐方式：选中表格，选择"表格工具 - 布局"选项卡→"排列"组→"对齐"→"水平居中"命令，如图 9-38 所示。

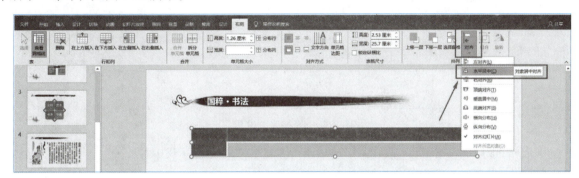

图 9-38　表格水平居中对齐

⑤ 录入内容并设置单元格字体格式。

第一列：录入"书法"，设置字体格式为华文行楷，32 号字，居中对齐，加粗；字体颜色为"主题颜色 - 橙色 - 个性色 2"；在"段落"组中设置"文字方向"为"竖排"，"对齐文本"为"居中"，如图 9-39 所示。

第二列：打开"文字素材 .doc"，将第 6 张幻灯片中的内容第一段录入第一行，第二段录入第二行。表格字体为微软雅黑，18 号字；字体颜色为"主题颜色 - 黑色 - 文字 1"；段落格式为左对齐，1.5 倍行距。

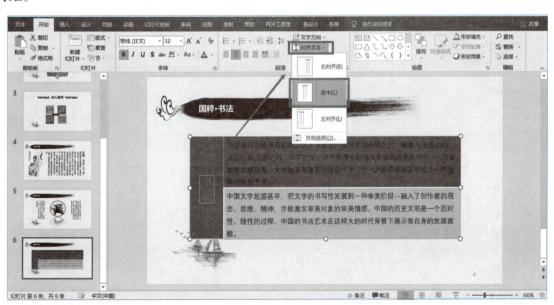

图 9-39　字体格式设置

⑥设置表格样式。选中表格,选择"表格工具 - 表设计"选项卡→"表格样式"组→"底纹"→"无填充"命令,如图 9-40 所示。

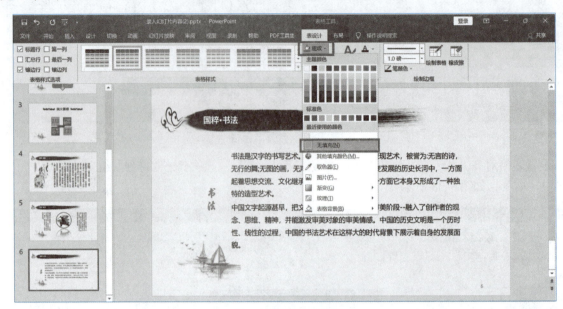

图 9-40　表格底纹设置

选中表格,选择"表格工具 - 表设计"选项卡→"表格样式"组→"边框"→"所有框线"命令,如图 9-41 所示。

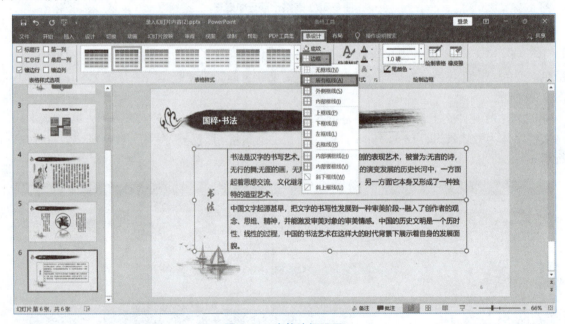

图 9-41　表格边框设置

5.录入第 7 张幻灯片内容

任务描述:参考第 4 和第 5 张幻灯片设计步骤新建第 7 张幻灯片,并完成幻灯片的制作。

(1)标题:国粹·书法。

(2)版式为"标题和内容"。

(3)图片样式。在内容框内插入图片"国粹.书法 3.jpg",选择"图片工具 - 格式"选项卡→"图片样式"组"减去对角,白色"命令。

调整图片为合适大小,选择"排列"组→"对齐"→"水平居中"命令,如图 9-42 所示。

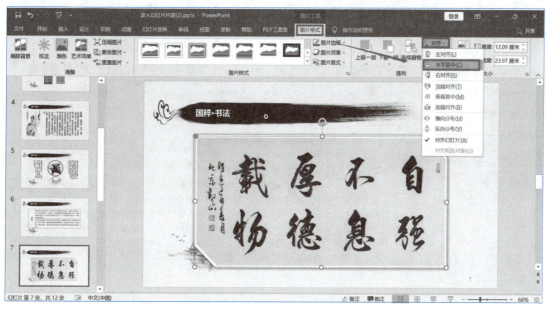

图9-42　设置图片对齐方式

6. 录入第8张幻灯片内容

任务描述：图文呈现"国粹•中医"相关内容，并设置字体艺术字效果和图片效果。

（1）插入艺术字的方法

艺术字一般应用于幻灯片的标题和需要重点讲解的部分，但是在一张幻灯片中不宜添加太多艺术字，要视情况而定，太多反而会影响演示文稿的整体风格。选择"插入"选项卡→"文本"组→"艺术字"命令，在下拉列表中选择相应的艺术字即可。

视频

在幻灯片中插入艺术字

（2）实操步骤

① 新建幻灯片。选择"开始"选项卡→"幻灯片"组→"新建幻灯片"命令，在下拉列表中选择"标题和内容"版式，新建第8张幻灯片。

选择第8张幻灯片，录入标题框文字为"国粹•中医"。打开"文字素材.doc"，在文本框中录入正文内容，字体格式为：宋体，28号字，1.2倍行距，如图9-43所示。

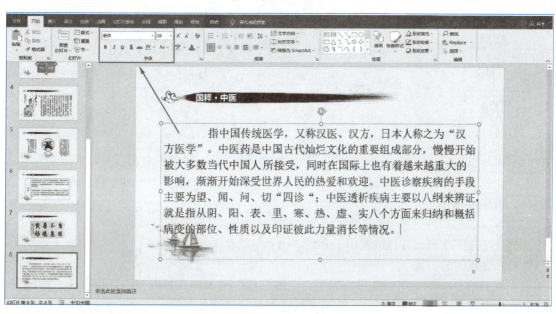

图9-43　录入文本

② 插入艺术字。选择"插入"选项卡→"文本"组→"艺术字"命令，在下拉列表中选择第一行第三列"填充：橙色，主题色2；边框：橙色，主题色2"，并将艺术字拖动至正文开始处，输入文字"中医"，如图9-44所示。

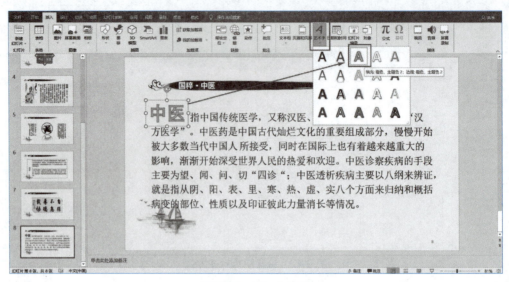

图 9-44　插入艺术字

③ 插入图片。选择"插入"选项卡→"图像"组→"图片"→"此设备"命令，在"插入图片"对话框中选择"国粹.中医3.jpg"。

选中图片，选择"图片工具-格式"选项卡→"调整"组→"删除背景"命令，如图9-45所示。

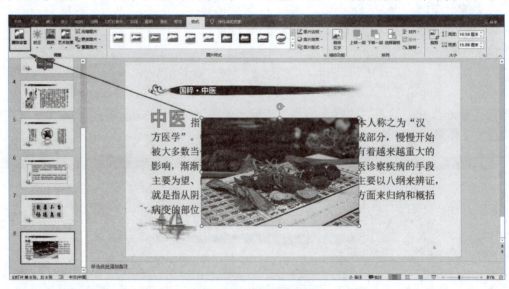

图 9-45　图片删除背景

调整粉红色区域删除的背景部分，单击"保留更改"按钮，调整图片大小，移至幻灯片右下方，如图9-46、图9-47所示。

视频

在幻灯片中插入声音和视频

7. 录入第9张幻灯片内容

任务描述：在第9张幻灯片放置用于介绍"国粹"的相关视频。

（1）插入多媒体的方法

演示文稿并不是一个无声的世界，为了介绍幻灯片中的内容，可以在幻灯片中插入解说录音；为了突出整个演示文稿的气氛，可以为演示文稿添加视频和背景音乐。

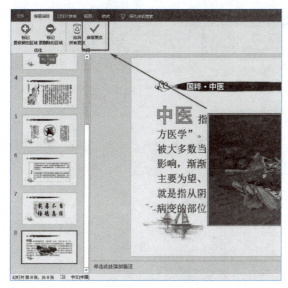

图 9-46　保留更改

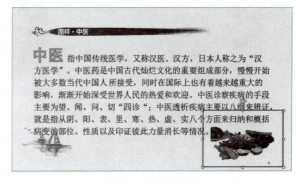

图 9-47　调整图片大小

选择"插入"选项卡→"媒体"组→"视频"或"音频"命令,在弹出的对话框中选择所需素材即可。视频、音频文件必须与演示文稿存放在同一个目录,这样才便于接下来演示文稿的发布操作。

(2)实操步骤

① 新建幻灯片。选中第 8 张幻灯片,选择"开始"选项卡→"幻灯片"组→"新建幻灯片"命令,在下拉列表中选择"标题和内容"版式,新建第 9 张幻灯片。

② 插入视频。选中第 9 张幻灯片,添加标题框文字为"视频资源"。选择"插入"选项卡→"媒体"组→"视频"命令,或在内容框的占位符中单击"插入视频文件"按钮,在弹出的"插入视频文件"对话框中选择"国粹视频.mp4",完成视频的插入,如图 9-48 所示。

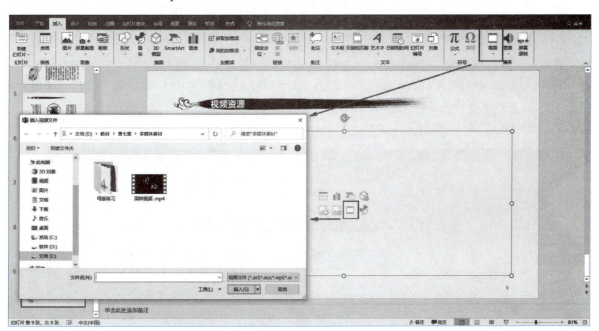

图 9-48　插入视频文件

③ 设置视频格式。选中视频,调整视频大小,选择"视频工具 - 格式"选项卡→"排列"组→"对齐"→"水平居中"命令,如图 9-49 所示。

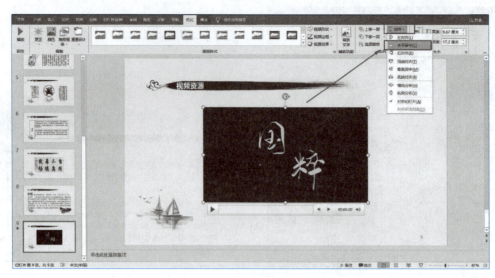

图 9-49　视频文件对齐方式

视频

在幻灯片中插入图表

8. 录入第 10、11 张幻灯片内容

任务描述：新建第 10 和 11 张幻灯片，并用图表形式呈现"拓展资源·中国汉服"相关内容。

（1）插入图表的方法

使用图表可以轻松地体现数据之间的关系，为了便于对数据进行分析比较，可以在 PowerPoint 2016 中制作图表型的幻灯片。

创建图表的方法有以下几种：

① 选择"插入"选项卡→"插图"组→"图表"命令。

② 在带有"内容占位符"版式的幻灯片中单击"插入图表"按钮。

③ 复制 Excel 中制作好的图表，粘贴到幻灯片中。

（2）实操步骤

① 新建幻灯片。选择"开始"选项卡→"幻灯片"组→"新建幻灯片"命令，新建第 10、11 两张幻灯片，版式分别为"标题和内容""两栏内容"。

② 插入第 10 张幻灯片内容。选择第 10 张幻灯片，录入标题"2018—2021 年中国汉服爱好者规模及预测"。在内容框的占位符中单击"插入表格"按钮，随即弹出"插入表格"对话框，插入一个 5 列 2 行的表格，如图 9-50 所示。

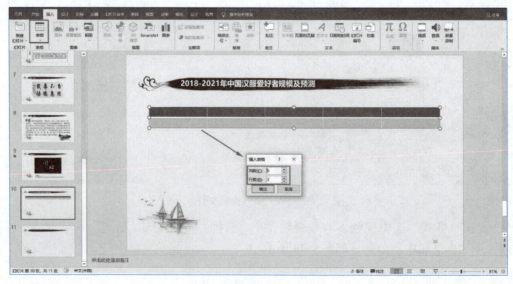

图 9-50　插入 5 列 2 行表格

在"表格工具-布局"选项卡"表格尺寸"组"高度"编辑栏中输入表格高度为"4厘米"。选择"排列"组→"对齐"→"垂直居中"命令,如图 9-51 所示。

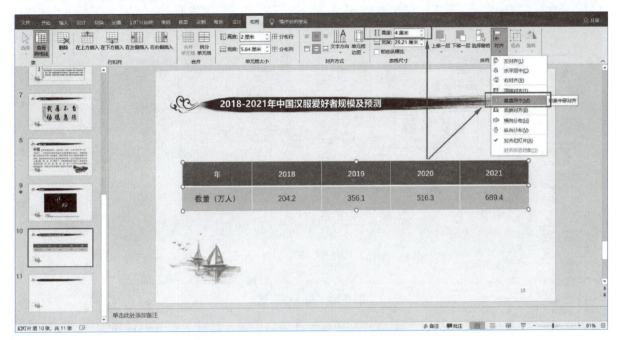

图 9-51　设置表格高度及对齐方式

③ 录入第 11 张幻灯片内容。选择第 11 张幻灯片,录入标题"拓展资源:汉服——传统国粹结合潮流元素发展的典型代表"。打开"文字素材.doc",在左栏录入文本,字体格式为:微软雅黑,20 号字,1.5 倍行距,如图 9-52 所示。

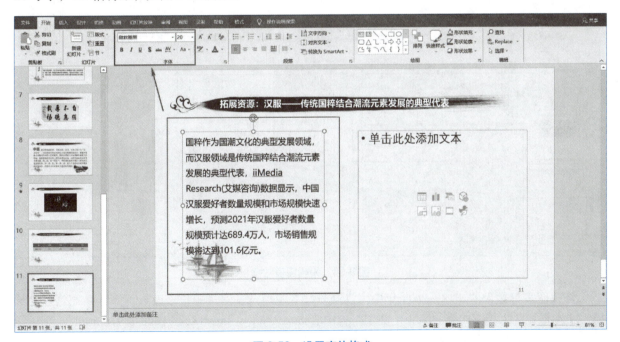

图 9-52　设置字体格式

④ 插入柱形图。在第 11 张幻灯片右栏的占位符中单击"插入图表"按钮,在弹出的"插入图表"对话框中选择"柱形图"→"簇状柱形图",单击"确定"按钮,如图 9-53 所示。

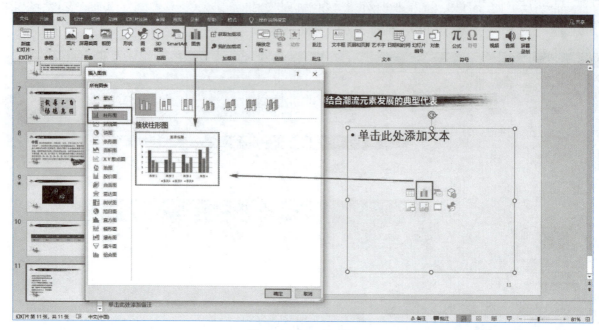

图 9-53　插入柱形图

按照第 10 张幻灯片的表格数据，在弹出的 excel 表格中录入数据，如图 9-54 所示。选择"图表工具 - 设计"选项卡→"数据"组→"编辑数据"命令，亦可打开 Excel 编辑数据。

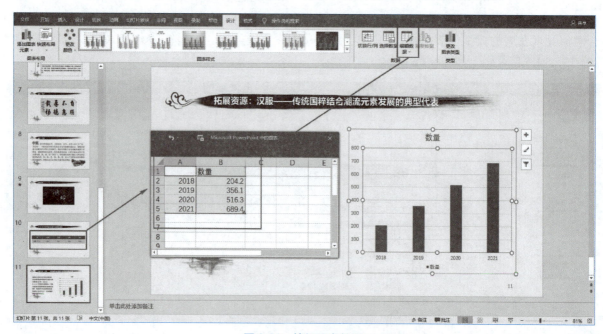

图 9-54　编辑图表数据

修改图表标题为"2018—2021 年中国汉服爱好者规模及预测（单位：万人）"。并在幻灯片底部插入文本框，录入相应内容"来源：艾瑞报告中心 https://www.iimedia.cn/c1020/76916.html"，用于标记内容来源。如图 9-55 所示。

9. 录入第 12 张幻灯片内容

任务描述：选中第 11 张幻灯片，选择"开始"选项卡→"幻灯片"组→"新建幻灯片"命令，在下拉列表中选择"空白"版式，新建第 12 张幻灯片。

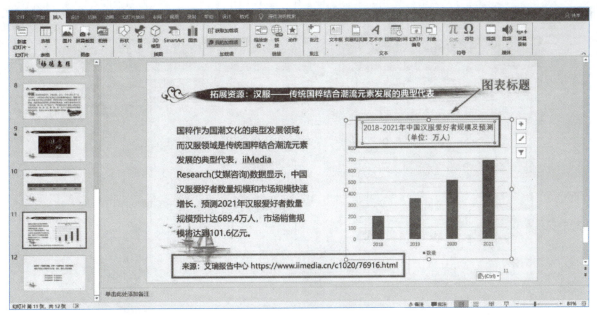

图 9-55　设置图表标题

选择"插入"选项卡→"文本"组→"文本框"→"绘制横排文本框"命令。插入两个文本框，打开"文字素材 .doc"，分别录入两段文本，字体格式为第一段：微软雅黑，24 号字；第二段：微软雅黑，20 号字，如图 9-56 所示。

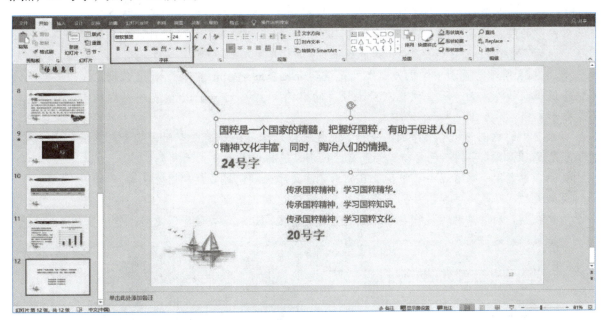

图 9-56　第 12 张幻灯片效果图

知识拓展

1. 幻灯片主题

PowerPoint 提供了预设背景、字体、字号和其他效果的主题。方便用户快速创建演示文稿，修改幻灯片的整体外观。

应用主题的方法："设计"选项卡有三个功能组："主题""变体""自定义"。"设计"选项卡"主题"组提供了许多预设的主题，如图 9-57 所示，单击其中一个主题则选中的主题就会应用在演示文稿中。选择某个主题后，还达不到满意的效果，可以通过"变体"获得主题变体的效果，甚至可以对其基本元素进行自定义。

图 9-57　预设主题

2. 糟糕版面分析

PowerPoint 用于新产品介绍会、演讲、数据演示等多种场合，因此必须向听众准确、清晰地传递幻灯片中的内容信息。而在演示文稿的制作中，往往在文字和图片的设计、布局等方面存在以下问题，影响了整个 PowerPoint 信息传递的效果。

如图 9-58 所示，页面 1 案例失败之处是演示者把 PowerPoint 当作了 word 来使用，过多的文字不仅降低观众的注意力，还会使观众产生烦躁的感觉。注意，PowerPoint 是对主题的归纳和总结，不是电子文档，不宜出现大面积的文字。

页面 2 中的案例忽视了文字的易见度，文字配以相似颜色的背景色时，将大大降低文字的清晰度和可见度，所以文字的颜色要与背景色有所区别，选择反差大一点的颜色。

页面 3 中案例一眼看过去有眼花缭乱的感觉，文字的颜色过多，缺乏主色调。

页面 4 的问题是文字和图片的布局不合理，无法达到视觉平衡。

用户在制作幻灯片的时候就要尽可能避免这些雷区，让演示文稿能够更好地传递信息。

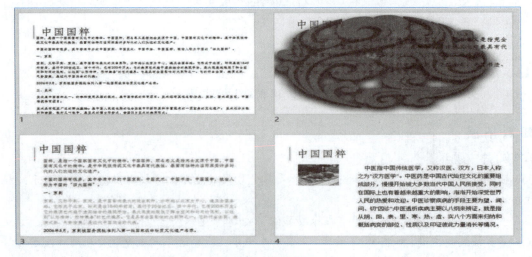

图 9-58　糟糕版面

项目 2 "国粹"演示文稿播放效果设置

项目引入	张依已经完成了"国粹"演示文稿的内容设计,但内容的展现方式较为平淡,需要为文稿添加动画效果,使内容的展现更加生动活泼。同时,还需要将文稿制作成不同的格式,便于在不同的平台上进行分享。
项目分析	动画效果可以突出文稿内容的重点,使内容的展现更有逻辑,过渡更自然,PowerPoint的动画效果分为动画、切换、超链接和动作几种,可以根据内容的需要进行添加。PowerPoint有多种不同的放映类型和方式,可以根据场合进行设置,同时也可以发布成不同的文件格式,便于分享。
项目目标	☑ 掌握幻灯片切换效果设置; ☑ 掌握动画效果设置; ☑ 掌握幻灯片放映设置。

任务1 设计演示文稿动画效果

适当的动画效果不仅可以让演示文稿生动活泼,还可以控制演示流程并重点突出关键信息。动画效果的应用对象可以是整个幻灯片、某个画面或者某一幻灯片对象(包括文本框、图表、艺术字和图画等)。不过应该记住一条原则,就是动画效果不能用得太多,应该让它起到画龙点睛的作用。太多的闪烁和运动画面会让观众注意力分散甚至感到烦躁。

本任务将为"国粹"演示文稿添加动画效果,为对象设置超链接以及动画效果。

视频

设置幻灯片的切换效果

1. 幻灯片切换效果

任务描述:为第1张幻灯片和其他幻灯片分别设置不同的切换效果。

(1)设置幻灯片切换的方法

幻灯片切换效果是指从上一张幻灯片切换至下一张幻灯片时采用的效果,为的是在幻灯片切换时吸引观众的注意力,提醒观众新的幻灯片开始播放了。幻灯片切换效果可在"切换"选项卡"切换到此幻灯片"组中单击其他按钮会显示更多的效果选择,通过效果选项,可以演变出更多的效果,如图9-59所示。

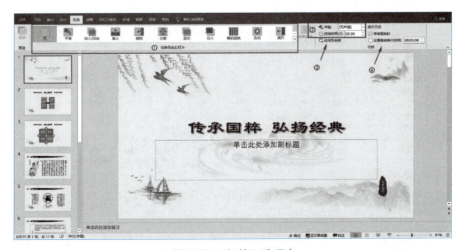

图9-59 "切换"选项卡

① 切换到此幻灯片:选择将应用于当前打开的幻灯片在切换时出现的效果。
② 修改切换效果:设定幻灯片切换时的切换速度及效果音。

③换片方式:设定是单击鼠标时还是一定的时间后自动换片。
④应用到全部:当前选择的幻灯片切换效果及属性将被应用于演示文稿的所有幻灯片。
(2)实操步骤
①定位到第1张幻灯片,选择"切换"选项卡→"切换到此幻灯片"组→"形状"效果,在"效果选项"下拉列表中选择"菱形"。
②在"计时"组中,设定"持续时间"为0.8秒,"换片方式"为"单击鼠标时",如图9-60所示。

图 9-60　设置切换效果

设置其他所有幻灯片的切换方式为"擦除",效果为"自左侧",设置自动换片时间为5秒。

2. 动画效果

任务描述:为第5和第7张幻灯片中的图文添加动画效果。

(1)设置动画效果的方法

幻灯片编辑区中的任何对象(文字、图片、图表等)都能拥有自定义动画方案,而且同一个对象是可以多次定义其动画效果的。如果想对某张幻灯片中的对象应用动画效果,先选定该对象,然后在"动画"选项卡"动画"组的下拉列表中可为选择的对象添加"进入""强调""退出"等更加炫目的效果,如图9-61所示。

视频

设置对象的动画效果

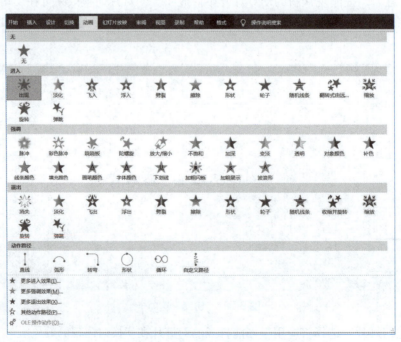

图 9-61　高级动画效果设置

选择"更多进入效果""更多强调效果""更多退出效果""其他动作路径"等命令,可以从对话框中更清晰地看到可选择效果,如图9-62所示。

选择"动画"选项卡→"高级动画"组→"动画窗格"命令,在弹出的动画窗格中,选中某个动画效果,单击右侧倒三角形按钮,可以对动画效果的设置进行编辑修改,如图9-63所示。

图9-62 更多进入的动画效果

图9-63 编辑动画效果

① 单击开始:这个参数可以确定动画什么时候开始播放,有三种选择,即单击时(默认设置)、之前(从上一项开始)、之后(从上一项之后开始)。

② 效果选项:选择"效果选项"命令,打开"出现"对话框,如图9-64所示。

"效果"选项卡中,可以进行以下设置:

- 声音:动画效果出现时的声音,可以播放自定义的声音。
- 动画播放后:选择动画效果播放后动画对象的颜色是否有变化或是隐藏。
- 设置文本动画:可选择文本动画的出现方式是整段文字出现、按词顺序出现或按字母出现。

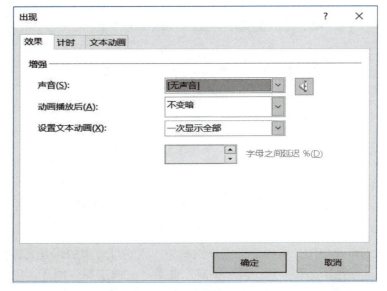

图9-64 效果选项

③ 计时：选择"计时"命令，打开"出现"对话框，如图9-65所示。

在"计时"选项卡中，可以进行以下设置：

- 开始：确定动画什么时候开始播放，有三种选择，即单击时（默认设置）、之前（与上一动画同时）、之后（上一动画之后）。
- 延迟：动画效果延时出现的时间。
- 期间：动画效果从开始到结束所用时长，如"非常快（0.5秒）"
- 重复：是否重复播放动画效果。

在"文本动画"标签页中，可以设置组合文本是按一个对象或是分段落出现。

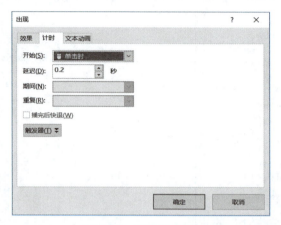

图9-65 "计时"设置

④ 删除："删除"命令可以删除某个动画效果。

（2）实操步骤

① 设置第5张幻灯片中文本内容的动画效果。选择第5张幻灯片,选中右栏文本框,选择"动画"选项卡→"动画"组→"出现"效果。选中左栏文本框,选择"动画"选项卡→"动画"组→"出现"效果。选择"动画"选项卡→"高级动画"组→"动画窗格"命令,在弹出的窗格中查看动画效果顺序，并设置动画均为"单击时"开始，如图9-66所示。

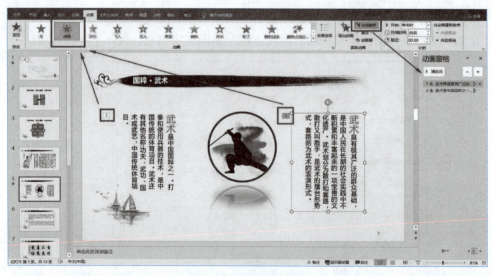

图9-66 添加动画效果

② 设置第7张幻灯片中图片的动画效果。选择第7张幻灯片中的图片，选择"动画"选项卡→"动画"组→"进入更多效果"→"圆形扩展"效果。同样选择该图片，选择"动画"选项卡→"效果选项"→"放大"效果。设置图片开始效果为"上一动画之后"。

3. 插入超链接

任务描述：为第 2 张幻灯片中的目录内容添加超链接，链接到对应的幻灯片；为第 9 张幻灯片添加视频来源文本链接，链接到对应的网页。

视频

插入超链接

（1）超链接的种类

超链接是指从一个网页指向一个目标的连接关系，这个目标可以是另一个网页，也可以是相同网页上的不同位置，还可以是一个图片、一个电子邮件地址、一个文件，甚至是一个应用程序。选择"插入"选项卡→"链接"组→"超链接"命令，打开"插入超链接"对话框，如图 9-67 所示。

图 9-67 "插入超链接"对话框

① 链接到本文档中的位置。链接到本文档中的位置是指通过给文字、图片等对象添加超链接，可以实现文档内任意幻灯片之间的跳转，利用此种链接可以实现很好的导航、跳转功能。

② 链接到现有文件或网页。链接到现有文件或网页是指通过给图片或文字添加超链接，使其链接到相关的文件或网页。利用此种链接可以在不退出演示文稿放映的情况下，直接打开网页或现有文件（如 Word、Excel、视频等），当关闭网页或原有文件时，会回到演示文稿放映界面。这样的形式可以让使用者在放映演示文稿时更顺畅、方便。

③ 链接到电子邮件地址。链接到电子邮件地址是指将链接指向电子邮件，浏览者可以直接通过单击相关的按钮、文字或图片给某人发电子邮件。该类型的链接使用得较少。

（2）实操步骤

① 为第 2 张幻灯片目录添加超链接。

添加目录"京剧"的超链接：选中第 2 张幻灯片 SmartArt 图形中的"京剧"图形框，选择"插入"选项卡→"链接"组→"链接"命令，如图 9-68 所示。

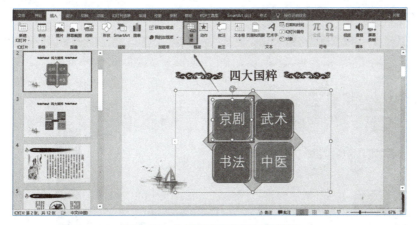

图 9-68 为图形/形状添加超链接

在弹出的"插入超链接"对话框中选择"本文档中的位置"，选中"4.国粹·京剧"，单击"确定"按钮即可。如图 9-69 所示。

按相同的步骤分别将"武术""书法""中医"链接到第5、6、8张幻灯片。

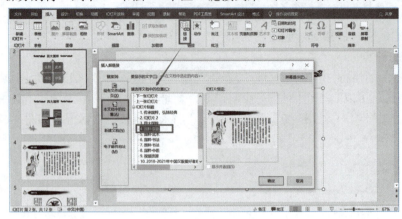

图9-69　链接到位置

② 为第9张幻灯片视频来源添加超链接。

选择第9张幻灯片，选择"插入"选项卡→"文本"组→"文本框"→"绘制横排文本框"命令，录入文本"拓展资源《国粹新篇》"，如图9-70所示。

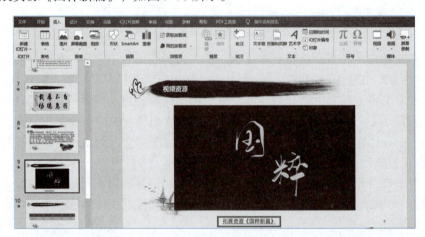

图9-70　录入文本

选中文本框内的文本"拓展资源《国粹新篇》"，选择"插入"选项卡→"链接"组→"链接"命令，在弹出的"插入超链接"对话框中选择"现有文件或网页"，在地址栏中输入"https://www.bilibili.com/bangumi/play/ep152621/"，如图9-71所示。

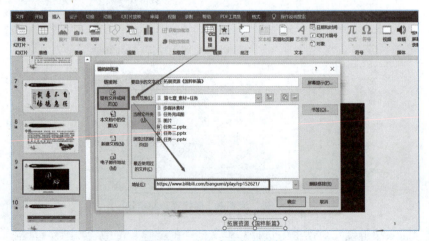

图9-71　为文本添加超链接

4. 插入动作

任务描述：分别在第 4、5、7、8 张幻灯片右下角插入返回第 2 张幻灯片的动作按钮。

（1）插入动作的方法

为了使幻灯片更具动感效果，通常会设置一些动作，让用户在单击对象时可播放声音、执行其他程序或者退出放映等。选择"插入"选项卡→"链接"组→"动作"命令，可以为对象添加当鼠标单击和悬停时实现跳转或打开文档等效果。

（2）实操步骤

① 选中第 4 张幻灯片，选择"插入"选项卡→"插图"组→"形状"命令，在下拉列表中选择"动作按钮"→"后退或前一项"，绘制在幻灯片右下角，如图 9-72 所示。

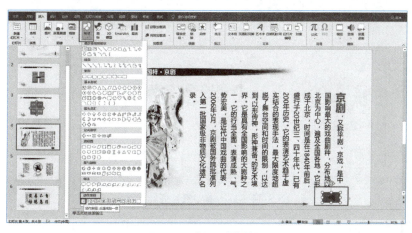

图 9-72　插入动作按钮

② 随即弹出"操作设置"对话框，在"超链接到"栏选择"幻灯片..."，单击"确定"按钮，在弹出的"超链接到幻灯片"对话框中，选择"2 幻灯片 2"，如图 9-73 所示，连续单击两次"确定"按钮后即可完成动作按钮的跳转设置。

③ 设置好的动作按钮，直接复制到第 5、7、8 张幻灯片即可。

图 9-73　为动作设置超链接

任务2　设置演示文稿放映效果

演示文稿的主要用途是放映，结合演讲展示演示文稿的内容，让观众认识和了解其中的内容。播放的形式有由演讲者播放，让观众自行播放等手段，需要通过设置幻灯片的放映方式进行控制。本任务将为"中国国粹"演示文稿设置放映效果。

视频
设置演示文稿的放映方式

1. 幻灯片的放映设置

任务描述：为演示文稿添加自定义放映效果。

（1）幻灯片放映类型

① 从头开始放映。选择"幻灯片放映"选项卡→"开始放映幻灯片"组→"从头开始"命令，即可从第1张幻灯片开始放映。

② 从当前幻灯片开始放映。若要从当前幻灯片开始放映，可选择"幻灯片放映"选项卡→"开始放映幻灯片"组→"从当前幻灯片开始"命令。也可通过工作窗口右下角的"幻灯片放映"按钮实现，如图9-74所示。

图 9-74　从当前幻灯片开始放映

③ 自定义幻灯片放映。在制作演示文稿的时候，也许会根据需求在不同的场合选播某些幻灯片，此时用户可以通过自定义幻灯片放映来设置放映的内容和顺序。可选择"幻灯片放映"选项卡→"开始放映幻灯片"组→"自定义幻灯片放映"命令。

（2）幻灯片放映方式

① 幻灯片的放映。PPT演示文稿制作完成后，有的由演讲者播放，有的让观众自行播放，这需要通过设置幻灯片放映方式进行控制。

选择"幻灯片放映"选项卡→"设置"组→"设置幻灯片放映"命令，弹出"设置放映方式"对话框，根据需求设定好放映方式，单击"确定"按钮即可，如图9-75所示。

图 9-75　设置放映方式

（3）实操步骤

① 新建自定义幻灯片放映。选择"幻灯片放映"选项卡→"开始放映幻灯片"组→"自定义幻

灯片放映"命令,在"自定义放映"对话框中,单击"新建"按钮,如图 9-76 所示。

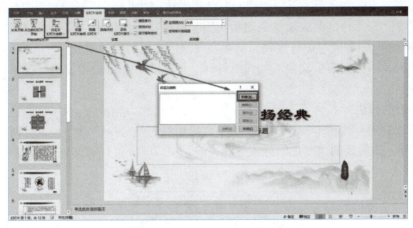

图 9-76　新建自定义幻灯片

在弹出的"定义自定义放映"对话框中输入"幻灯片放映名称"为"中国国粹播放 1",在左侧窗格中选择除第 10 张幻灯片以外的所有幻灯片添加至右侧窗格,如图 9-77 所示。

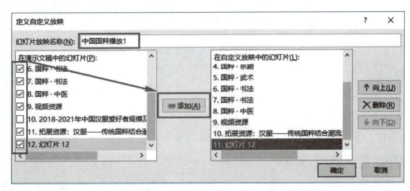

图 9-77　定义自定义放映

② 设置自定义幻灯片放映。选择"幻灯片放映"选项卡→"设置"组→"设置幻灯片放映"命令,在弹出的"设置放映方式"对话框中选择"放映类型"为"在展台浏览(全屏幕)";选择"放映幻灯片"为"自定义放映"→"中国国粹播放 1";设置"放映选项"为"放映时不加旁白",如图 9-78 所示。

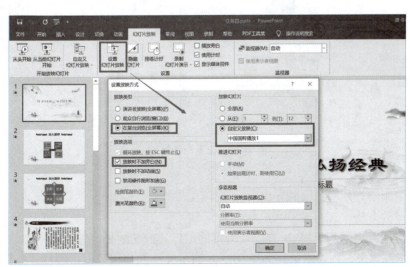

图 9-78　自定义放映方式设置

视频
排练计时

2. 排练计时

如果演示文稿需要在一个无人干预的情况下自动播放，此时为了更好地掌握幻灯片的放映情况，用户可以通过设置排练计时得到放映整个演示文稿和放映每张幻灯片所需要的时间，以便在放映演示文稿时根据排练的时间和顺序进行放映，从而实现演示文稿的自动播放。

任务描述：为"国粹"演示文稿添加排练计时，使其能够在自动播放的情况下根据排练的时间和顺序进行放映。

（1）排练计时的方法

选择"幻灯片放映"选项卡→"设置"组→"排练计时"命令，就会进入计时状态，记录每张幻灯片播放的时间。按需要的速度把幻灯片放映一遍。完成时保留计时即可，如图9-79所示。

图 9-79　排练计时

（2）实操步骤

① 选中第1张幻灯片，选择"幻灯片放映"选项卡→"设置"组"排练计时"按钮，进入播放计时，以合适的速度播放每一页幻灯片。

② 保存排练计时，选择"视图"选项卡→"演示文稿视图"组→"幻灯片浏览"命令，查看每张幻灯片的播放计时，如图9-80所示。

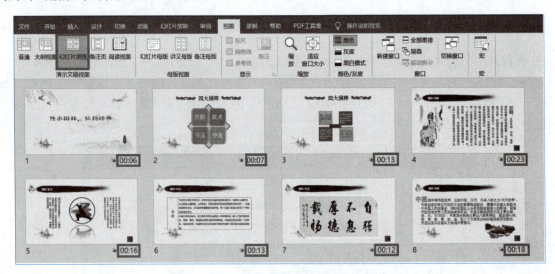

图 9-80　查看排练计时

视频
录制幻灯片演示

3. 录制幻灯片演示

任务描述：录制幻灯片演示，并导出 mp4 视频文件。

（1）排练计时的方法

旁白和排练时间可增强基于 Web 的或自运行的幻灯片放映效果。如果有声卡、麦克风和扬声器以及（可选）网络摄像头，则可以录制 PowerPoint 演示文稿并捕获旁白、幻灯片排练时间和墨迹。

录制完成后，可以正常播放，也可以将演示文稿另存为视频文件。

选择"幻灯片放映"选项卡→"设置"组→"录制幻灯片演示"命令，或选择"录制"选项卡→"录制"组→"录制幻灯片演示"命令，即可进入录制。完成后，每张幻灯片都会显示一个小喇叭，单击即可播放已经录制的旁白。如图 9-81 所示。

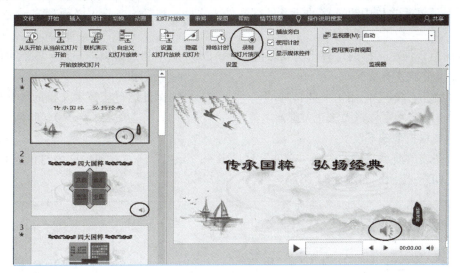

图 9-81 录制幻灯片

（2）实操步骤

① 选择"幻灯片放映"选项卡→"设置"组→"录制幻灯片演示"命令，在弹出的"录制幻灯片演示"对话框中勾选全部复选框，如图 9-82 所示，即可进入录制。录制过程中添加讲解白和勾画墨迹。

② 录制结束，单击窗口左上角的关闭按钮，完成录制。

③ 选择"文件"选项卡→"保存"组→"导出视频"命令，在打开的"导出"导航栏中，选择"创建视频"→"全高清（1080p）"和"使用录制的计时和旁白"，单击"创建视频"按钮，如图 9-83 所示。在弹出的"另存为"对话框中录入导出视频的名字并选择保存路径，单击"确定"按钮等待视频导出即可。

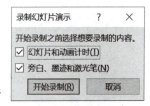

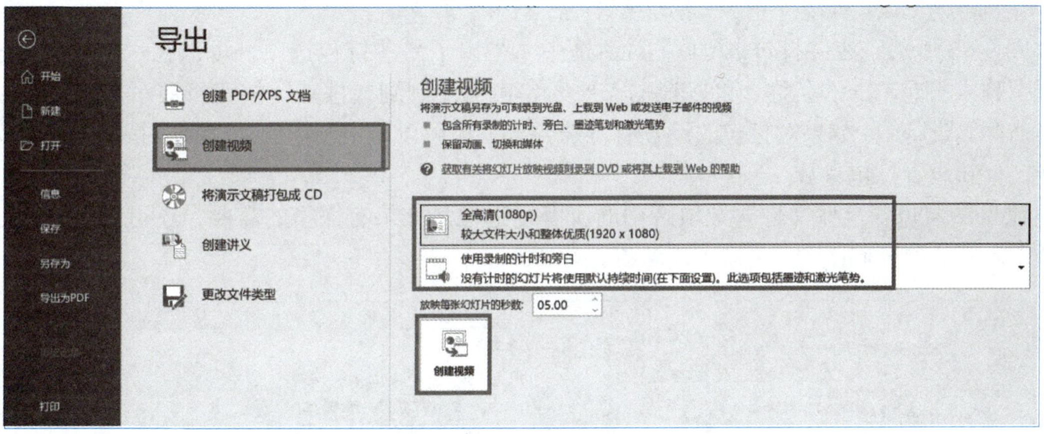

图 9-82 录制幻灯片

图 9-83 创建视频

任务3 发布、共享和打印文稿

演示文稿制作完成后，可以根据不同的应用场合进行发布分享，常用的发布方式有四种，分别是直接复制演示文稿、将演示文稿打包成 CD、将演示文稿输出到其他格式、打印演示文稿。

1. 直接复制演示文稿

这种方法最简单、方便，只要将制作完成的演示文稿整个复制到 U 盘上即可。但需要注意以下几点：

① 必须保证演示文稿中超链接的所有外部文件（文档、视频、音频）必须和演示文稿放在同一个目录中。

② 确保运行该演示文稿的计算机所安装的 PowerPoint 版本与制作版本一致，不然可能会出现自定义动画不能正常播放的情况。

③ 如果在演示文稿中使用了一些特殊的艺术字体，必须保证运行该演示文稿的计算机也安装了对应的字体，不然艺术字体将无法正常显示。

2. 将演示文稿打包成 CD

打开制作完成的演示文稿，选择"文件"选项卡→"导出"→"将演示文稿打包成 CD"命令，单击"打包成 CD"按钮，如图 9-84 所示。

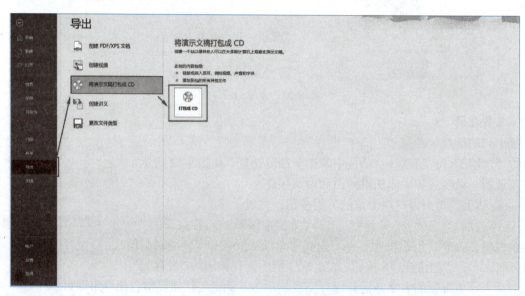

图 9-84　打包成 CD

如图 9-85 所示，在"打包成 CD"对话框中，列出了一些打包选项，可以在"将 CD 命名为"输入框中输入打包 CD 的名称。可以根据需要，单击"复制到文件夹"按钮将演示文稿打包到硬盘中或移动存储设备中；如果对打包的设置有特殊要求，还可以单击其中的"选项"按钮打开"选项"对话框，重新设置打包参数。

建议选中"包含这些文件"选项区中的所有复选框。如果有保密的需要，还可以设置演示文稿的打开密码和修改密码。

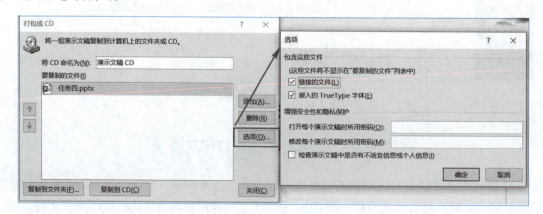

图 9-85　"选项"对话框

3. 演示文稿常用的输出格式

制作好的演示文稿需要输出保存,选择"文件"选项卡→"另存为"命令,单击"浏览"按钮,在打开的"另存为"对话框中选择保存路径,设置文件名和保存类型,如图 9-86 所示。

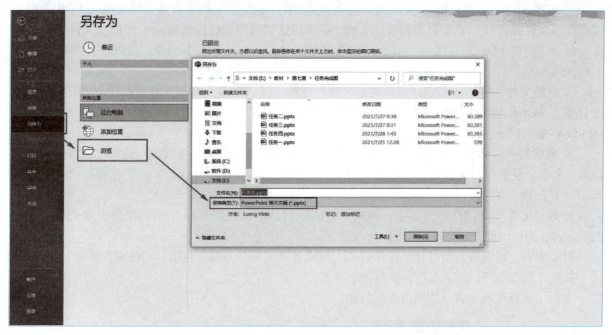

图 9-86 "另存为"对话框

演示文稿默认的输出格式是".pptx",除此外还有更多的格式供用户选择,"保存类型"栏的下拉列表如图 9-87 所示。

图 9-87 保存类型

演示文稿有以下几种常用的输出格式：

① 模板文件。将 PowerPoint 演示文稿另存为模板文件。选择"文件"→"另存为"命令，设置保存类型为"PowerPoint 模板（*.potx）"。

② PDF 文件。将 PowerPoint 演示文稿创建为 PDF 文档。将 PPT 演示文稿发布为 PDF 文档，可以共享文件或者使用专业打印机打印文件，不需要任何其他软件或加载项。选择"文件"→"导出"命令"创建 PDF/XPS 文档"命令，或选择"文件"→"另存为"命令，设置保存类型为 PDF（*.pdf）。

③ 视频文件。将 PowerPoint 演示文稿另存为视频。将 PPT 演示文稿另存为视频，既易于分发（通过 U 盘、Web 或电子邮件分发），又便于播放。选择"文件"→"另存为"命令，设置保存类型为 MPEG-4 视频（*.mp4）。

④ 放映格式。将 PowerPoint 演示文稿另存为放映格式，打开时直接播放。选择"文件"→"另存为"命令，设置保存类型为"PowerPoint 放映 (*.ppsx)"。

4. 打印演示文稿

选择"文件"→"打印"命令，弹出"打印"对话框，如图 9-88 所示。根据需要进行设置。PowerPoint 的打印设置与 Word 类似。

打印内容：可设置为幻灯片、备注页、大纲或者讲义（分为每页两张、三张或六张）。

灰度：选择该项，将以灰度方式打印。

黑白：选择该项，将以纯黑白方式打印。

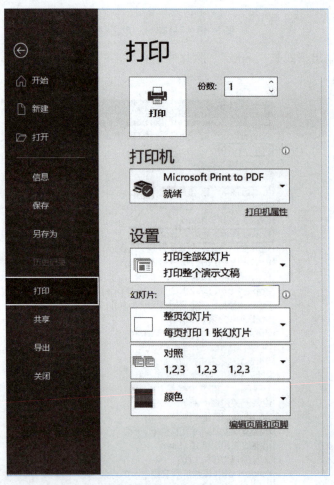

图 9-88　打印演示文稿

实操实训

实训项目一：述职报告

一、实训背景

李明是一家企业的员工，即将度过实习期的他需要向主管领导及其他小组成员进行述职汇报，他打算利用 PowerPoint 软件精心制作一份述职汇报演示文稿，更好地展示实习期工作成果和未来工作计划。请你根据如下要求，协助李明完成述职汇报演示文稿的制作。

二、实训目的

① 掌握演示文稿的创建方法。
② 掌握幻灯片文字的编辑、修改。
③ 掌握幻灯片背景的设计、版式的选择和更改。
④ 掌握图片、图形、视频等多媒体元素的插入、编辑、美化操作。
⑤ 掌握幻灯片切换、动画效果以及放映设计。

三、实训内容

1. "述职报告"页面设置

幻灯片大小：全屏显示 16:9。

2. 为"述职报告"演示文稿设置主题

① 新建 6 页空白文稿。
② 幻灯片主题：回顾。

3. 设计首页幻灯片

① 版式：标题幻灯片。
② 背景：填充方式为"图片或纹理填充"，背景图片选择"首页背景 .jpg"。
③ 标题：内容为"岗位述职报告"，设置为微软雅黑、54 号字、居中对齐、转换为艺术字"填充：冰蓝，背景色 2；内部阴影"。
④ 副标题："李明 2021 年 1 月 1 日"、24 号字、居中对齐。

4. 设计第 2 页幻灯片

① 版式：标题和内容。
② 标题：内容为"前言"，设置为微软雅黑、28 号字、加粗、字体颜色"冰蓝，背景色 2，深色 75%"。
③ 正文内容：录入"素材文档 .txt"中的前言内容、微软雅黑、20 号、1.5 倍行距、两段对齐。

5. 设计第 3 页幻灯片

① 版式：标题和内容。
② 标题：内容为"目录"，标题样式与第 2 页"前言"相同。
③ 插入 3 个形状大小一样的矩形：矩形样式为"彩色轮廓 - 橙色，强调颜色 1"，竖直排列、纵向排列分布。
④ 在三个矩形框内添加内容："工作回顾""工作感悟""工作计划"，设置为微软雅黑、24 号字、居中对齐。
⑤ 插入图片：团结 .jpg。
⑥ 设置图片样式。

校正图片：亮度为 +40%，对比度为 +20%。
高度：3.41 厘米。
宽度：4.78 厘米。
位置：从左上角水平 19.87 厘米、垂直 9.44 厘米。

6. 设计第 4 页幻灯片
① 版式：空白。
② 标题：内容为"工作回顾"，设置为微软雅黑、24 号字、加粗、白色。
③ 在幻灯片左上角插入形状"箭头：五边形"。
④ 设置形状样式为"强烈效果 - 橙色，强调颜色 1"、大小高度 1.6 厘米、宽度 8.8 厘米。
⑤ 插入视频"回顾 .mp4"，调整视频窗口大小，置于页面正中。

7. 设计第 5 页幻灯片
① 版式：空白。
② 标题：内容为"工作感悟"，标题样式与第 4 页相同。
③ 正文内容：录入"素材文档 .txt"中的工作感悟内容，设置为微软雅黑、18 号字。

8. 设计第 6 页幻灯片
① 版式：空白。
② 标题：内空为"工作计划"，标题样式与第 4 页相同。
③ 插入 SmartArt 图形：循环 - 射线集群。
④ 设置图形样式：颜色为"彩色范围 - 个性色 2 至 3"，文档的最佳匹配对象是中等效果。
⑤ 参照效果图"6.jpg"完成排版，文本为"素材文档 .txt"中的工作内容。

9. 设计第 7 页幻灯片
① 复制第 1 页幻灯片，保留源格式粘贴至第 6 页演示文稿之后，不改变背景和文本格式。
② 将正标题文本框内的文字改为"感谢聆听"。

10. 添加动画效果
① 为第 2 页幻灯片的前言正文部分添加动画效果：轮子。
② 设置效果选项：效果为"8 轮辐图案（8）"，触发效果为"从上一项之后开始"，持续时间 3 秒。

11. 设置幻灯片切换效果
① 首页和末页：切换效果为"百叶窗"，效果选项为"水平"。
② 其余幻灯片：切换效果为"立方体"，效果选项为"自右侧"。
③ 所有幻灯片的换片方式均为"单击鼠标时"。

12. 设置演示文稿放映方式
设置放映方式为"在展台浏览（全屏幕）"，放映时不加旁白。

四、实训平台
高校计算机公共基础课教学服务平台——5Y 学习平台。

实训项目二：毕业汇报

一、实训背景
　　五山职业技术学院某教师通知毕业生将在近期进行毕业答辩，答辩学生需要制作答辩演示文稿。王明作为应届生一员，现已制作完成毕业论文答辩演示文稿，下一步将对 PowerPoint 演示文稿进行美化排版，请按照如下要求，帮助王明同学完成毕业论文答辩 PPT 的排版。

二、实训目的
① 掌握 PowerPoint 2016 母版的使用。

② 掌握幻灯片文字的编辑、修改。
③ 掌握幻灯片背景的设计、版式的选择和更改。
④ 掌握图片、图形、视频等多媒体元素的插入、编辑、美化操作。
⑤ 掌握幻灯片切换、动画效果以及放映设计。

三、实训内容

1. 为"毕业论文"演示文稿设置主题
① 打开"毕业汇报.pptx"。
② 幻灯片主题:"徽章"。

2. 为"毕业论文"演示文稿设置背景
① 为所有幻灯片设置背景格式为"渐变填充"、其余参数保持默认参数。
② 为所有幻灯片添加编号和页脚,页脚内容为"大学生信息素养",标题幻灯片不显示。

3. 设计幻灯片母版视图
① 在第1页幻灯片添加艺术字"五山职业技术学院",设置为微软雅黑、18号字。
② 设置艺术字样式为"渐变填充:红色,主题色5;映像"(第二行第二列)。
③ 设置艺术字位置:水平位置为26.17厘米、垂直位置为0.8厘米。

4. 为"毕业论文"演示文稿设置文本、段落格式化
① 将幻灯片中所有字体(宋体、华文中宋)替换为"微软雅黑"。
② 幻灯片第3、7、10、15页中除标题外,设置正文内容格式:微软雅黑、24号字、1.5倍行距、分别添加"带填充效果的砖石形项目符号"。
③ 幻灯片第4、5、6、8、9、11、13、16、17、18、19页中除标题外,设置正文内容格式:微软雅黑、24号字、1.5倍行距、首行缩进1.27厘米。

5. 设计第1页幻灯片 – 封面页
① 将封面页中的标题调整为艺术字,样式为"填充:黑色,文本色1;边框:白色,背景色1;清晰阴影:白色,阴影色1"(第三行第一列)。
② 设置标题格式:微软雅黑、54号字、1.25倍多倍行距。
③ 姓名与指导老师调整为艺术字,样式为"渐变填充:红色,主题色5;映像"(第二行第二列)。
④ 设置副标题格式:微软雅黑、24号字、单倍行距。

6. 设计第2页幻灯片 – 目录页
① 版式:仅标题。
② 插入SmartArt图形:列表-垂直框列表;颜色为"彩色填充,个性色1";文档最佳匹配对象为"强烈效果"。
③ 将目录内容填充到垂直框列表之中:微软雅黑、24号字。
④ 设置图形格式:高度为14厘米,宽度为22厘米。

7. 设计第12页幻灯片
① 设置表格样式:浅色样式2-强调1。
② 表格样式选项:标题行、镶边行、第一列、镶边列。
③ 表格字体格式:微软雅黑、18号字。

8. 设计第14页幻灯片
① 插入图片:数据.jpg。
② 设置图片格式。
图片大小:高度为14厘米,宽度为20.98厘米。
位置:水平位置为6.88厘米,垂直位置为4.21厘米。

图片样式为矩形投影、图片效果为预设 4，柔化边缘 2.5 磅。

9. 设计第 20 页幻灯片

① 在 19 页之后新建一页作为结束页，版式：节标题。
② 标题：内容为"感谢聆听"，设置为微软雅黑、88 号字。
③ 内容文本框：内容为作者姓名，设置为微软雅黑、28 号字。

10. 添加动画效果

① 第 1 页封面页论文标题：进入动画为"浮入"，效果为"下浮"，持续时间为 1.25 秒。
② 姓名和指导老师副标题：进入动画为"淡化"，持续时间为 1.25 秒，开始于上一动画之后。

11. 设置幻灯片切换效果

① 全部幻灯片：切换效果为"淡入/淡出"。
② 切换方式为"单击鼠标"和"自动换片"。
③ 自动换片的时间为 5 秒。

12. 设置演示文稿放映方式

放映类型为"演讲者放映（全屏幕）"，并确认"循环放映，按 ESC 键终止"。

四、实训平台

高校计算机公共基础课教学服务平台——5Y 学习平台。